浙江省普通本科高校“十四五”重点教材

数学分析的方法和典型例题

虞旦盛　沈忠华　赵　易　于秀源　编著

科学出版社

北　京

内 容 简 介

本书旨在巩固数学分析基础知识，补充数学分析中的一些重要方法，提高分析数学问题的思维能力和灵活运用多种知识解决问题的能力. 基本框架为：对数学分析的一些重要知识点进行回顾和梳理；介绍一些重要的方法，特别是阶的估计的方法和思想；通过一些考研、竞赛试题等进行解题思路分析，对方法进行应用和强化，注重方法上的分析和讲解. 内容包括极限理论、函数的连续性、微分学、积分学、级数、广义积分和含参量积分等.

本书可供高等学校数学类各专业的大学生学习数学分析课程及考研、竞赛复习使用，也可供从事数学分析教学的教师参考.

图书在版编目(CIP)数据

数学分析的方法和典型例题/虞旦盛等编著. —北京: 科学出版社, 2023.12
浙江省普通本科高校"十四五"重点教材
ISBN 978-7-03-077184-1

Ⅰ. ①数… Ⅱ. ①虞… Ⅲ. ①数学分析-高等学校-教材 Ⅳ. ①O17

中国国家版本馆 CIP 数据核字(2023)第 221799 号

责任编辑: 胡海霞 李香叶 / 责任校对: 杨聪敏
责任印制: 师艳茹 / 封面设计: 无极书装

科学出版社 出版
北京东黄城根北街 16 号
邮政编码: 100717
http://www.sciencep.com
北京建宏印刷有限公司 印刷
科学出版社发行 各地新华书店经销
*
2023 年 12 月第 一 版 开本: 720 × 1000 B5
2023 年 12 月第一次印刷 印张: 17
字数: 341 000

定价: 69.00 元
(如有印装质量问题, 我社负责调换)

前　言

数学分析是数学与应用数学专业的重要专业课程之一, 从 1989 年起, 杭州师范大学数学专业就开设了“数学分析续”这门课程, 对学生学习数学分析和参加研究生入学考试等起到了积极作用. 我们对该课程的定位是对数学分析课程的补充, 而非补习. 开设“数学分析续”这门课程的主要目的: 一是对系列典型方法和例题的分析和讲解, 对一般教材中不涉及但非常重要的方法和定理进行补充, 使学生加深对数学分析主要方法、重要定理的理解, 熟练分析解决问题的技巧, 提高分析解决问题的能力; 二是使学生了解并掌握阶的估计、函数逼近论、Fourier 级数等的一些基本理论知识, 为进一步学习和深造打下基础.

本书比较系统地介绍了阶的估计在极限理论、微分和积分、级数理论中的广泛应用. 通过对大量问题的分析和解决, 希望读者能提高使用阶的估计方法分析和解决数学问题的能力, 加深对数学分析本质的理解, 提高分析数学问题的思维能力和灵活运用多种知识解决问题的能力. 本书还对 Lipschitz 条件、连续模、单调性条件等的应用做了比较系统的介绍, 这些内容和方法是一般教材和辅导材料中较少涉及的, 对今后函数论的学习是很有帮助的.

本书在成稿和出版过程中, 得到了杭州师范大学数学学院的大力支持, 得到了杭州师范大学数学与应用数学国家一流专业建设项目、杭州师范大学统计学浙江省一流专业建设项目和浙江省普通本科高校“十四五”首批新工科、新医科、新农科、新文科重点教材建设项目等的资助. 科学出版社编辑胡海霞女士和李香叶女士为本书的出版付出了辛勤的劳动. 对此, 我们表示衷心的感谢!

作　者

2023 年 10 月

目　录

前言

第 1 章　极限理论 …… 1

1.1　极限的内容概述 …… 1

1.1.1　极限的定义、基本性质与运算 …… 1

1.1.2　几个重要的定理 …… 2

1.2　阶的估计的方法 …… 3

1.2.1　阶的估计的基本概念 …… 3

1.2.2　几个基本公式 …… 6

1.2.3　阶的估计在求极限中的应用 …… 11

1.3　Stolz 公式 …… 21

1.4　数列的构造与极限 …… 31

1.5　利用定积分的定义求极限 …… 45

第 2 章　函数的连续性 …… 51

2.1　函数连续性内容概述 …… 51

2.1.1　连续函数基本性质 …… 51

2.1.2　闭区间上连续函数的性质 …… 52

2.1.3　一致连续性 …… 53

2.1.4　多元函数的极限与连续 …… 54

2.2　函数连续性及其应用 …… 55

2.3　函数的一致连续性 …… 60

2.4　Lipschitz 函数类 …… 64

第 3 章　微分学 …… 69

3.1　微分学内容概述 …… 69

3.1.1　定义 …… 69

3.1.2　求导法则 …… 71

3.1.3　基本定理 …… 73

3.1.4　导数的应用 …… 74

3.2　函数的可微性和导数的计算 …… 77

3.3　导数介值性及其应用 …… 81

3.4 微分中值定理的应用 ······ 86
3.5 函数可微性与不等式 ······ 96
第 4 章 积分学 ······ 101
4.1 积分学概述 ······ 101
4.1.1 不定积分 ······ 101
4.1.2 定积分 ······ 105
4.1.3 几个重要的逼近定理与不等式 ······ 110
4.2 积分中的极限问题 ······ 111
4.2.1 求 $\int_a^b f^n(x)\mathrm{d}x$ 的极限 ······ 111
4.2.2 求 $\int_a^b f(x)\varphi_n(x)\mathrm{d}x$ 的极限 ······ 113
4.2.3 求 $\int_a^b f(x)g(nx)\mathrm{d}x$ 的极限 ······ 119
4.2.4 求 $\left(\int_a^b |f(x)|^n\mathrm{d}x\right)^{1/n}$ 的极限 ······ 124
4.2.5 含有积分上限函数的求极限问题 ······ 126
4.3 积分的不等式 ······ 130
4.4 积分的计算和估计 ······ 139
第 5 章 级数 ······ 150
5.1 级数内容概述 ······ 150
5.1.1 数项级数的基本概念 ······ 150
5.1.2 正项级数收敛性判别法 ······ 151
5.1.3 任意项级数收敛性判别法 ······ 152
5.1.4 绝对收敛级数的性质 ······ 152
5.1.5 一致收敛性的判别法 ······ 153
5.1.6 一致收敛级数的性质 ······ 155
5.1.7 幂级数 ······ 157
5.1.8 Fourier 级数 ······ 159
5.1.9 无穷乘积 ······ 161
5.2 Abel 变换及其应用 ······ 162
5.3 单调性在收敛性判别中的应用 ······ 170
5.4 Gauss 判别法 ······ 177
5.5 阶的估计在级数收敛性判别中的应用 ······ 180
5.6 函数项级数的一致收敛性 ······ 185
5.7 函数项级数的解析性质 ······ 197

5.8　级数求和 ······ 209
第 6 章　广义积分和含参变量积分 ······ 215
6.1　广义积分和含参变量积分内容概述 ······ 215
6.1.1　广义积分的收敛性 ······ 215
6.1.2　含参变量的常义积分 ······ 217
6.1.3　含参变量的广义积分 ······ 217
6.1.4　Euler 积分 ······ 219
6.2　广义积分的收敛性 ······ 220
6.3　广义积分收敛和无穷远处的极限之间的关系 ······ 231
6.4　含参变量广义积分的一致收敛性 ······ 235
6.5　含参变量积分的解析性质 ······ 240
6.6　广义积分的计算 ······ 247
参考文献 ······ 261

第 1 章　极 限 理 论

1.1　极限的内容概述

1.1.1　极限的定义、基本性质与运算

1. 定义.

(1) 设 $\{x_n\}$ 是一个数列, a 是实数, 如果对任意给定的正数 ε, 都有相应的一个正数 N, 使得不等式 $|x_n - a| < \varepsilon$ 对于一切 $n > N$ 成立, 则称 $\{x_n\}$ 是收敛于 a 的数列, 或称 $\{x_n\}$ 以 a 为极限, 记为 $\lim\limits_{n\to\infty} x_n = a$. 不收敛的数列称为发散数列.

(2) 设 x_0 是有限数, $f(x)$ 在 $0 < |x - x_0| < \eta$ $(\eta > 0)$ 上有定义, A 是实数. 如果对于任意给定的正数 ε, 都有相应的一个正数 δ, 使得 $|f(x) - A| < \varepsilon$ 对于一切满足 $0 < |x - x_0| < \delta$ 的 x 成立, 则称当 x 趋于 x_0 (记为 $x \to x_0$) 时 $f(x)$ 以 A 为极限, 或称 $f(x)$ 收敛于 A, 记为 $\lim\limits_{x\to x_0} f(x) = A$.

(3) 设 x_0 是有限数, $f(x)$ 在 $x \geqslant x_0$ (或 $x \leqslant x_0$) 上有定义, A 是实数. 如果对于任意给定的正数 ε, 都有相应的一个 $M > 0$, 使得 $|f(x) - A| < \varepsilon$ 对于一切满足 $x > M$ (或 $x < -M$) 的 x 成立, 则称当 x 趋于 $+\infty$ (或 $-\infty$) 时, $f(x)$ 的极限为 A, 记为 $\lim\limits_{x\to+\infty} f(x) = A$ (或 $\lim\limits_{x\to-\infty} f(x) = A$).

(4) $\{x_n\}$ 不以 a 为极限的充要条件是: 存在正数 ε_0, 以及无穷多个不相同的正整数 n_1, n_2, n_3, $\cdots$, 使得

$$|x_{n_i} - a| \geqslant \varepsilon_0, \quad i = 1, 2, 3, \cdots.$$

类似地, 可以给出“当 $x \to x_0$ 时, $f(x)$ 不以 A 为极限”的充要条件.

关于上极限、下极限、左极限以及右极限的定义, 可类似于上述定义给出.

2. 基本性质与运算.

(1) 若 $\lim\limits_{n\to\infty} x_n = a$, $\lim\limits_{n\to\infty} y_n = b$, 且 $a > b$, 则必有一个正整数 N, 使得当 $n > N$ 时, 有 $x_n > y_n$.

由此可知, 如果有正整数 N, 使得对于 $n > N$, 有 $x_n > y_n$, 那么当极限 $\lim\limits_{n\to\infty} x_n$ 与 $\lim\limits_{n\to\infty} y_n$ 都存在时, 必有 $\lim\limits_{n\to\infty} x_n \geqslant \lim\limits_{n\to\infty} y_n$. 特别地, 如果 $\lim\limits_{n\to\infty} x_n = a$ 而且当 $n > N$ 时, $x_n \geqslant b$, 则必有 $a \geqslant b$.

(2) 若数列 $\{x_n\}$ 收敛, 则它的极限是唯一的.

(3) 若有正整数 N, 使当 $n > N$ 时, 有 $x_n \geqslant y_n \geqslant z_n$, 则当 $\lim\limits_{n\to\infty} x_n = \lim\limits_{n\to\infty} z_n = a$ 时, 必有 $\lim\limits_{n\to\infty} y_n = a$.

(4) 任何收敛的数列必是有界数列.

有界数列不一定是收敛的. 例如, 数列 $\{1 + (-1)^{n+1}\}$ 有界而不收敛.

(5) 若数列 $\{x_n\}$ 和 $\{y_n\}$ 都收敛, 则 $\{x_n \pm y_n\}, \{x_n y_n\}$ 也都收敛, 而且

$$\lim_{n\to\infty}(x_n \pm y_n) = \lim_{n\to\infty} x_n \pm \lim_{n\to\infty} y_n, \quad \lim_{n\to\infty} x_n y_n = \lim_{n\to\infty} x_n \lim_{n\to\infty} y_n.$$

如果 $\lim\limits_{n\to\infty} y_n \neq 0$, 且 $y_n \neq 0$, 那么数列 $\left\{\dfrac{x_n}{y_n}\right\}$ 亦收敛, 而且

$$\lim_{n\to\infty} \frac{x_n}{y_n} = \frac{\lim\limits_{n\to\infty} x_n}{\lim\limits_{n\to\infty} y_n}.$$

对于函数的极限, 有类似于数列极限的基本性质和运算结果.

1.1.2　几个重要的定理

1. (Cauchy (柯西) 收敛准则) 数列 $\{x_n\}$ 收敛的充要条件是: 对任给的 $\varepsilon > 0$, 相应地存在正整数 N, 使得 $|x_n - x_m| < \varepsilon$ 对一切 $n > N$, $m > N$ 都成立.

Cauchy 收敛准则的意义:

(1) 与收敛数列的定义相比较, Cauchy 收敛准则完全从数列本身出发, 而不需要事先猜测出数列的极限. 当然, Cauchy 收敛准则对于极限的数值没有给出任何信息.

(2) Cauchy 收敛准则不仅可以判断数列的收敛性, 也可以判断发散性. 例如, 取

$$x_n = 1 + \frac{1}{2} + \frac{1}{3} + \cdots + \frac{1}{n},$$

则对于任何充分大的正整数 n, 都有

$$x_{2n} - x_n = \frac{1}{n+1} + \cdots + \frac{1}{2n} > n \cdot \frac{1}{2n} = \frac{1}{2},$$

因此, $\{x_n\}$ 是发散的.

(3) 在积分和级数敛散性的判别中, 都有相应的 Cauchy 收敛准则, 而且该准则往往是其他收敛判别法的基础.

2. 单调有界的数列必是收敛的. 由此可以判定极限 $\lim\limits_{n\to\infty}\left(1 + \dfrac{1}{n}\right)^n$ 是存在的.

3. (闭区间套定理) 设有一串闭区间 $[a_1,b_1],[a_2,b_2],\cdots,[a_n,b_n],\cdots$ 满足条件:

(1) $[a_1,b_1]\supset[a_2,b_2]\supset\cdots\supset[a_n,b_n]\supset\cdots$;

(2) $\lim\limits_{n\to\infty} b_n-a_n=0$,

则诸 $[a_n,b_n]$ $(n=1,2,\cdots)$ 必有唯一公共点 c, 而且 $\lim\limits_{n\to\infty}a_n=\lim\limits_{n\to\infty}b_n=c$.

4. (有限覆盖定理) 假设对于 $[a,b]$ 中任意一点 x, 都有一个开区间 I, 使得 $x\in I$, 以 E 表示所有这种 I 的全体, 那么可从 E 中选出有限个开区间, 它们覆盖区间 $[a,b]$, 即区间 $[a,b]$ 中任一点 x, 必定属于这有限个开区间中的某一个.

5. (致密性定理) 设数列 $\{x_n\}$ 是有界的, 则必有无穷多个正整数 $n_1<n_2<\cdots<n_i<\cdots$, 使得数列 $\{x_{n_i}\}$ 是收敛的.

6. 任何非空的实数集必有上确界和下确界.

以上六个实数基本定理是等价的.

7. $\lim\limits_{n\to\infty}x_n=a$ 的充要条件是: 对于 $\{x_n\}$ 的任一子数列 $\{x_{n_i}\}$, 都有 $\lim\limits_{n\to\infty}x_{n_i}=a$.

由此, 如果 $\{x_n\}$ 存在发散子数列, 或者有两个收敛于不同数值的子数列, 则 $\{x_n\}$ 发散, 这常被用来判别发散性.

8. (Heine 归结原理) $\lim\limits_{x\to x_0}f(x)=A$ 的充要条件是: 对于任意的一个数列 $\{x_n\}$, $x_n\neq x_0$ $(n=1,2,\cdots)$, $\lim\limits_{n\to\infty}x_n=x_0$, 都有 $\lim\limits_{n\to\infty}f(x_n)=A$.

Heine 归结原理说明了函数极限与收敛数列极限的相互关系. 用它来说明极限不存在往往很方便.

我们还有以下 Heine 归结原理的推论: 函数 f 在点 x_0 极限存在的充分必要条件是: 对满足条件 $x_n\neq x_0, n\geqslant 1$, $\lim\limits_{n\to\infty}x_n=x_0$ 的每个数列 $\{x_n\}$, $\{f(x_n)\}$ 的极限都存在.

1.2 阶的估计的方法

1.2.1 阶的估计的基本概念

我们知道, 极限理论是贯穿整个数学分析的主线, 数学分析中的许多基本概念都是通过极限定义的, 如连续性、可微性、可积性和级数收敛性、广义积分收敛性等. 极限过程揭示的是因变量的变化趋势, 这种趋势是自变量变化的结果. 因此极限过程实际上揭示了自变量和因变量之间的一种因果关系. 极限问题经常可以化归为对无穷小量的分析. 例如, 要证明 $\lim\limits_{x\to x_0}f(x)=A$, 只要证明 $\lim\limits_{x\to x_0}(f(x)-A)=0$; 要证明 $\sum\limits_{n=1}^{\infty}a_n$ 收敛, 只要证明其余项为无穷小量. 无穷小量的重要性可见一斑.

阶的估计实际上就是一种无穷小量的分析方法. 无穷大量 (其倒数为无穷小量) 和无穷小量只是说明了因变量的变化趋势, 而这种变化趋势的快慢程度则经常需要由它们的阶来刻画.

阶的估计的一些技巧无论是在古典分析还是在现代分析中都是非常重要的, 在逼近论、Fourier (傅里叶) 分析、解析数论和计算数学等的研究中都需要用到大量的、精细的阶的估计的技巧. 因此, 了解和掌握一些阶的估计的概念和方法不仅对数学分析的学习是重要的, 对于以后从事相关理论的研究也是大有裨益的.

在本节中我们首先给出和阶相关的一些概念, o 和 O 的一些基本运算法则以及一些基本的公式和结论. 为了简便起见, 我们只考察自变量 $x \to x_0$ 的情形, 除非特殊说明, 其他情形的结论都是类似的.

定义 1.1　若 $\lim\limits_{x \to x_0} \dfrac{f(x)}{g(x)} = 0$, 则称当 $x \to x_0$ 时 $f(x)$ 为相对于 $g(x)$ 的无穷小量, 记为

$$f(x) = o(g(x)), \quad x \to x_0.$$

特别地, 若 $f(x)$ 和 $g(x)$ 都是无穷大量, 则称 $f(x)$ 是比 $g(x)$ 低阶的无穷大量; 若 $f(x)$ 和 $g(x)$ 都是无穷小量, 则称 $f(x)$ 是比 $g(x)$ 高阶的无穷小量.

由定义 1.1, 我们知道所谓的快慢 (即高阶或低阶) 是按照相对的意义来说的. 例如, 当 $x \to +\infty$ 时, x 是相对于 $\sqrt{x}$ 的无穷大量, 但是相对于 x^4 的无穷小量. 当 $g(x) \equiv 1$ 时, 则 $f(x) = o(1)$ 表示 $f(x)$ 为 $x \to x_0$ 时的无穷小量.

定义 1.2　若 $\lim\limits_{x \to x_0} \dfrac{f(x)}{g(x)} = 1$, 则称当 $x \to x_0$ 时 $f(x)$ 和 $g(x)$ 是等价的, 记为

$$f(x) \sim g(x), \quad x \to x_0.$$

容易推得, 当 $g(x) \neq 0$ 时,

$$f(x) \sim g(x),\ x \to x_0 \Leftrightarrow f(x) = (1 + o(1))g(x).$$

几个常用的等价无穷小量: 当 $x \to 0$ 时, 有

$$\sin x \sim x, \quad \tan x \sim x, \quad \ln(1+x) \sim x, \quad \mathrm{e}^x - 1 \sim x, \quad \sqrt[n]{1+x} - 1 \sim \frac{x}{n}.$$

当 $x \to 0^+$ 时, 有 $x^x \sim 1$.

定义 1.3　设 $g(x) > 0$, 若 $\lim\limits_{x \to x_0} \dfrac{f(x)}{g(x)} = A(\neq 0)$, 则称 $f(x) = \overline{O}(g(x))$, $x \to x_0$.

当 $g(x) \equiv 1$ 时, $f(x) = \overline{O}(g) = \overline{O}(1)$, 表示此时 $f(x)$ 的极限为某一定值 (非零).

定义 1.4 设 $g(x)>0$, 若存在常数 $A>0$, 使得 $|f(x)|\leqslant Ag(x)$, $x\in(a,b)$, 则称 $g(x)$ 是 $f(x)$ 的强函数, 记为 $f(x)=O(g(x))$, $x\in(a,b)$.

特别地, 如果 $g(x)\equiv 1$, 则 $f(x)$ 为有界量, 记为 $f(x)=O(1)$.

显而易见, 改变 $f(x)$ 与 $g(x)$ 在有限个点处的函数值, 不会影响强函数关系. 另外还可以看出, O 的概念实际上与 o 和 $\overline{O}$ 是完全不同的概念, 后两者为极限过程, 而前者描述的是函数在某个集合上的性质. 当然, 如果 $f(x)=\overline{O}(g(x))$, $x\to x_0$, 那么在 x_0 的某个邻域内有 $f(x)=O(g(x))$. 定义 1.4 中的常数 A 称为大 O 常数, 它与变量 x 无关.

定义 1.5 假设当 $x\to x_0$ 时, $f(x)$ 和 $g(x)$ 都是无穷大量 (或无穷小量), 且存在正常数 A,B 使得 $Af(x)\leqslant g(x)\leqslant Bf(x)$, 则称 $f(x)$ 与 $g(x)$ 在 $x\to x_0$ 时是同阶的无穷大量 (或无穷小量), 记为

$$f(x)\approx g(x),\quad x\to x_0.$$

如果 $f(x)$ 和 $g(x)$ 都是无穷大量 (或无穷小量), 而且 $f(x)=\overline{O}(g(x))$, 则显然有 $f(x)\approx g(x)$, 但反之未必是真的.

定义 1.6 设 f 和 g 都是无穷小量, 如果存在常数 $k>0, C\neq 0$ 使得

$$\lim\frac{g(x)}{f^k(x)}=C,$$

则称 $Cf^k(x)$ 为 $g(x)$ 关于 $f(x)$ 的主要部分 (简称主部), 记为 $Z_g(f)=Cf^k$; 同时也称 g 是关于 f 的 k 阶无穷小量, 而 k 称为 g 关于 f 的阶, 记为$O_g(f)=k$.

当 $x\to 0^+$ 时, $f(x)=x^2$ 和 $g(x)=\sin^3\dfrac{x}{2}$ 都是无穷小量, 由于

$$\lim_{x\to 0^+}\frac{g(x)}{f^{3/2}(x)}=\lim_{x\to 0^+}\frac{\sin^3\dfrac{x}{2}}{x^3}=\frac{1}{8},$$

所以 $O_g(f)=\dfrac{3}{2}$, $Z_g(f)=\dfrac{1}{8}f^{3/2}$.

当 $n\to\infty$ 时, $\alpha=\dfrac{1}{\ln n}$ 和 $\beta=\dfrac{1}{n}$ 都是无穷小量, 由于对于任意正数 k, 皆有

$$\lim_{n\to\infty}\frac{\beta}{\alpha^k}=\lim_{n\to\infty}\frac{\ln^k n}{n}=0,$$

因而, β 与 α 之间不存在阶的关系, 故没有 β 关于 α 的主部.

下面一些有关 o 和 O 的运算法则是基本的.

法则 1　若 f 是无穷大量, $\varphi = O(1)$, 则 $\varphi = o(f)$.

法则 2　若 $f = O(\varphi), \varphi = O(\psi)$, 则 $f = O(\psi)$.

法则 3　若 $f = \overline{O}(\varphi), \varphi = \overline{O}(\psi)$, 则 $f = \overline{O}(\psi)$.

法则 4　若 $f = O(\varphi), \varphi = o(\psi)$, 则 $f = o(\psi)$.

法则 5　$O(f) + O(g) = O(f + g)$.

法则 6　$O(f)O(g) = O(fg)$, $o(f)o(g) = o(fg)$.

法则 7　$o(1)O(f) = o(f)$, $O(1)o(f) = o(f)$.

法则 8　$O(f) + o(f) = O(f)$, $o(f) + o(g) = o(|f| + |g|)$.

法则 9　$(O(f))^k = O_k(f^k)$, $(o(f))^k = o_k(f^k)$, k 是正数.

法则 10　若 $f \sim g$, $g \sim \varphi$, 则 $f \sim \varphi$.

法则 11　若 $f = o(g)$, $g \sim \varphi$, 则 $g \sim \varphi \pm f$.

法则 12　$\overline{O}(f)\overline{O}(g) = \overline{O}(fg)$.

法则 13　$O(1)\overline{O}(f) = O(f)$, $o(1)\overline{O}(f) = o(g)$.

法则 14　$\sum\limits_{k=1}^{n} O(1) = O(n)$, $\sum\limits_{k=1}^{n} o(1) = o(n)$.

1.2.2　几个基本公式

我们知道, 当 $f(x)$ 在 x_0 点可导, 则

$$\Delta f(x_0) = f(x) - f(x_0) = f'(x_0)(x - x_0) + o(x - x_0), \quad x \to x_0,$$

亦即

$$f(x) = f(x_0) + f'(x_0)(x - x_0) + o(x - x_0), \quad x \to x_0. \tag{1.2.1}$$

我们也称 $f'(x_0)(x - x_0)$ 为 $\Delta f(x_0)$ 的线性主要部分, 并将它定义为 $f(x)$ 在 x_0 点的微分.

(1.2.1) 可以进一步推广成:

定理 1.1 (带 Peano 型余项的 Taylor 公式)　若 $f(x)$ 在 x_0 存在 n 阶导数 $f^{(n)}(x_0)$, 则有

$$f(x) = \sum_{k=0}^{n} \frac{f^{(k)}(x_0)}{k!}(x - x_0)^k + o(|x - x_0|^n) \to x_0.$$

Taylor 公式是一个用函数在某点的信息描述其附近取值的公式. 如果函数足够光滑的话, 在已知函数在某一点的各阶导数值的情况之下, Taylor 公式可以用这些导数值为系数构建一个多项式来近似函数在这一点的某个邻域中的值. Taylor 公式还给出了这个多项式和实际的函数值之间的偏差.

根据其余项形式的不同, Taylor 公式可以有下面一些常见的形式.

定理 1.2 (带 Lagrange 型余项的 Taylor 公式) 若 $f(x)$ 在 x_0 的某个邻域 $U(x_0)$ 内存在 $n+1$ 阶导数, 则对任意 $x \in U(x_0)$, 在 x 和 x_0 之间存在一点 ξ 使得

$$f(x) = \sum_{k=0}^{n} \frac{f^{(k)}(x_0)}{k!}(x-x_0)^k + r_n(x),$$

其中

$$r_n(x) = \frac{f^{(n+1)}(\xi)}{(n+1)!}(x-x_0)^{n+1}.$$

定理 1.2 中的余项 $r_n(x)$ 还可以表示成其他的形式. 例如:

Cauchy 型余项 $r_n(x) = \dfrac{f^{(n+1)}(x_0+\theta(x-x_0))}{n!}(1-\theta)^n(x-x_0)^{n+1}$, $0 < \theta < 1$.

积分型余项 $r_n(x) = \dfrac{1}{n!}\displaystyle\int_{x_0}^{x} f^{(n+1)}(t)(x-t)^n \mathrm{d}t$.

根据定理 1.1, 可以知道一些常见函数的 Taylor 公式.

推论 1.1 存在 $\delta > 0$ 使得当 $|x| < \delta$ 时成立:

(1) $\sin x = x - \dfrac{x^3}{3!} + O(x^5)$ (这里 $O(x^5)$ 也可以写成 $o(x^3)$);

(2) $\cos x = 1 - \dfrac{x^2}{2} + O(x^3)$;

(3) $\tan x = x + \dfrac{1}{3}x^3 + O(x^5)$;

(4) $\ln(1+x) = x - \dfrac{x^2}{2} + O(x^3)$;

(5) $(1+x)^\alpha = 1 + \alpha x + O(x^2)$;

(6) $\mathrm{e}^x = 1 + x + O(x^2)$;

(7) $\arctan x = x - \dfrac{x^3}{3} + O(x^5)$;

(8) $\arcsin x = x + \dfrac{x^3}{6} + O(x^5)$;

(9) $\mathrm{e}^{\sin x} = x + \dfrac{x^3}{3} + O(x^5)$;

(10) $\ln\cos x = -\dfrac{1}{2}x^2 - \dfrac{1}{12}x^4 + O(x^6)$;

(11) $\ln\dfrac{\sin x}{x} = -\dfrac{1}{6}x^2 - \dfrac{1}{1180}x^4 + O(x^6)$.

下面的一些估计式是重要的:

(1) 当 $x \to 0$ 时, 有

$$\sin x \sim x, \quad \tan x \sim x, \quad \ln(1+x) \sim x, \quad \mathrm{e}^x - 1 \sim x, \quad \sqrt[n]{1+x} - 1 \sim \frac{x}{n}.$$

(2) 当 $x \to 0^+$ 时, 有

$$x^x \sim 1, \quad x^\alpha = o\left(\frac{1}{\ln^\beta x^{-1}}\right) \quad (\alpha, \beta > 0).$$

(3) 当 $x \to +\infty$ 时,

$$x^A = o(b^x), \quad A, b \text{ 为任意常数}, b > 1.$$

$$(\ln x)^A = o(x^\varepsilon), \quad \varepsilon \text{ 为任意正常数}.$$

(4) 设 $f(x) \to +\infty, x \to x_0$, $P(x)$ 和 $Q(x)$ 为多项式:

$$P(x) = a_n x^n + a_{n-1} x^{n-1} + \cdots + a_1 x + a_0, \quad a_n \neq 0,$$

$$Q(x) = b_m x^m + b_{m-1} x^{m-1} + \cdots + b_1 x + b_0, \quad b_m \neq 0,$$

则当 $x \to x_0$ 时, 有

(i) $P(f(x)) + Q(f(x)) \sim \begin{cases} a_n (f(x))^n, & n > m, \\ (a_n + b_n)(f(x))^n, & n = m, a_n + b_n \neq 0, \\ b_m (f(x))^m, & n < m; \end{cases}$

(ii) $P(f(x))Q(f(x)) \sim a_n b_m (f(x))^{n+m}$;

(iii) $\dfrac{P(f(x))}{Q(f(x))} \sim \dfrac{a_n}{b_m}(f(x))^{n-m}$.

例 1.1　设 $a = O(1)$, $b = O(1)$, 则当 $n \to \infty$ 时,

$$a_n := (n+a)^{n+b} = n^{n+b}\mathrm{e}^a \left(1 + \frac{a\left(b - \frac{a}{2}\right)}{n} + O(n^{-2})\right).$$

解　当 $n \to \infty$ 时, 利用 $\ln(1+x)$ 的展开式, 得

$$\begin{aligned} a_n &= \mathrm{e}^{\ln(n+a)^{n+b}} = \mathrm{e}^{(n+b)\ln(n+a)} \\ &= \mathrm{e}^{(n+b)\left(\ln n + \ln\left(1+\frac{a}{n}\right)\right)} \\ &= \mathrm{e}^{(n+b)\ln n + (n+b)\left(\frac{a}{n} - \frac{a^2}{2n^2} + O\left(\frac{|a|^3}{n^3}\right)\right)}. \end{aligned}$$

进一步利用 e^x 的展开式, 得

$$\begin{aligned}a_n&=n^{n+b}\mathrm{e}^{a+\frac{a\left(b-\frac{a}{2}\right)}{n}+O\left(n^{-2}\right)}\\&=n^{n+b}\mathrm{e}^a\mathrm{e}^{\frac{a\left(b-\frac{a}{2}\right)}{n}+O\left(n^{-2}\right)}\\&=n^{n+b}\mathrm{e}^a\left(1+\frac{a\left(b-\frac{a}{2}\right)}{n}+O(n^{-2})\right).\end{aligned}$$

例 1.2 设 $\alpha=O(1)$, λ 为任一正实数, 且有

$$f(n)=1+\frac{\alpha}{n}+O\left(\frac{1}{n^{1+\lambda}}\right),\quad \lambda>0,\quad n\to\infty,$$

则对于任意实数 $r>0$, 有

$$\ln f(n)=\frac{\alpha}{n}+O\left(\frac{1}{n^{1+\nu}}\right),$$

$$(f(n))^r=1+\frac{r\alpha}{n}+O\left(\frac{1}{n^{1+\nu}}\right),$$

其中 $\nu=\min(1,\lambda)$.

解 根据 $\ln(1+x)$ 的展开式, 当 $n\to\infty$ 时, 有

$$\begin{aligned}\ln\left(1+\frac{\alpha}{n}+O\left(\frac{1}{n^{1+\lambda}}\right)\right)&=\frac{\alpha}{n}+O\left(\frac{1}{n^{1+\lambda}}\right)+O\left(\left(\frac{\alpha}{n}+O\left(\frac{1}{n^{1+\lambda}}\right)\right)^2\right)\\&=\frac{\alpha}{n}+O\left(\frac{1}{n^{1+\lambda}}\right)+O\left(\frac{1}{n^2}\right)+O\left(\frac{1}{n^{2(1+\lambda)}}\right)\\&=\frac{\alpha}{n}+O\left(\frac{1}{n^{1+\nu}}\right).\end{aligned}$$

利用 $(1+x)^r$ 的展开式, 有

$$\begin{aligned}\left(1+\frac{\alpha}{n}+O\left(\frac{1}{n^{1+\lambda}}\right)\right)^r&=1+\frac{r\alpha}{n}+O\left(\frac{1}{n^{1+\lambda}}\right)+O\left(\left(\frac{\alpha}{n}+O\left(\frac{1}{n^{1+\lambda}}\right)\right)^2\right)\\&=1+\frac{r\alpha}{n}+O\left(\frac{1}{n^{1+\nu}}\right).\end{aligned}$$

例 1.3 已知 $f(x)=\sin^6 2x$, $g(x)=\mathrm{e}^{x^3}-x^3-1$, 求当 $x\to 0$ 时的 $O_g(f)$.

解 当 $x\to 0$ 时,

$$f(x)\sim 2^6x^6,$$

$$g(x)=\left(1+x^3+\frac{1}{2}x^6+O(x^9)\right)-x^3-1=\frac{1}{2}x^6+O(x^9)\sim\frac{1}{2}x^6,$$

因此

$$\lim_{x\to 0}\frac{g(x)}{f(x)}=\lim_{x\to 0}\frac{\frac{1}{2}x^6}{2^6x^6}=2^{-7}\neq 0.$$

于是, $O_g(f)=1$.

例 1.4 已知 $f(x)=\dfrac{\sqrt{1+2x}}{\sqrt[3]{1+3x}}-1$, 求当 $x\to 0$ 时的 $Z_f(x)$.

解 当 $x\to 0$ 时,

$$\begin{aligned}\frac{\sqrt{1+2x}}{\sqrt[3]{1+3x}}&=(1+2x)^{\frac{1}{2}}(1+3x)^{-\frac{1}{3}}\\&=\left(1+\frac{1}{2}2x+\frac{\frac{1}{2}\left(\frac{1}{2}-1\right)}{2}(2x)^2+O(x^3)\right)\\&\quad\cdot\left(1-\frac{1}{3}3x+\frac{-\frac{1}{3}\left(-\frac{1}{3}-1\right)}{2}(3x)^2+O(x^3)\right)\\&=\left(1+x-\frac{1}{2}x^2+O(x^3)\right)\left(1-x+2x^2+O(x^3)\right)\\&=1+\frac{1}{2}x^2+O(x^3).\end{aligned}$$

因此,

$$f(x)=\frac{\sqrt{1+2x}}{\sqrt[3]{1+3x}}-1=\frac{1}{2}x^2+O(x^3)\sim\frac{1}{2}x^2.$$

于是 $Z_f(x)=\dfrac{1}{2}x^2$.

1.2.3 阶的估计在求极限中的应用

例 1.5 求 $\lim\limits_{x\to\infty}\left(\sqrt{\cos\dfrac{1}{x}}\right)^{x^2}$.

解 当 $x\to\infty$ 时, $\dfrac{1}{x}\to 0$, 故

$$\cos\frac{1}{x}=1-\frac{1}{2}\cdot\frac{1}{x^2}+o(x^{-2}),$$

$$\ln\cos\frac{1}{x}=\ln\left(1-\frac{1}{2}\cdot\frac{1}{x^2}+o(x^{-2})\right)=-\frac{1}{2}\cdot\frac{1}{x^2}+o(x^{-2}).$$

于是,

$$\begin{aligned}\left(\sqrt{\cos\frac{1}{x}}\right)^{x^2}&=\mathrm{e}^{x^2\ln\sqrt{\cos\frac{1}{x}}}=\mathrm{e}^{\frac{x^2}{2}\ln\cos\frac{1}{x}}\\&=\mathrm{e}^{\frac{x^2}{2}\left(-\frac{1}{2x^2}+o(x^{-2})\right)}\\&=\mathrm{e}^{-\frac{1}{4}+o(1)},\end{aligned}$$

从而

$$\lim_{x\to\infty}\left(\sqrt{\cos\frac{1}{x}}\right)^{x^2}=\mathrm{e}^{-\frac{1}{4}}.$$

例 1.6 求极限 $\lim\limits_{x\to 0}\left(\dfrac{\sin x}{x}\right)^{\frac{1}{1-\cos x}}$.

解 当 $x\to 0$ 时,

$$\begin{aligned}\sin x&=x-\frac{1}{6}x^3+O(x^5),\\\ln\frac{\sin x}{x}&=\ln\left(1-\frac{1}{6}x^2+O(x^4)\right)\\&=-\frac{1}{6}x^2+O(x^4),\end{aligned}$$

而

$$1-\cos x=\frac{1}{2}x^2+O(x^4),$$

于是

$$\left(\frac{\sin x}{x}\right)^{\frac{1}{1-\cos x}} = \mathrm{e}^{\frac{1}{1-\cos x}\ln\frac{\sin x}{x}}$$
$$= \mathrm{e}^{\frac{-\frac{1}{6}x^2+O(x^4)}{\frac{1}{2}x^2+O(x^4)}}.$$

因此

$$\lim_{x\to 0}\left(\frac{\sin x}{x}\right)^{\frac{1}{1-\cos x}} = \mathrm{e}^{-1/3}.$$

例 1.7 证明: 若 $a,b>0$, 则 $\lim\limits_{n\to\infty}\left(\dfrac{\sqrt[n]{a}+\sqrt[n]{b}}{2}\right)^n = \sqrt{ab}$.

证明 当 $n\to\infty$ 时,

$$\sqrt[n]{a} = \mathrm{e}^{\frac{\ln a}{n}} = 1+\frac{\ln a}{n}+O\left(\frac{1}{n^2}\right),\quad \sqrt[n]{b} = 1+\frac{\ln b}{n}+O\left(\frac{1}{n^2}\right),$$

因此

$$\left(\frac{\sqrt[n]{a}+\sqrt[n]{b}}{2}\right)^n = \mathrm{e}^{n\ln\frac{\sqrt[n]{a}+\sqrt[n]{b}}{2}}$$
$$= \mathrm{e}^{n\ln\left(1+\frac{\ln ab}{2n}+O\left(\frac{1}{n^2}\right)\right)}$$
$$= \mathrm{e}^{n\left(\frac{\ln ab}{2n}+O\left(\frac{1}{n^2}\right)\right)} = \mathrm{e}^{\frac{\ln ab}{2}+O\left(\frac{1}{n}\right)},$$

从而

$$\lim_{n\to\infty}\left(\frac{\sqrt[n]{a}+\sqrt[n]{b}}{2}\right)^n = \sqrt{ab}.$$

例 1.8 设函数 f 在点 a 可导, 且 $f(a)\neq 0$, 求

$$\lim_{n\to\infty}\left|\frac{f\left(a+\frac{1}{n}\right)}{f(a)}\right|^n.$$

解 根据 Taylor 公式, 有

$$f\left(a+\frac{1}{n}\right) = f(a)+f'(a)\frac{1}{n}+O\left(\frac{1}{n^2}\right),$$

因此

$$\begin{aligned}\left|\frac{f\left(a+\frac{1}{n}\right)}{f(a)}\right|^n &= \mathrm{e}^{n\ln\left(1+\frac{f'(a)}{f(a)}\frac{1}{n}+O\left(\frac{1}{n^2}\right)\right)} \\ &= \mathrm{e}^{n\left(\frac{f'(a)}{f(a)}\frac{1}{n}+O\left(\frac{1}{n^2}\right)\right)} \\ &= \mathrm{e}^{\frac{f'(a)}{f(a)}+O\left(\frac{1}{n}\right)},\end{aligned}$$

由此即得

$$\lim_{n\to\infty}\left|\frac{f\left(a+\frac{1}{n}\right)}{f(a)}\right|^n = \mathrm{e}^{\frac{f'(a)}{f(a)}}.$$

注 前面几例考察的都是未定式 1^∞ 的求极限问题. 对此类问题, 常可以借助重要极限

$$\lim_{x\to 0}(1+x)^{\frac{1}{x}} = \lim_{x\to\infty}\left(1+\frac{1}{x}\right)^x = \mathrm{e}.$$

例如,

$$\begin{aligned}\lim_{x\to 0}\left(\frac{\sin x}{x}\right)^{\frac{1}{1-\cos x}} &= \lim_{x\to 0}\left(\frac{\sin x - x}{x}\right)^{\frac{x}{\sin x - x}\frac{\sin x - x}{x(1-\cos x)}} \\ &= \mathrm{e}^{\lim\limits_{x\to 0}\frac{\sin x - x}{x(1-\cos x)}} \\ &= \mathrm{e}^{-1/3}.\end{aligned}$$

例 1.9 计算 $\lim\limits_{x\to+\infty}\left(\sqrt{x+\sqrt{x+\sqrt{x^\alpha}}}-\sqrt{x}\right)$, $\alpha<2$.

解 注意到 $\alpha/2-1<0$, 故当 $x\to\infty$ 时, 有

$$\begin{aligned}\sqrt{x+\sqrt{x+\sqrt{x^\alpha}}} &= \sqrt{x}\sqrt{1+\frac{1}{x}\sqrt{x+x^{\alpha/2}}} \\ &= \sqrt{x}\left(1+\frac{1}{\sqrt{x}}\sqrt{1+x^{\alpha/2-1}}\right)^{1/2} \\ &= \sqrt{x}\left(1+\frac{1}{2\sqrt{x}}\sqrt{1+x^{\alpha/2-1}}+O\left(\frac{1}{x}\right)\right)\end{aligned}$$

$$
\begin{aligned}
&= \sqrt{x} + \frac{1}{2}\sqrt{1 + x^{\alpha/2-1}} + O\left(\frac{1}{\sqrt{x}}\right) \\
&= \sqrt{x} + \frac{1}{2}\left(1 + \frac{1}{2}x^{\alpha/2-1} + O(x^{\alpha-2})\right) + O\left(\frac{1}{\sqrt{x}}\right) \\
&= \sqrt{x} + \frac{1}{2} + o(1).
\end{aligned}
$$

因此所求极限为 $\frac{1}{2}$.

注　有兴趣的读者可以考虑 $\alpha \geqslant 2$ 的情形.

例 1.10　求 $\lim\limits_{x\to 0} \frac{1-\cos\sqrt{\tan x - \sin x}}{\sqrt[3]{1+x^3} - \sqrt[3]{1-x^3}}$.

解　当 $x \to 0$ 时,

$$
\begin{aligned}
\tan x = \frac{\sin x}{\cos x} &= \frac{x - \frac{1}{6}x^3 + O(x^5)}{1 - \frac{x^2}{2} + O(x^4)} \\
&= \left(x - \frac{1}{6}x^3 + O(x^5)\right)\left(1 + \frac{x^2}{2} + O(x^4)\right) \\
&= x + \frac{1}{3}x^3 + O(x^5).
\end{aligned}
$$

因此

$$
\begin{aligned}
\cos\sqrt{\tan x - \sin x} &= \cos\sqrt{\left(\frac{1}{3} + \frac{1}{6}\right)x^3 + O(x^5)} \\
&= 1 - \frac{1}{4}x^3 + O(x^5),
\end{aligned}
$$

而

$$
\begin{aligned}
\sqrt[3]{1+x^3} - \sqrt[3]{1-x^3} &= \left(1 + \frac{1}{3}x^3 + O(x^6)\right) - \left(1 - \frac{1}{3}x^3 + O(x^6)\right) \\
&= \frac{2}{3}x^3 + O(x^6).
\end{aligned}
$$

因此

$$
\lim_{x\to 0} \frac{1-\cos\sqrt{\tan x - \sin x}}{\sqrt[3]{1+x^3} - \sqrt[3]{1-x^3}} = \lim_{x\to 0+} \frac{\frac{1}{4}x^3 + O(x^5)}{\frac{2}{3}x^3 + O(x^6)} = \frac{3}{8}.
$$

注 当然, 我们在估计 $1-\cos\sqrt{\tan x-\sin x}$ 时不一定直接将它展开, 而是利用等价无穷小量直接替换. 事实上, 当 $x\to 0^+$ 时, $\tan x-\sin x\to 0$, 故

$$\begin{aligned}1-\cos\sqrt{\tan x-\sin x}&=2\sin^2\frac{\sqrt{\tan x-\sin x}}{2}\\&\sim 2\frac{\tan x-\sin x}{4}\\&=\frac{1}{2}\tan x(1-\cos x)\sim\frac{1}{4}x^3.\end{aligned}$$

例 1.11 求 $\lim\limits_{n\to\infty}\cos\frac{a}{n\sqrt{n}}\cos\frac{2a}{n\sqrt{n}}\cdots\cos\frac{na}{n\sqrt{n}}$.

解 由于

$$\ln\cos x=\ln\left(1-\frac{x^2}{2}+o(x^2)\right)=-\frac{x^2}{2}+o(x^2),\quad x\to 0,$$

故

$$\ln\cos\frac{a}{n\sqrt{n}}\cos\frac{2a}{n\sqrt{n}}\cdots\cos\frac{na}{n\sqrt{n}}=\sum_{k=1}^{n}\ln\cos\frac{ka}{n\sqrt{n}}$$

$$\begin{aligned}&=-\frac{1}{2}\sum_{k=1}^{n}\frac{k^2}{n^3}a^2+\sum_{k=1}^{n}o\left(\frac{k^2}{n^3}\right)\\&=-\frac{a^2}{12}\frac{(n+1)(2n+1)}{n^2}+o(1),\quad n\to\infty.\end{aligned}$$

于是

$$\lim_{n\to\infty}\cos\frac{a}{n\sqrt{n}}\cos\frac{2a}{n\sqrt{n}}\cdots\cos\frac{na}{n\sqrt{n}}=\mathrm{e}^{-\frac{a^2}{6}}.$$

注 对于连乘积, 经常通过取对数将其转化为和式来处理.

例 1.12 证明:

$$n\sin(2n!\mathrm{e}\pi)=2\pi-\frac{2\pi(2\pi^2+3)}{3n^2}+O\left(\frac{1}{n^3}\right),\quad n\to\infty.$$

证明 根据 e^x 在 $x=1$ 的展开式, 有

$$\Delta_n:=n!\mathrm{e}-n!\left(1+\frac{1}{1!}+\frac{1}{2!}+\cdots+\frac{1}{n!}\right)$$

$$
\begin{aligned}
&= n!\left(1+\frac{1}{1!}+\frac{1}{2!}+\cdots+\frac{1}{n!}+\cdots\right)-n!\left(1+\frac{1}{1!}+\frac{1}{2!}+\cdots+\frac{1}{n!}\right)\\
&= n!\left(\frac{1}{(n+1)!}+\frac{1}{(n+2)!}+\cdots\right)\\
&= \frac{1}{n+1}+\frac{1}{(n+1)(n+2)}+\frac{1}{(n+1)(n+2)(n+3)}+\cdots.
\end{aligned}
$$

由于 $n!\left(1+\frac{1}{1!}+\frac{1}{2!}+\cdots+\frac{1}{n!}\right)$ 为整数, 故

$$
n\sin(2n!\mathrm{e}\pi)=n\sin(2\pi\Delta_n).
$$

当 n 充分大时,

$$
\begin{aligned}
\frac{1}{n+1}&=\frac{1}{n\left(1+\frac{1}{n}\right)}=\frac{1}{n}\left(1-\frac{1}{n}+\frac{1}{n^2}+O\left(\frac{1}{n^3}\right)\right)\\
&=\frac{1}{n}-\frac{1}{n^2}+\frac{1}{n^3}+O\left(\frac{1}{n^4}\right).
\end{aligned}
$$

$$
\begin{aligned}
\frac{1}{(n+1)(n+2)}&=\frac{1}{n^2\left(1+\frac{1}{n}\right)\left(1+\frac{2}{n}\right)}\\
&=\frac{1}{n^2}\left(1-\frac{1}{n}+O\left(\frac{1}{n^2}\right)\right)\left(1-\frac{2}{n}+O\left(\frac{1}{n^2}\right)\right)\\
&=\frac{1}{n^2}\left(1-\frac{3}{n}+O\left(\frac{1}{n^2}\right)\right)\\
&=\frac{1}{n^2}-\frac{3}{n^3}+O\left(\frac{1}{n^4}\right).
\end{aligned}
$$

$$
\begin{aligned}
\frac{1}{(n+1)(n+2)(n+3)}&=\frac{1}{n^3\left(1+\frac{1}{n}\right)\left(1+\frac{2}{n}\right)\left(1+\frac{3}{n}\right)}\\
&=\frac{1}{n^3}\left(1+O\left(\frac{1}{n}\right)\right)^3\\
&=\frac{1}{n^3}+O\left(\frac{1}{n^4}\right).
\end{aligned}
$$

$$
\sum_{k=4}^{\infty}\frac{1}{(n+1)(n+2)\cdots(n+k)}=\sum_{k=4}^{\infty}\frac{1}{(n+1)^k}=O\left(\frac{1}{n^4}\right).
$$

综上, 有

$$\Delta_n = \frac{1}{n} - \frac{1}{n^3} + O\left(\frac{1}{n^4}\right).$$

因此

$$\begin{aligned} n\sin(2n!\mathrm{e}\pi) &= n\sin(2\pi\Delta_n) = n2\pi\Delta_n - \frac{4\pi^3}{3}n\Delta_n^3 + O\left(n\Delta_n^5\right) \\ &= 2\pi - \frac{2\pi(2\pi^2+3)}{3n^2} + O\left(\frac{1}{n^3}\right). \end{aligned}$$

例 1.13 计算 $\lim\limits_{n\to\infty}\sin^2\left(\pi\sqrt[3]{n^3+n^2}\right)$.

解

$$\begin{aligned} \lim_{n\to\infty}\sin^2\left(\pi\sqrt[3]{n^3+n^2}\right) &= \lim_{n\to\infty}\sin^2\left(n\pi\sqrt[3]{1+\frac{1}{n}}\right) \\ &= \lim_{n\to\infty}\sin^2\left(n\pi\left(1+\frac{1}{3n}+o\left(\frac{1}{n}\right)\right)\right) \\ &= \lim_{n\to\infty}\sin^2\left(n\pi+\frac{\pi}{3}+o(1)\right) \\ &= \lim_{n\to\infty}\sin^2\left(\frac{\pi}{3}+o(1)\right) = \frac{3}{4}. \end{aligned}$$

例 1.14 设 $x_n > 0$, $A > 0$, 且

$$\lim_{n\to\infty} n\left(1-\frac{x_n}{x_{n-1}}\right) = A,$$

求 $\lim\limits_{n\to\infty} x_n$.

解 由题设知, 存在正整数 N, 使得当 $n > N$ 时有

$$n\left(1-\frac{x_n}{x_{n-1}}\right) \geqslant \frac{A}{2},$$

即有 $\dfrac{x_n}{x_{n-1}} \leqslant 1 - \dfrac{A}{2n}$. 因此,

$$\ln x_n \leqslant \ln x_N + \sum_{k=N+1}^{n} \ln\left(1-\frac{A}{2k}\right)$$

$$= \ln x_N - \sum_{k=N+1}^{n} \frac{A}{2k} + O(1) \sum_{k=N+1}^{n} \frac{1}{k^2}$$

$$= -\sum_{k=N+1}^{n} \frac{A}{2k} + O(1) \to -\infty, \quad n \to \infty.$$

由此即知 $\lim\limits_{n\to\infty} x_n = 0$.

例 1.15　设 $u_n > 0$, 且

$$\frac{u_{n+1}}{u_n} = 1 + \frac{\rho}{n} + O\left(\frac{1}{n^{1+\alpha}}\right),$$

其中 α 为一个正常数, ρ 为任一实常数, 试证

$$\frac{u_n}{n^\rho} \to A, \quad n \to \infty,$$

这里 A 是一个正常数.

解　由题设知, 存在常数 $\lambda > 0$, 使得

$$\ln u_{n+1} - \ln u_n = \frac{\rho}{n} + \beta_n, \quad \beta_n = O\left(\frac{1}{n^{1+\lambda}}\right).$$

逐次相加得

$$\ln u_n - \ln u_1 = \rho\left(1 + \frac{1}{2} + \frac{1}{3} + \cdots + \frac{1}{n-1}\right) + \sum_{k=1}^{n-1} \beta_k$$

$$= \rho\left(\ln n + \gamma + O\left(\frac{1}{n}\right)\right) + \sum_{k=1}^{n-1} \beta_k.$$

因为 $\lambda > 0$, 所以 $\sum\limits_{k=1}^{\infty} \beta_k$ 收敛. 假设 $\sum\limits_{k=1}^{n-1} \beta_k = C$, 则

$$\ln u_n = \ln u_1 + \rho\left(\ln n + \gamma + O\left(\frac{1}{n}\right)\right) + C + o(1)$$

$$= \rho \ln n + (\ln u_1 + \rho\gamma + C) + o(1)$$

$$= \rho \ln n + l + o(1) \ \ (l = \ln u_1 + \rho\gamma + C).$$

因此

$$u_n = n^\rho \mathrm{e}^l \mathrm{e}^{o(1)} = n^\rho \mathrm{e}^l (1 + o(1)),$$

由此易得要证的结论.

例 1.16 设 $S_n=\sum\limits_{k=1}^{n}\left(\sqrt{1+\dfrac{k}{n^2}}-1\right)$, 证明 $\lim\limits_{n\to\infty}S_n=\dfrac{1}{4}$.

证明 当 $n\to\infty$ 时, 有

$$\sqrt{1+\frac{k}{n^2}}=1+\frac{k}{2n^2}+O\left(\frac{k^2}{n^4}\right).$$

因此

$$\begin{aligned}S_n&=\frac{1}{2}\sum_{k=1}^{n}\frac{k}{n^2}+O\left(\frac{1}{n^4}\right)\sum_{k=1}^{n}k^2\\&=\frac{1}{2n^2}\frac{n(n+1)}{2}+O\left(\frac{1}{n^4}\right)O\left(n^3\right)\\&=\frac{1}{4}+O\left(\frac{1}{n}\right)\to\frac{1}{4},\quad n\to\infty.\end{aligned}$$

例 1.17 设 a,b,c 为实数, 且 $b>-1$, $c\neq 0$, 试确定 a,b,c 的值, 使得

$$\lim_{x\to 0}\frac{ax-\sin x}{\displaystyle\int_b^x\frac{\ln(1+t^3)}{t}\mathrm{d}t}=c.$$

解 由题设知

$$\lim_{x\to 0}\int_b^x\frac{\ln(1+t^3)}{t}\mathrm{d}t=\int_b^0\frac{\ln(1+t^3)}{t}\mathrm{d}t=0.$$

这样必有 $b=0$. 否则, 若 $b\neq 0$, 则由 $\dfrac{\ln(1+t^3)}{t}$ 在 $(0,b)$ 或 $(b,0)$ 上的连续性和保号性知道 $\displaystyle\int_b^0\frac{\ln(1+t^3)}{t}\mathrm{d}t\neq 0$.

另一方面, 当 $x\to 0$ 时, 有

$$\int_0^x\frac{\ln(1+t^3)}{t}\mathrm{d}t=\int_0^x\left(t^2+O(t^5)\right)\mathrm{d}t=\frac{1}{3}x^3+O(x^6).$$

因此, 要使题设中的极限存在, 则必有 $a=1$. 这样

$$c=\lim_{x\to 0}\frac{ax-\sin x}{\displaystyle\int_b^x\frac{\ln(1+t^3)}{t}\mathrm{d}t}=\lim_{x\to 0}\frac{\dfrac{1}{6}x^3}{\dfrac{1}{3}x^3}=\frac{1}{2}.$$

例 1.18 设 $f(x)$ 在 $x=0$ 的邻域内有连续一阶导数, 且 $f'(0)=0$, $f''(0)=1$, 求

$$\lim_{x\to 0}\frac{f(x)-f(\ln(1+x))}{x^3}.$$

解 由 Lagrange 中值定理知, 存在介于 x 和 $\ln(1+x)$ 之间的一点 ξ, 使得

$$f(x)-f(\ln(1+x))=f'(\xi)(x-\ln(1+x)).$$

显然 $\xi\sim x$, $x\to 0$. 于是

$$\begin{aligned}\lim_{x\to 0}\frac{f(x)-f(\ln(1+x))}{x^3}&=\lim_{x\to 0}\frac{f'(\xi)(x-\ln(1+x))}{x^3}\\&=\lim_{x\to 0}\frac{(f'(\xi)-f'(0))\left(\dfrac{1}{2}x^2+O(x^3)\right)}{\xi\cdot x^2}\\&=\frac{1}{2}f''(0)=\frac{1}{2}.\end{aligned}$$

例 1.19 求 $\lim\limits_{n\to\infty}\dfrac{(n^2+1)(n^2+2)\cdots(n^2+n)}{(n^2-1)(n^2-2)\cdots(n^2-n)}$.

解 因为

$$\begin{aligned}\ln\left(\frac{(n^2+1)(n^2+2)\cdots(n^2+n)}{(n^2-1)(n^2-2)\cdots(n^2-n)}\right)&=\sum_{k=1}^{n}\left(\ln\left(1+\frac{k}{n^2}\right)-\ln\left(1-\frac{k}{n^2}\right)\right)\\&=\frac{2}{n^2}\sum_{k=1}^{n}k+O\left(\frac{1}{n^4}\right)\sum_{k=1}^{n}k^2\\&=1+O\left(\frac{1}{n}\right),\end{aligned}$$

所以

$$\lim_{n\to\infty}\frac{(n^2+1)(n^2+2)\cdots(n^2+n)}{(n^2-1)(n^2-2)\cdots(n^2-n)}=\mathrm{e}.$$

练习 1.1 求下列极限:

(1) $\lim\limits_{x\to 0}\dfrac{\dfrac{x^2}{2}+1-\sqrt{1+x^2}}{(\cos x-\mathrm{e}^{x^2})\sin x^2}$;

(2) $\lim\limits_{x\to 0}\dfrac{\mathrm{e}^x-1-x}{\sqrt{1-x}-\cos\sqrt{x}}$;

(3) $\lim\limits_{n\to\infty} n\left(\mathrm{e}-\left(1+\frac{1}{n}\right)^n\right)$;

(4) $\lim\limits_{x\to 0}\dfrac{x-\int_0^x \mathrm{e}^{t^2}\mathrm{d}t}{x^2\sin 2x}$;

(5) $\lim\limits_{x\to 0}\dfrac{\int_0^x \mathrm{e}^{\frac{t^2}{2}}\cos t\mathrm{d}t-x}{(\mathrm{e}^x-1)^2(1-\cos^2 x)\arctan x}$;

(6) $\lim\limits_{x\to 0}\dfrac{\mathrm{e}^x\sin x-x(1+x)}{\sin^3 x}$;

(7) $\lim\limits_{x\to 0_+}\left(\dfrac{1}{x^5}\int_0^x \mathrm{e}^{-t^2}\mathrm{d}t+\dfrac{1}{3x^2}-\dfrac{1}{x^4}\right)$;

(8) $\lim\limits_{x\to 0}\dfrac{\mathrm{e}^x\sin x-x(1+x)}{\cos x\ln(1-2x)}$.

1.3 Stolz 公式

我们知道洛必达 (L'Hospital) 法则在处理未定式求极限时起了非常重要的作用. 斯托尔茨 (Stolz) 公式则相当于数列情形的洛必达法则, 它可以用于求 $\dfrac{0}{0}$ 型和 $\dfrac{\infty}{\infty}$ 型未定式求极限问题.

定理 1.3 $\left(\dfrac{\infty}{\infty}\text{ 型的 Stolz 公式}\right)$ 设 $\{x_n\}$ 严格递增, 且 $\lim\limits_{n\to\infty}x_n=+\infty$. 若

$$\lim_{n\to\infty}\frac{y_n-y_{n-1}}{x_n-x_{n-1}}=A,$$

其中 A 为有限数或 $\pm\infty$, 则 $\lim\limits_{n\to\infty}\dfrac{y_n}{x_n}=A$.

证明 (1) 先考虑 A 为有限数的情形. 因为

$$\lim_{n\to\infty}\frac{y_n-y_{n-1}}{x_n-x_{n-1}}=A,$$

所以对任意 $\varepsilon>0$, 存在正整数 N_1, 当 $n>N_1$ 时, 有

$$A-\frac{\varepsilon}{2}<\frac{y_n-y_{n-1}}{x_n-x_{n-1}}<A+\frac{\varepsilon}{2},$$

从而

$$\left(A-\frac{\varepsilon}{2}\right)(x_n-x_{n-1})<y_n-y_{n-1}<\left(A+\frac{\varepsilon}{2}\right)(x_n-x_{n-1}),$$

由此即得

$$\left(A-\frac{\varepsilon}{2}\right)(x_n-x_{N_1})<y_n-y_{N_1}<\left(A+\frac{\varepsilon}{2}\right)(x_n-x_{N_1}),\quad n\geqslant N_1+1,$$

亦即有

$$-\frac{\varepsilon}{2}\left(1-\frac{x_{N_1}}{x_n}\right)+\frac{y_{N_1}-Ax_{N_1}}{x_n}<\frac{y_n}{x_n}-A<\frac{\varepsilon}{2}\left(1-\frac{x_{N_1}}{x_n}\right)+\frac{y_{N_1}-Ax_{N_1}}{x_n},$$

$$-\frac{\varepsilon}{2}+\frac{y_{N_1}-Ax_{N_1}}{x_n}<\frac{y_n}{x_n}-A<\frac{\varepsilon}{2}+\frac{y_{N_1}-Ax_{N_1}}{x_n}.$$

由于 $\lim\limits_{n\to\infty}\dfrac{y_{N_1}-Ax_{N_1}}{x_n}=0$, 故存在正整数 N_2, 当 $n>N_2$ 时, 有

$$\left|\frac{y_{N_1}-Ax_{N_1}}{x_n}\right|<\frac{\varepsilon}{2}.$$

因此, 当 $n>N:=\max(N_1,N_2)$ 时, 有

$$-\varepsilon<\frac{y_n}{x_n}-A<\varepsilon.$$

这就证明了 $\lim\limits_{n\to\infty}\dfrac{y_n}{x_n}=A$.

(2) 当 $A=+\infty$ 时, 存在正整数 N, 当 $n>N$ 时, 有 $\dfrac{y_n-y_{n-1}}{x_n-x_{n-1}}>1$, 因而

$$y_n-y_{n-1}>x_n-x_{n-1}>0,$$

这说明 $\{y_n\}$ 是严格单调递增的. 在上式中取 $n=N+1,N+2,\cdots$, 然后逐项相加可得

$$y_k-y_N>x_k-x_N\to+\infty,\quad k\to+\infty.$$

因此, 我们知道 $\{y_n\}$ 严格单调递增趋于 $+\infty$, 又根据已知条件知道

$$\lim_{n\to\infty}\frac{x_n-x_{n-1}}{y_n-y_{n-1}}=0,$$

利用前面 A 为有限数时的结论推得 $\lim\limits_{n\to\infty}\dfrac{x_n}{y_n}=0$, 从而 $\lim\limits_{n\to\infty}\dfrac{y_n}{x_n}=+\infty$.

(3) 当 $A=-\infty$ 时, 令 $y_n=-z_n$ 即可转化为 (2) 的情形.

定理 1.4 $\left(\dfrac{0}{0}\text{ 型的 Stolz 公式}\right)$ 设 $n\to\infty$ 时, $y_n\to0$, 而 x_n 严格单调递减趋向于 0. 如果 $\lim\limits_{n\to\infty}\dfrac{y_n-y_{n-1}}{x_n-x_{n-1}}=A$, A 为有限数或 $\pm\infty$, 则 $\lim\limits_{n\to\infty}\dfrac{y_n}{x_n}=A$.

证明 先考虑 A 为有限数的情形. 类似于定理 1.3 中 (1) 的证明, 对任意 $\varepsilon>0$, 存在正整数 N, 当 $n>N$ 时, 有

$$(A-\varepsilon)(x_n-x_{n+1})<y_n-y_{n+1}<(A+\varepsilon)(x_n-x_{n+1}),\quad n=N+1,N+2,\cdots,$$

这样, 当 $m>n>N$ 时, 有

$$(A-\varepsilon)(x_n-x_m)<y_n-y_m<(A+\varepsilon)(x_n-x_m).$$

在上式中令 $m\to\infty$, 得

$$(A-\varepsilon)x_n\leqslant y_n\leqslant(A+\varepsilon)x_n,$$

由此并根据 ε 的任意性, 不难推得结论.

当 $A=\pm\infty$ 时, 类似于定理 1.3 的相关情形进行类似处理即可.

定理 1.3 和定理 1.4 还可以进行如下推广.

定理 1.5 $\left(\dfrac{\infty}{\infty}\right.$ 型 Stolz 公式的推广$\left.\right)$ 设 T 为正常数. 若函数 $g(x)$ 和 $f(x)$ 在 $[a,+\infty)$ 上满足

(i) $g(x+T)>g(x)$;

(ii) $\lim\limits_{x\to+\infty}g(x)=+\infty$, $f(x),g(x)$ 在 $[a,+\infty)$ 上的任意子区间上有界;

(iii) $\lim\limits_{x\to+\infty}\dfrac{f(x+T)-f(x)}{g(x+T)-g(x)}=A$,

则 $\lim\limits_{x\to+\infty}\dfrac{f(x)}{g(x)}=A$ (这里 A 为有限数或 $\pm\infty$).

定理 1.6 $\left(\dfrac{0}{0}\right.$ 型 Stolz 公式的推广$\left.\right)$ 设 T 为正常数. 若函数 $g(x)$ 和 $f(x)$ 在 $[a,+\infty)$ 上满足

(i) $0<g(x+T)<g(x)$;

(ii) $\lim\limits_{x\to+\infty}g(x)=0$, $\lim\limits_{x\to+\infty}f(x)=0$;

(iii) $\lim\limits_{x\to+\infty}\dfrac{f(x+T)-f(x)}{g(x+T)-g(x)}=A$,

则 $\lim\limits_{x\to+\infty}\dfrac{f(x)}{g(x)}=A$ (这里 A 为有限数或 $\pm\infty$).

例 1.20 求 $\lim\limits_{n\to\infty}\dfrac{\sum\limits_{k=0}^{n}\ln\mathrm{C}_n^k}{n^2}$.

解 应用 Stolz 公式, 有

$$\begin{aligned}\lim_{n\to\infty}\frac{\sum\limits_{k=0}^{n}\ln \mathrm{C}_n^k}{n^2}&=\lim_{n\to\infty}\frac{\sum\limits_{k=0}^{n+1}\ln \mathrm{C}_{n+1}^k-\sum\limits_{k=0}^{n}\ln \mathrm{C}_n^k}{(n+1)^2-n^2}\\&=\lim_{n\to\infty}\frac{\sum\limits_{k=0}^{n}\ln\dfrac{\mathrm{C}_{n+1}^k}{\mathrm{C}_n^k}+\ln \mathrm{C}_{n+1}^{n+1}}{2n+1}\\&=\lim_{n\to\infty}\frac{\sum\limits_{k=0}^{n}\ln\dfrac{n+1}{n+1-k}}{2n+1}\\&=\lim_{n\to\infty}\frac{(n+1)\ln(n+1)-\sum\limits_{k=1}^{n+1}\ln k}{2n+1}.\end{aligned}$$

再次利用 Stolz 公式, 有

$$\begin{aligned}\lim_{n\to\infty}\frac{\sum\limits_{k=0}^{n}\ln \mathrm{C}_n^k}{n^2}&=\lim_{n\to\infty}\frac{(n+1)\ln(n+1)-n\ln n-\ln(n+1)}{2}\\&=\lim_{n\to\infty}\frac{1}{2}\ln\left(\frac{n+1}{n}\right)^n=\frac{1}{2}.\end{aligned}$$

注 在证明过程中可以看出, 每用一次 Stolz 公式, 分母的次数就降低一次, 这和洛必达法则中求导的作用是类似的.

例 1.21 设 s 是正整数, 计算

$$\lim_{n\to\infty}\frac{1}{n^{s+1}}\left(s+\frac{(s+1)!}{1!}+\cdots+\frac{(s+n)!}{n!}\right).$$

解 记

$$x_n=s+\frac{(s+1)!}{1!}+\cdots+\frac{(s+n)!}{n!},\quad y_n=n^{s+1}.$$

利用 Stolz 公式, 有

$$\lim_{n\to\infty}\frac{x_n-x_{n-1}}{y_n-y_{n-1}}=\lim_{n\to\infty}\frac{(n+1)(n+2)\cdots(n+s)}{n^{s+1}-(n-1)^{s+1}}.$$

利用

$$n^{s+1}-(n-1)^{s+1}\sim(s+1)n^s,\quad n\to\infty,$$

有

$$\lim_{n\to\infty}\frac{x_n-x_{n-1}}{y_n-y_{n-1}}=\lim_{n\to\infty}\frac{(n+1)(n+2)\cdots(n+s)}{(s+1)n^s}=\frac{1}{s+1}.$$

例 1.22 记 $u_n=\dfrac{1^p+2^p+\cdots+n^p}{n^{p+1}}$, $p>-1$. 求证:

(i) $\lim\limits_{n\to\infty}u_n=\dfrac{1}{p+1}$;

(ii) $\lim\limits_{n\to\infty}n\left(u_n-\dfrac{1}{p+1}\right)=\dfrac{1}{2}$, $p\neq 0$.

证明 (i) 当 $p>-1$ 时, n^{p+1} 单调递增趋于 ∞, 于是利用 Stolz 公式, 有

$$\begin{aligned}\lim_{n\to\infty}u_n&=\lim_{n\to\infty}\frac{(n+1)^p}{(n+1)^{p+1}-n^{p+1}}=\lim_{n\to\infty}\frac{(n+1)^p}{n^{p+1}\left(\left(1+\dfrac{1}{n}\right)^{p+1}-1\right)}\\&=\lim_{n\to\infty}\frac{1}{n\left((p+1)\dfrac{1}{n}+O\left(\dfrac{1}{n^2}\right)\right)}=\lim_{n\to\infty}\frac{1}{(p+1)+O\left(\dfrac{1}{n}\right)}\\&=\frac{1}{p+1}.\end{aligned}$$

(ii) 直接计算知道

$$n\left(u_n-\frac{1}{p+1}\right)=\frac{1}{p+1}\cdot\frac{(p+1)(1^p+2^p+\cdots+n^p)-n^{p+1}}{n^p}.$$

当 $p<0$ 时, 由 (i) 知

$$(p+1)(1^p+2^p+\cdots+n^p)-n^{p+1}=o(1),\quad n\to\infty,$$

且 $\{n^p\}$ 单调递减趋于 0; 当 $p>0$ 时, n^p 单调递增趋于 ∞. 因此可以利用 Stolz 公式$\left(\text{分别使用 }\dfrac{0}{0}\text{ 型和 }\dfrac{\infty}{\infty}\text{ 型}\right)$推得

$$\begin{aligned}&\lim_{n\to\infty}n\left(u_n-\frac{1}{p+1}\right)\\&=\frac{1}{p+1}\lim_{n\to\infty}\frac{(p+1)(n+1)^p-(n+1)^{p+1}+n^{p+1}}{(n+1)^p-n^p}\\&=\frac{1}{p+1}\lim_{n\to\infty}\frac{(p+1)(n+1)^p-n^{p+1}\left(\left(1+\dfrac{1}{n}\right)^{p+1}-1\right)}{n^p\left(\left(1+\dfrac{1}{n}\right)^p-1\right)}\end{aligned}$$

$$= \frac{1}{p+1} \lim_{n\to\infty} \frac{(p+1)(n+1)^p - n^{p+1}\left((p+1)\frac{1}{n} + \frac{(p+1)p}{2}\frac{1}{n^2} + O\left(\frac{1}{n^3}\right)\right)}{n^p\left(\frac{p}{n} + O\left(\frac{1}{n^2}\right)\right)}$$

$$= \frac{1}{p+1} \lim_{n\to\infty} \frac{(p+1)n^p\left(\left(1+\frac{1}{n}\right)^p - 1\right) - \frac{(p+1)p}{2}n^{p-1} + O\left(n^{p-2}\right)}{pn^{p-1}}$$

$$= \frac{1}{p+1} \lim_{n\to\infty} \frac{(p+1)n^p\left(\frac{p}{n} + O\left(\frac{1}{n^2}\right)\right) - \frac{(p+1)p}{2}n^{p-1} + O\left(n^{p-2}\right)}{pn^{p-1}}$$

$$= \frac{1}{p+1} \lim_{n\to\infty} \frac{\frac{(p+1)p}{2}n^{p-1} + O\left(n^{p-2}\right)}{pn^{p-1}}$$

$$= \frac{1}{2}.$$

注 关于 (i) 的证明方法还有很多. 例如, 可以将之转化为积分和式求极限, 也可以利用下面的估计式得到

$$\frac{1}{p+1}n^{p+1} = \int_0^n x^p \mathrm{d}x \leqslant \sum_{k=1}^{n} k^p \leqslant \int_1^{n+1} x^p \mathrm{d}x = \frac{1}{p+1}\left((n+1)^{p+1} - 1\right),\ p > 0,$$

而当 $p < 0$ 时, 上面的不等式改变方向.

例 1.23 设 $a_n = \sin a_{n-1}$, $n \geqslant 2$, 且 $a_1 > 0$, 计算 $\lim\limits_{n\to\infty} \sqrt{\frac{n}{3}}a_n$.

解 (1) 先证明

$$\lim_{n\to\infty} a_n = 0. \tag{1.3.2}$$

事实上, 当 $a_1 = k\pi$, $k = 1, 2, \cdots$ 时, $a_n \equiv 0$, $n \geqslant 2$, 因而 (1.3.2) 此时成立.

由数学归纳法可知: 当 $a_1 \in (2k\pi, 2k\pi + \pi)$ 时, a_n 单调递减且 $0 < a_n \leqslant 1, n \geqslant 2$; 当 $a_1 \in (2k\pi + \pi, 2k\pi + 2\pi)$ 时, a_n 单调递增且 $-1 < a_n < 0$. 因此 $\lim\limits_{n\to\infty} a_n$ 存在. 对 $a_n = \sin a_{n-1}$ 两边求极限即得 (1.3.2).

(2) 下证

$$\lim_{n\to\infty} \sqrt{\frac{n}{3}}a_n = \begin{cases} 1, & a_1 \in (2k\pi, 2k\pi + \pi), \\ 0, & a_1 = 2k\pi, \\ -1, & a_1 \in (2k\pi + \pi, 2k\pi + 2\pi), \end{cases}$$

其中$k = 1, 2, \cdots$.

实际上只要证明: 当 $a_1 \neq k\pi$ 时, 有

$$\lim_{n\to\infty}\frac{n}{3}a_n^2 = 1. \tag{1.3.3}$$

由于 $\dfrac{1}{a_n^2}$ 单调递增趋于 $+\infty$, 利用 Stolz 公式, 有

$$\begin{aligned}
\lim_{n\to\infty}\frac{n}{3}a_n^2 &= \frac{1}{3}\lim_{n\to\infty}\frac{n}{\dfrac{1}{a_n^2}} = \frac{1}{3}\lim_{n\to\infty}\frac{n-(n-1)}{\dfrac{1}{a_n^2}-\dfrac{1}{a_{n-1}^2}} \\
&= \frac{1}{3}\lim_{n\to\infty}\frac{1}{\dfrac{1}{\sin^2 a_{n-1}}-\dfrac{1}{a_{n-1}^2}} \\
&= \frac{1}{3}\lim_{n\to\infty}\frac{a_{n-1}^2\sin^2 a_{n-1}}{a_{n-1}^2-\sin^2 a_{n-1}} \\
&= \frac{1}{3}\lim_{x\to 0}\frac{x^2\sin^2 x}{x^2-\sin^2 x} \\
&= \frac{1}{3}\lim_{x\to 0}\frac{x^4}{(x-\sin x)(x+\sin x)} \\
&= \frac{1}{3}\lim_{x\to 0}\frac{x^4}{2x\left(\dfrac{1}{6}x^3+O(x^5)\right)} \\
&= \frac{1}{3}\lim_{x\to 0}\frac{x^4}{\dfrac{1}{3}x^4} = 1.
\end{aligned}$$

下面的例子与例 1.23 类似.

例 1.24 设 $f_n(x) = \mathrm{e}^{\frac{x}{n+1}}$, $n = 1, 2, \cdots$, 数列 $\{y_n\}$ 满足

(i) $y_1 = c > 0$;

(ii) $\dfrac{n}{n+1}\displaystyle\int_0^{y_{n+1}} f_n(x)\mathrm{d}x = y_n$, $n = 1, 2, \cdots$.

求极限 $\lim\limits_{n\to\infty} y_n$.

解 由 (ii) 知

$$y_n = n\int_0^{y_{n+1}} \mathrm{e}^{\frac{x}{n+1}}\mathrm{d}\frac{x}{n+1} = n\left(\mathrm{e}^{\frac{y_{n+1}}{n+1}}-1\right).$$

记 $x_n = \dfrac{y_n}{n}$, 则有

$$x_{n+1} = \ln(1+x_n), \quad n = 1, 2, \cdots. \tag{1.3.4}$$

由 (i) 知 $x_1 = y_1 = c > 0$, 利用数学归纳法可得 $x_n > 0$, 再利用不等式

$$\ln(1+x) < x, \quad x > 0,$$

可推得 x_n 单调递减. 因此, $\lim\limits_{n\to\infty} x_n$ 存在. 对 (1.3.4) 两边求极限, 易知

$$\lim_{n\to\infty} x_n = 0.$$

综合上面讨论, $\dfrac{1}{x_n}$ 单调递增趋于 $+\infty$. 因此, 我们可以利用 Stolz 公式来求 y_n 的极限. 事实上, 有

$$\begin{aligned}\lim_{n\to\infty} y_n &= \lim_{n\to\infty} \frac{n}{\dfrac{1}{x_n}} = \lim_{n\to\infty} \frac{1}{\dfrac{1}{x_{n+1}} - \dfrac{1}{x_n}} \\ &= \lim_{n\to\infty} \frac{1}{\dfrac{1}{\ln(1+x_n)} - \dfrac{1}{x_n}} = \lim_{x\to 0^+} \frac{1}{\dfrac{1}{\ln(1+x)} - \dfrac{1}{x}} \\ &= \lim_{x\to 0^+} \frac{x\ln(1+x)}{x - \ln(1+x)} = \lim_{x\to 0^+} \frac{x^2 + o(x^2)}{\dfrac{x^2}{2} + o(x^2)} = 2.\end{aligned}$$

例 1.25　设 $\lambda_n > 0, n = 1, 2, \cdots, \sigma_n := \lambda_1 + \lambda_2 + \cdots + \lambda_n \to \infty$. 又设 $\lim\limits_{n\to\infty} x_n = a$, 求证

$$\lim_{n\to\infty} \frac{\lambda_1 x_1 + \lambda_2 x_2 + \cdots + \lambda_n x_n}{\lambda_1 + \lambda_2 + \cdots + \lambda_n} = a.$$

证明　因为 σ_n 单调递增趋于 $+\infty$, 由 Stolz 公式得

$$\lim_{n\to\infty} \frac{\lambda_1 x_1 + \lambda_2 x_2 + \cdots + \lambda_n x_n}{\lambda_1 + \lambda_2 + \cdots + \lambda_n} = \lim_{n\to\infty} \frac{\lambda_n x_n}{\lambda_n} = \lim_{n\to\infty} x_n = a.$$

注　取 $\lambda_n \equiv 1,\ n = 1, 2, \cdots$, 则利用上例, 可由 $\lim\limits_{n\to\infty} x_n = a$ 推得

$$\lim_{n\to\infty} \frac{x_1 + x_2 + \cdots + x_n}{n} = a.$$

取 $\lambda_n = n,\ n = 1, 2, \cdots$, 则可由 $\lim\limits_{n\to\infty} x_n = a$ 推得

$$\lim_{n\to\infty} \frac{x_1 + 2x_2 + \cdots + nx_n}{n^2} = \frac{a}{2}.$$

通过取不同的 λ_n, 我们可以得到不同的数列求和的极限. 考虑这些结论的逆定理是很有趣的.

例 1.26 设 $\lim_{n\to\infty}(x_n - x_{n-2}) = 0$, 求 $\lim_{n\to\infty}\frac{x_n - x_{n-1}}{n}$.

解 利用 Stolz 公式得

$$\begin{aligned}\lim_{n\to\infty}\frac{x_{2n}-x_{2n-1}}{2n} &= \lim_{n\to\infty}\frac{(x_{2n}-x_{2n-1})-(x_{2n-2}-x_{2n-3})}{2n-2(n-1)}\\ &= \frac{1}{2}\lim_{n\to\infty}((x_{2n}-x_{2n-2})-(x_{2n-1}-x_{2n-3})) = 0.\end{aligned}$$

$$\begin{aligned}\lim_{n\to\infty}\frac{x_{2n+1}-x_{2n}}{2n+1} &= \lim_{n\to\infty}\frac{(x_{2n+1}-x_{2n})-(x_{2n-1}-x_{2n-2})}{2n+1-(2n-1)}\\ &= \frac{1}{2}\lim_{n\to\infty}((x_{2n+1}-x_{2n-1})-(x_{2n}-x_{2n-2})) = 0.\end{aligned}$$

记 $y_n = \frac{x_n - x_{n-1}}{n}$, 则由上面的推导可知

$$\lim_{n\to\infty} y_{2n} = \lim_{n\to\infty} y_{2n+1} = 0,$$

因此 $\lim_{n\to\infty} y_n = 0$, 即

$$\lim_{n\to\infty}\frac{x_n - x_{n-1}}{n} = 0.$$

注 这里我们应用了一个简单而重要的结论:

$$\lim_{n\to\infty} y_n = a \Leftrightarrow \lim_{n\to\infty} y_{2n} = \lim_{n\to\infty} y_{2n+1} = a.$$

例 1.27 设 $\{p_n\}$ 是严格单调递增的正数数列, 级数 $\sum_{n=1}^{\infty} a_n$ 收敛, 且 $p_n \to +\infty, n \to +\infty$, 证明

$$\lim_{n\to\infty}\frac{p_1a_1 + p_2a_2 + \cdots + p_na_n}{p_n} = 0.$$

解 记 $S_n = \sum_{k=1}^{n} a_k$, $n = 1, 2, \cdots; S_0 = 0$. 则

$$\sum_{k=1}^{n} p_k a_k = \sum_{k=1}^{n-1} S_k(p_k - p_{k+1}) + p_n S_n.$$

由于 p_n 严格单调递增趋于 $+\infty$, 利用 Stolz 公式, 有

$$\lim_{n\to\infty}\frac{p_1a_1 + p_2a_2 + \cdots + p_na_n}{p_n} = \lim_{n\to\infty}\frac{\sum\limits_{k=1}^{n-1} S_k(p_k - p_{k+1}) + p_n S_n}{p_n}$$

$$= \lim_{n\to\infty} \frac{(p_{n-1}-p_n)S_{n-1}}{p_n - p_{n-1}} + \lim_{n\to\infty} \frac{p_n S_n}{p_n}$$

$$= -\lim_{n\to\infty} S_{n-1} + \lim_{n\to\infty} S_n = 0.$$

例 1.28　设 $\{a_n\}$ 和 $\{b_n\}$ 为实数序列, 满足

(1) $\lim\limits_{n\to\infty} |b_n| = \infty$;

(2) $\left\{\dfrac{1}{|b_n|}\sum\limits_{i=1}^{n-1}|b_{i+1}-b_i|\right\}$ 有界.

证明: 若 $\lim\limits_{n\to\infty}\dfrac{a_{n+1}-a_n}{b_{n+1}-b_n}$ 存在, 则 $\lim\limits_{n\to\infty}\dfrac{b_n}{a_n}$ 存在.

证明　记 $C_n := \dfrac{a_{n+1}-a_n}{b_{n+1}-b_n}$, 并设 $\lim\limits_{n\to\infty} C_n = C$.

先考虑 $C=0$ 的情形. 对任意给定的 $\varepsilon>0$, 存在正整数 N_1, 使得当 $n>N_1$ 时, 成立

$$|C_n| < \frac{\varepsilon}{2M}, \tag{1.3.5}$$

这里

$$M := \sup_{n\geqslant 1} \frac{1}{|b_n|}\sum_{i=1}^{n-1}|b_{i+1}-b_i|.$$

另一方面, 由于 $\lim\limits_{n\to\infty}|b_n| = \infty$, 故存在 $N_2 \geqslant N_1$, 使得当 $n \geqslant N_2$ 时有

$$\frac{|a_{N_1}|}{b_n} < \frac{\varepsilon}{2}. \tag{1.3.6}$$

对一切 $n > N_2$ 有

$$a_n = a_{n-1} + C_{n-1}(b_n - b_{n-1}) = \cdots = a_{N_1} + \sum_{i=N_1}^{n-1} C_i(b_{i+1}-b_i).$$

因此, 利用 (1.3.5) 和 (1.3.6), 我们有

$$\left|\frac{a_n}{b_n}\right| \leqslant \left|\frac{a_{N_1}}{b_n}\right| + \max_{N_1\leqslant i\leqslant n-1} \frac{\sum\limits_{i=N_1}^{n-1}|C_i(b_{i+1}-b_i)|}{|b_n|} \leqslant \frac{\varepsilon}{2} + \frac{\varepsilon}{2M}M = \varepsilon.$$

这样就有

$$\lim_{n\to\infty}\frac{b_n}{a_n} = 0.$$

当 $C \neq 0$ 时, 有

$$\lim_{n\to\infty} \frac{(a_{n+1} - Cb_{n+1}) - (a_n - Cb_n)}{b_{n+1} - b_n} = 0.$$

利用前面的结论知道

$$\lim_{n\to\infty} \frac{a_n - Cb_n}{b_n} = 0.$$

因而有

$$\lim_{n\to\infty} \frac{b_n}{a_n} = \lim_{n\to\infty} \frac{a_n - Cb_n}{b_n} + C = C.$$

注 当 $\{b_n\}$ 单调趋于正负无穷时条件 (2) 是满足的.

1.4 数列的构造与极限

对于一些由递推式给出的数列, 经常先证明其极限的存在性, 而后通过对递推式两边取极限, 得到一个含有极限的方程, 解之求得极限值. 因此, 对于此类问题说明极限的存在性经常是很关键的. 说明极限的存在性, 常见的有下列一些方法:

(1) 夹敛性原理.

(2) 单调有界原理. 任何单调有界变量必有极限. 具体表现为: 如果数列 $\{x_n\}$ 单调有界, 则 $\{x_n\}$ 的极限必存在; 如果 $f(x)$ 在 x_0 的一侧单调有界, 则 $f(x)$ 在 x_0 的该侧极限存在.

(3) Cauchy 收敛原理. 数列 $\{x_n\}$ 收敛的充分必要条件是: 对任意 $\varepsilon > 0$, 存在正整数 N, 使得对一切 $n, m > N$ 有

$$|x_n - x_m| < \varepsilon.$$

函数极限、级数收敛性、函数项级数一致收敛性和广义积分收敛性等概念中都有相应的 Cauchy 收敛原理. Cauchy 收敛原理是数学分析中非常重要的数学思想, 它往往能揭示概念的本质.

(4) 压缩映像原理. 设 $\{x_n\}$ 为一数列, 如果存在常数 r $(0 < r < 1)$, 使得对任意 $n \in \mathbf{N}$, 有

$$|x_{n+1} - x_n| \leqslant r|x_n - x_{n-1}|,$$

则数列 $\{x_n\}$ 收敛. 特别地, 如果 $\{x_n\}$ 由递推式 $x_{n+1} = f(x_n)$, $n = 1, 2, \cdots$ 所定义, 其中 f 为某一可微函数, 且存在常数 r $(0 < r < 1)$, 使得

$$|f'(x)| \leqslant r, \quad x \in I,$$

这里 I 为所有 x_n 所在的某一区间, 则 $\{x_n\}$ 收敛.

证明 因为 $|x_{n+1}-x_n| \leqslant r|x_n-x_{n-1}|$, $n=1,2,\cdots$, 所以

$$|x_{n+1}-x_n| \leqslant r|x_n-x_{n-1}| \leqslant r^2|x_{n-1}-x_{n-2}| \leqslant \cdots \leqslant r^{n-1}|x_2-x_1|.$$

因为 $0<r<1$, 所以 $\sum\limits_{n=1}^{\infty} r^{n-1}$ 收敛. 由比较判别法知, 级数 $\sum\limits_{n=1}^{\infty}|x_n-x_{n-1}|$ 收敛, 从而 $\sum\limits_{n=1}^{\infty}(x_n-x_{n-1})$ 收敛. 于是

$$S_n := \sum_{k=1}^{n}(x_k-x_{k-1}) = x_n - x_0$$

收敛, 从而 $\{x_n\}$ 收敛.

注 压缩映像原理也可以用 Cauchy 收敛原理证明.

例 1.29 设 k 是正整数, 任取正数 x_0, 并作成数列 $x_n=\dfrac{1}{2}\left(x_{n-1}+\dfrac{k}{x_{n-1}}\right)$, $n=1,2,\cdots$, 证明 $\lim\limits_{n\to\infty} x_n$ 存在并求之.

解 **(方法一)** 显然 $x_n>0$, $n=1,2,\cdots$. 因为

$$x_n=\frac{1}{2}\left(x_{n-1}+\frac{k}{x_{n-1}}\right) \geqslant \frac{1}{2}\left(2\sqrt{x_{n-1}}\cdot\sqrt{\frac{k}{x_{n-1}}}\right)=\sqrt{k},$$

所以 $\{x_n\}$ 有下界. 又因为

$$x_n-x_{n-1}=\frac{1}{2}\left(x_{n-1}+\frac{k}{x_{n-1}}\right)-x_{n-1}=\frac{k-x_{n-1}^2}{2x_{n-1}} \leqslant 0,$$

所以 $\{x_n\}$ 是递减的. 由此可知 $\{x_n\}$ 有极限. 设 $\{x_n\}$ 的极限为 A, 则

$$a=\lim_{n\to\infty} x_n=\lim_{n\to\infty}\frac{1}{2}\left(x_{n-1}+\frac{k}{x_{n-1}}\right)=\frac{1}{2}\left(a+\frac{k}{a}\right),$$

由此得到 $a=\dfrac{k}{a}$, 即 $a=\sqrt{k}$.

(方法二) 根据递推式及 $x_n \geqslant \sqrt{k}$, 得

$$\begin{aligned}
|x_n-x_{n-1}| &= \frac{1}{2}\left|(x_{n-1}-x_{n-2})+\frac{k(x_{n-2}-x_{n-1})}{x_{n-1}x_{n-2}}\right| \\
&= \frac{1}{2}|x_{n-1}-x_{n-2}|\left|1-\frac{k}{x_{n-1}x_{n-2}}\right|
\end{aligned}$$

$$\leqslant \frac{1}{2}|x_{n-1} - x_{n-2}|.$$

由此及压缩映像原理即知 $\{x_n\}$ 的极限存在, 进一步可利用前面的过程求得其极限.

注 令 $f(x) = \frac{1}{2}\left(x + \frac{k}{x}\right)$, 则 $\{x_n\}$ 由递推式 $x_n = f(x_{n-1})$ 定义. 因为

$$|f'(x)| = \frac{1}{2}\left(1 - \frac{k}{x^2}\right) \leqslant \frac{1}{2}, \quad x \in [\sqrt{k}, +\infty),$$

所以 $\{x_n\}$ 满足压缩映像原理的条件.

例 1.30 设 $\{a_n\}$ 和 $\{b_n\}$ 为正整数数列, 且 $a_1 = b_1 = 1$, $a_n + \sqrt{3}b_n = (a_{n-1} + \sqrt{3}b_{n-1})^2$, 证明: 数列 $\left\{\frac{a_n}{b_n}\right\}$ 收敛, 并求出其极限值.

解 因为 $\{a_n\}$ 和 $\{b_n\}$ 为正整数数列, 且

$$a_n + \sqrt{3}b_n = (a_{n-1} + \sqrt{3}b_{n-1})^2 = a_{n-1}^2 + 3b_{n-1}^2 + 2\sqrt{3}a_{n-1}b_{n-1},$$

所以

$$a_n = a_{n-1}^2 + 3b_{n-1}^2, \quad b_n = 2a_{n-1}b_{n-1}.$$

这样就有

$$\frac{a_n}{b_n} = \frac{a_{n-1}^2 + 3b_{n-1}^2}{2a_{n-1}b_{n-1}} = \frac{\left(\frac{a_{n-1}}{b_{n-1}}\right)^2 + 3}{2\frac{a_{n-1}}{b_{n-1}}}.$$

记 $x_n = \frac{a_n}{b_n}$, 则有

$$x_n = \frac{1}{2}\left(x_{n-1} + \frac{3}{x_{n-1}}\right).$$

由上题结论即知 $\left\{\frac{a_n}{b_n}\right\}$ 收敛于 $\sqrt{3}$.

例 1.31 设 $\alpha > 1$, $x_1 > 0$, 定义

$$x_{n+1} = \frac{\alpha + x_n}{1 + x_n}, \quad n = 1, 2, \cdots. \tag{1.4.7}$$

求证: $\lim\limits_{n\to\infty} x_n$ 存在并求其值.

解　(方法一) 显然 $x_n > 0$, 因而

$$1 < x_n = 1 + \frac{\alpha - 1}{1 + x_{n-1}} < 1 + (\alpha - 1) = \alpha, \quad n \geqslant 2.$$

因为

$$\begin{aligned}|x_{n+1} - x_n| &= (\alpha - 1)\left|\frac{1}{1 + x_n} - \frac{1}{1 + x_{n-1}}\right| \\ &= (\alpha - 1)\frac{|x_n - x_{n-1}|}{(1 + x_n)(1 + x_{n-1})} \\ &= (\alpha - 1)\frac{x_n}{(1 + x_n)(\alpha + x_{n-1})}|x_n - x_{n-1}|.\end{aligned}$$

而当 $n \geqslant 3$ 时, 有

$$\frac{x_n}{1 + x_n} = 1 - \frac{1}{1 + x_n} < 1 - \frac{1}{1 + \alpha} = \frac{\alpha}{1 + \alpha},$$

$$\frac{1}{\alpha + x_{n-1}} < \frac{1}{\alpha}.$$

因此

$$|x_{n+1} - x_n| < \frac{\alpha - 1}{\alpha + 1}|x_n - x_{n-1}|, \quad n \geqslant 3.$$

注意到 $0 < \dfrac{\alpha - 1}{\alpha + 1} < 1$, 由压缩映像原理即知 $\{x_n\}$ 收敛.

对 (1.4.7) 两边取极限易得 $\lim\limits_{n \to \infty} x_n = \sqrt{\alpha}$.

(方法二) 若有某一 $x_m = \sqrt{\alpha}$, 则当 $n > m$ 时都有 $x_n = \sqrt{\alpha}$. 从而有 $\lim\limits_{n \to \infty} x_n = \sqrt{\alpha}$.

若 $x_n \neq \sqrt{\alpha}$, $n = 1, 2, \cdots$, 记 $y_n := x_n - \sqrt{\alpha}$, 问题化为求证 $y_n = o(1)$, $n \to \infty$. 注意到

$$y_{n+1} = \frac{\alpha + \sqrt{\alpha} + y_n}{1 + \sqrt{\alpha} + y_n} - \sqrt{\alpha} = \frac{(1 - \sqrt{\alpha})y_n}{1 + \sqrt{\alpha} + y_n}.$$

因此有递推式

$$t_{n+1} = \beta t_n + \gamma,$$

这里

$$t_n = \frac{1}{y_n}, \quad \beta = -\frac{\sqrt{\alpha} + 1}{\sqrt{\alpha} - 1}, \quad \gamma = -\frac{1}{\sqrt{\alpha} - 1}.$$

因而

$$\begin{aligned} t_{n+1} &= \beta^2 t_{n-1} + \beta\gamma + \gamma = \cdots \\ &= \beta^n t_1 + (\beta^{n-1} + \cdots + \beta + 1)\gamma \\ &= \left(t_1 - \frac{\gamma}{1-\beta}\right)\beta^n + \frac{\gamma}{1-\beta} \\ &= \frac{x_1 + \sqrt{\alpha}}{2\sqrt{\alpha}(x_1 - \sqrt{\alpha})}\beta^n + \frac{\gamma}{1-\beta}. \end{aligned}$$

因为

$$\frac{x_1 + \sqrt{\alpha}}{2\sqrt{\alpha}(x_1 - \sqrt{\alpha})} \neq 0,$$

所以 β^n 的系数不为零; 又因为 $\beta < -1$, 所以 $|t_{n+1}| \to \infty$, $n \to \infty$, 亦即有 $y_n = o(1)$, $n \to \infty$.

(方法三) 由于 $x_n > 0$ 及

$$\begin{aligned} x_{n+1} - x_{n-1} &= \frac{\alpha + x_n}{1 + x_n} - \frac{\alpha + x_{n-2}}{1 + x_{n-2}} \\ &= \frac{(1-\alpha)}{(1+x_n)(1+x_{n-2})}(x_n - x_{n-2}) \\ &= \frac{(1-\alpha)^2(x_{n-1} - x_{n-3})}{(1+x_n)(1+x_{n-1})(1+x_{n-2})(1+x_{n-3})}, \end{aligned}$$

可知 $\{x_{2n}\}$ 和 $\{x_{2n+1}\}$ 各具有单调性. 又 $0 < x_n < \alpha$, 故 $\{x_{2n}\}$ 和 $\{x_{2n+1}\}$ 都收敛. 设 $\lim\limits_{n\to\infty} x_{2n} = A$, $\lim\limits_{n\to\infty} x_{2n+1} = B$. 在 (1.4.7) 两边分别取 n 为奇数或偶数而趋于 $+\infty$, 即得

$$\begin{cases} A = \dfrac{\alpha + B}{1 + B}, \\ B = \dfrac{\alpha + A}{1 + A}, \end{cases}$$

即

$$\begin{cases} A + AB = \alpha + B, \\ B + AB = \alpha + A, \end{cases}$$

解得 $A = B$, 从而 $\{x_n\}$ 收敛.

例 1.32　设数列 $\{x_n\}$ 满足

$$x_{n+1}x_n - 2x_n = 3, \quad n \geqslant 1,\ x_0 > 0.$$

证明: 数列 $\{x_n\}$ 收敛, 并求其极限.

解 由数学归纳法不难证得 $x_n > 2$, $n \geqslant 1$. 于是, 利用

$$x_{n+1} - 3 = -\frac{1}{x_n}(x_n - 3), \quad n \geqslant 0,$$

得

$$|x_{n+1} - 3| = \frac{1}{x_n}|x_n - 3| < \frac{1}{2}|x_n - 3|.$$

因此, $\{x_n - 3\}$ 收敛, 从而 $\{x_n\}$ 收敛. 对递推式 $x_{n+1}x_n - 2x_n = 3$ 两边取极限, 不难得到 $\lim\limits_{n\to\infty} x_n = 3$.

例 1.33 设数列 $\{p_n\}$ 和 $\{q_n\}$ 满足

$$p_1 > 0, \quad q_1 > 0, \quad \begin{cases} p_{n+1} = p_n + 2q_n, \\ q_{n+1} = p_n + q_n, \end{cases} \quad n = 1, 2, \cdots,$$

求证极限 $\lim\limits_{n\to\infty} \dfrac{p_n}{q_n}$ 存在, 并求其值.

解 由 $p_{n+1} = p_n + 2q_n$, 得

$$\frac{p_{n+1}}{q_{n+1}} = \frac{p_n + 2q_n}{p_n + q_n} = 1 + \frac{1}{1 + \dfrac{p_n}{q_n}}.$$

记 $x_n = \dfrac{p_n}{q_n}$, 则上式成为

$$x_{n+1} = 1 + \frac{1}{1 + x_n} = \frac{2 + x_n}{1 + x_n}. \tag{1.4.8}$$

由于 $0 < x_n < 2$, 故有

$$\begin{aligned} |x_{n+1} - x_n| &= \left|\frac{1}{1 + x_n} - \frac{1}{1 + x_{n-1}}\right| = \frac{|x_n - x_{n-1}|}{(1 + x_n)(1 + x_{n-1})} \\ &= \frac{x_n|x_n - x_{n-1}|}{(1 + x_n)(2 + x_{n-1})} \\ &< \frac{1}{2}|x_n - x_{n-1}|. \end{aligned}$$

因此由压缩映像原理知 $\lim\limits_{n\to\infty} x_n$ 存在, 且在 (1.4.8) 两边取极限易得 $\lim\limits_{n\to\infty} x_n = \lim\limits_{n\to\infty} \dfrac{p_n}{q_n} = \sqrt{2}$.

例 1.34 设 a_1, b_1 为任意取定的实数,

$$\begin{cases} a_n = \int_0^1 \max(b_{n-1}, x)\mathrm{d}x, \\ b_n = \int_0^1 \min(a_{n-1}, x)\mathrm{d}x, \end{cases} \quad n = 2, 3, \cdots.$$

试求 $\lim\limits_{n\to\infty} a_n$, $\lim\limits_{n\to\infty} b_n$.

解 **(方法一)** 由 a_n 和 b_n 的定义可得

$$a_n \geqslant \int_0^1 x\mathrm{d}x = \frac{1}{2}, \ \ b_n \leqslant \int_0^1 x\mathrm{d}x = \frac{1}{2}. \tag{1.4.9}$$

这样就有

$$\begin{cases} 2a_{n+1} = 2\left(\int_0^{b_n} b_n\mathrm{d}x + \int_{b_n}^1 x\mathrm{d}x\right) = 1 + b_n^2, \\ 2b_{n+1} = 2\left(\int_0^{a_n} x\mathrm{d}x + \int_{a_n}^1 a_n\mathrm{d}x\right) = 2a_n - a_n^2, \end{cases} \quad n = 2, 3, \cdots. \tag{1.4.10}$$

设想 $\lim\limits_{n\to\infty} a_n = a$, $\lim\limits_{n\to\infty} b_n = b$ 存在, 则必有

$$\begin{cases} 2a = 1 + b^2, \\ 2b = 2a - a^2. \end{cases} \tag{1.4.11}$$

从而 $a = 2 - \sqrt{2}$, $b = \sqrt{2} - 1$. 记 $\delta_n = a_n - a$, $\varepsilon_n = b_n - b$. 由 (1.4.10) 和 (1.4.11) 可得

$$\begin{cases} \delta_{n+1} = \dfrac{b + b_n}{2}\varepsilon_n, \\ \varepsilon_n = \left(1 - \dfrac{a + a_n}{2}\right)\delta_n, \end{cases} \quad n = 3, 4, \cdots.$$

因而问题转化为证明 δ_n 和 ε_n 为无穷小量.

由 (1.4.9) 和 (1.4.10) 得

$$\frac{1}{2} \leqslant a_n = \frac{b_{n-1}^2}{2} + \frac{1}{2} \leqslant \frac{5}{8}, \quad n = 3, 4, \cdots, \tag{1.4.12}$$

$$\frac{1}{2} \geqslant b_n = a_{n-1} - \frac{a_{n-1}^2}{2} \geqslant \frac{1}{2} - \frac{1}{2} \times \frac{25}{64} > \frac{1}{4}, \quad n = 4, 5, \cdots. \tag{1.4.13}$$

因此有

$$0<\frac{b+b_n}{2}<\frac{1}{2},\ \ 0<1-\frac{a+a_n}{2}<\frac{1}{2},$$

从而

$$|\delta_{n+1}|\leqslant\frac{1}{2}|\varepsilon_n|,\quad |\varepsilon_{n+1}|\leqslant\frac{1}{2}|\delta_n|.$$

通过递推即可知 δ_n 和 ε_n 为无穷小量.

(方法二) 由 (1.4.10) 知

$$\begin{aligned}a_{n+1}-a_n&=\frac{1+b_n^2}{2}-\frac{1+b_{n-1}^2}{2}=\frac{b_n+b_{n-1}}{2}(b_n-b_{n-1}),\\ b_n-b_{n-1}&=\left(a_{n-1}-\frac{1}{2}a_{n-1}^2\right)-\left(a_{n-2}+\frac{1}{2}a_{n-2}^2\right)\\ &=\frac{2-(a_{n-1}+a_{n-2})}{2}(a_{n-1}-a_{n-2}).\end{aligned}$$

从而利用 (1.4.12) 和 (1.4.13) 有

$$\begin{aligned}|a_{n+1}-a_n|&=\left|\frac{(b_n+b_{n-1})(2-(a_{n-1}+a_{n-2}))}{4}(a_{n-1}-a_{n-2})\right|\\ &\leqslant\frac{1}{4}|a_{n-1}-a_{n-2}|,\end{aligned}$$

因此

$$\begin{aligned}|a_{2n+1}-a_{2n}|\leqslant\frac{1}{4}|a_{2n-1}-a_{2n-2}|\leqslant\cdots\leqslant\frac{1}{4^{n-1}}|a_3-a_2|,\\ |a_{2n+2}-a_{2n+1}|\leqslant\frac{1}{4}|a_{2n}-a_{2n-1}|\leqslant\cdots\leqslant\frac{1}{4^{n-1}}|a_4-a_3|.\end{aligned}$$

即有

$$|a_{n+1}-a_n|\leqslant\frac{1}{4^{[n/2]-1}}\max\left(|a_3-a_2|,|a_4-a_3|\right)=:\frac{1}{4^{[n/2]-1}}A.$$

这样, 对所有的正整数 $p,n\geqslant 2$ 成立

$$\begin{aligned}|a_{n+p}-a_n|&\leqslant\sum_{k=n}^{n+p-1}|a_{k+1}-a_k|\leqslant\sum_{k=n}^{n+p-1}\frac{4A}{4^{k/2}}\\ &\leqslant 4A\sum_{k=n}^{n+p-1}\frac{1}{2^k}\leqslant\frac{8A}{2^n}\to 0,\quad n\to\infty.\end{aligned}$$

由 Cauchy 收敛原理知 $\{a_n\}$ 收敛. 进一步由 (1.4.10) 的第二式知 $\{b_n\}$ 收敛. 利用 (1.4.11) 解得

$$\lim_{n\to\infty}a_n=2-\sqrt{2},\quad \lim_{n\to\infty}b_n=\sqrt{2}-1.$$

例 1.35 设数列 $\{\lambda_n\}$ 满足 $\lambda_n \neq 0,\ n = 1, 2, \cdots$，且 $\lim\limits_{n\to\infty} \lambda_n = \lambda,\ |\lambda| < 1$，而 $\{a_n\}$ 和 $\{b_n\}$ 满足递推式: $b_n = a_{n+1} + \lambda_n a_n,\ n = 1, 2, \cdots$. 证明:

(i) $\{b_n\}$ 有界的充分必要条件是 $\{a_n\}$ 有界;

(ii) $\{b_n\}$ 收敛的充分必要条件是 $\{a_n\}$ 收敛.

证明 (i) 充分性是显然的. 现证必要性. 设 $|b_n| \leqslant M$(常数), $n = 1, 2, \cdots$. 因为 $|\lambda| < 1$, 所以存在 δ 满足 $|\lambda| < \delta < 1$. 不妨假设对所有的正整数 n 成立 $|\lambda_n| < \delta$. 根据递推式得到

$$\begin{aligned}
|a_{n+1}| = |b_n - \lambda_n a_n| &\leqslant |\lambda_n a_n| + M \\
&\leqslant \delta|\lambda_{n-1} a_{n-1} - b_{n-1}| + M \\
&\leqslant \delta|\lambda_{n-1} a_{n-1}| + (\delta + 1)M \\
&\leqslant \cdots \\
&\leqslant \delta^n |a_1| + (\delta^{n-1} + \delta^{n-2} + \cdots + \delta + 1)M \\
&\leqslant |a_1| + \frac{1}{1-\delta} M,
\end{aligned}$$

这说明 $\{a_n\}$ 有界.

(ii) 充分性显然. 现证必要性. 设 $\lim\limits_{n\to\infty} b_n = b$. 同时注意到 $\lim\limits_{n\to\infty} \lambda_n = \lambda$, 因此对任意 $\varepsilon > 0$, 存在 $N > 0$, 当 $n > N$ 时, 有

$$|b_n - b| < \varepsilon, \quad \frac{|b|}{1+\lambda}|\lambda_n - \lambda| < \varepsilon.$$

于是有

$$\begin{aligned}
\varepsilon > |b_n - b| &= \left|\left(a_{n+1} - \frac{b}{1+\lambda}\right) + \lambda_n a_n - \frac{\lambda}{1+\lambda} b\right| \\
&\geqslant \left|a_{n+1} - \frac{b}{1+\lambda}\right| - \left|\lambda_n a_n - \frac{\lambda}{1+\lambda} b\right|,
\end{aligned}$$

则有

$$\begin{aligned}
\left|a_{n+1} - \frac{b}{1+\lambda}\right| &< \varepsilon + \left|\lambda_n a_n - \frac{\lambda}{1+\lambda} b\right| \\
&\leqslant \varepsilon + \lambda_n \left|a_n - \frac{b}{1+\lambda}\right| + \frac{|b|}{1+\lambda}|\lambda_n - \lambda|
\end{aligned}$$

$$
\begin{aligned}
&\leqslant 2\varepsilon + \delta \left| a_n - \frac{b}{1+\lambda} \right| \\
&\leqslant 2\varepsilon + \delta \left(2\varepsilon + \delta \left| a_{n-1} - \frac{b}{1+\lambda} \right| \right) \\
&= 2\varepsilon(1+\delta) + \delta^2 \left| a_n - \frac{b}{1+\lambda} \right| \\
&\leqslant \cdots \\
&\leqslant 2\varepsilon(1+\delta+\cdots+\delta^{n-N_1}) + \delta^{n-N_1+1} \left| a_{N_1} - \frac{b}{1+\lambda} \right| \\
&\leqslant \frac{2\varepsilon}{1-\delta} + \delta^{n-N_1+1} \left| a_{N_1} - \frac{b}{1+\lambda} \right|.
\end{aligned}
$$

令 $n \to \infty$, 根据 ε 的任意性即得 $\lim\limits_{n\to\infty} a_n = \dfrac{b}{1+\lambda}$.

例 1.36 设数列 $\{x_n\}$ 和 $\{y_n\}$ 满足 $y_n = px_n + qx_{n+1}$, 其中 p, q 为非零常数, $|p| < |q|$, 证明数列 $\{y_n\}$ 收敛的充分必要条件是 $\{x_n\}$ 收敛.

证明 充分性是显然的. 下证必要性. 设 $\lim\limits_{n\to\infty} y_n = b$, 则有

$$
y_n - b = px_n + qx_{n+1} - b = p\left(x_n - \frac{b}{p+q}\right) + q\left(x_{n+1} - \frac{b}{p+q}\right).
$$

记

$$
a_n = x_n - \frac{b}{p+q}, \quad b_n = \frac{1}{q}(y_n - b), \quad \lambda = \frac{p}{q},
$$

则有 $b_n = a_{n+1} + \lambda a_n$, 其中 $|\lambda| < 1$. 由上例结论推得 $\lim\limits_{n\to\infty} a_n = 0$, 即 $\lim\limits_{n\to\infty} x_n = \dfrac{b}{p+q}$.

例 1.37 设 $x_{n+1} = x_n(1 - qx_n)$, $n = 1, 2, 3, \cdots, 0 < q < 1$, $0 < x_1 < \dfrac{1}{q}$, 证明:

(1) $\lim\limits_{n\to\infty} x_n$ 存在; (2) $\lim\limits_{n\to\infty} nx_n = \dfrac{1}{q}$.

证明 (1) 由 $x_{n+1} = x_n(1 - qx_n)$ 知

$$
\frac{x_{n+1}}{x_n} = 1 - qx_n.
$$

利用数学归纳法易知 $\{x_n\}$ 为单调递减的数列, 且 $x_n \geqslant 0$. 根据单调有界原理知 $\lim\limits_{n\to\infty} x_n$ 存在. 设 $\lim\limits_{n\to\infty} x_n = a$, 对 $x_{n+1} = x_n(1 - qx_n)$ 两边取极限得到 $a = a(1 - qa)$, 解得 $a = 0$.

(2) 应用 Stolz 公式, 有

$$\lim_{n\to\infty} nx_n = \lim_{n\to\infty} \frac{n}{\dfrac{1}{x_n}} = \lim_{n\to\infty} \frac{(n+1)-n}{\dfrac{1}{x_{n+1}}-\dfrac{1}{x_n}}$$

$$= \lim_{n\to\infty} \frac{x_n x_{n+1}}{x_n - x_{n+1}} = \lim_{n\to\infty} \frac{x_n^2(1-qx_n)}{x_n - x_n(1-qx_n)}$$

$$= \lim_{n\to\infty} \frac{1-qx_n}{q} = \frac{1}{q}.$$

例 1.38 设正数列 $\{a_n\},\{b_n\}$ 满足 $\lim\limits_{n\to\infty} a_n^n = a > 0$, $\lim\limits_{n\to\infty} b_n^n = b > 0$, 又 p,q 为非负数, $p+q=1$, 证明:

$$\lim_{n\to\infty} n(pa_n + qb_n)^n = a^p b^q.$$

证明 首先, 我们指出, 对任意的 $x>0$,

$$\lim_{n\to\infty} x_n^n = x \Leftrightarrow \lim_{n\to\infty} n(x_n - 1) = \ln x. \tag{1.4.14}$$

事实上, 由上面两个极限结论都可以推出 $\lim\limits_{n\to\infty} x_n = 1$, 因此有

$$\ln x_n^n = n\ln x_n = n\ln(1+(x_n-1))$$

$$= n((x_n-1)+o(x_n-1))$$

$$= n(x_n-1)(1+o(1)).$$

这就证明了 (1.4.14).

由题设及 (1.4.14), 得到

$$\lim_{n\to\infty} n(a_n-1) = \ln a, \quad \lim_{n\to\infty} n(b_n-1) = \ln b.$$

令 $x_n = pa_n + qb_n$, 得

$$\lim_{n\to\infty} n(x_n-1) = \lim_{n\to\infty} n(pa_n + qb_n - 1)$$

$$= \lim_{n\to\infty} (np(a_n-1)) + nq(b_n-1)$$

$$= p\ln a + q\ln b = \ln(a^p b^q).$$

再次利用 (1.4.14), 得到

$$\lim_{n\to\infty} x_n^n = \lim_{n\to\infty} (pa_n + qb_n)^n = a^p b^q.$$

例 1.39 设数列 $\{a_n\}$ 满足关系式 $a_{n+1}=a_n+\dfrac{n}{a_n}$, $a_1>0$, 求证 $\lim\limits_{n\to\infty} n(a_n-n)$ 存在.

证明 易知 $a_2=a_1+\dfrac{1}{a_1}\geqslant 2$. 设 $a_n\geqslant n$, 则

$$a_{n+1}-(n+1)=\left(1-\frac{1}{a_n}\right)(a_n-n)\geqslant 0,$$

故由数学归纳法知 $a_n\geqslant n$, 且 a_n-n 单调递减.

记 $b_n=n(a_n-n)$, 则 $b_n\geqslant 0$, 且有

$$\begin{aligned}b_{n+1}&=(n+1)(a_{n+1}-n-1)=(n+1)\left(1-\frac{1}{a_n}\right)(a_n-n)\\&=\left(1+\frac{1}{n}\right)\left(1-\frac{1}{a_n}\right)b_n\leqslant\left(1+\frac{1}{n}\right)\left(1-\frac{1}{n}\right)b_n\leqslant b_n.\end{aligned}$$

因此 $\{b_n\}$ 为单调递减有界数列, 从而其极限存在.

例 1.40 设 $x_1=1$, $\sin x_n=x_n\cos x_{n+1}$, $x_n\in\left(0,\dfrac{\pi}{2}\right)$, 证明:

(1) $\lim\limits_{n\to\infty} x_n=0$; (2) $\sum\limits_{n=1}^{\infty} x_n$ 收敛.

证明 (方法一) 由微分中值定理知, 存在 $\xi_1\in(0,1)$, 使得 $\sin x_1-\sin 0=\cos\xi_1=\cos x_2$. 因此, $x_2=\xi_1<1$. 一般地, 存在 $\xi_n\in(0,x_n)$ 使得

$$\sin x_n-\sin 0=x_n\cos\xi_n=x_n\cos x_{n+1}.$$

因此, $x_{n+1}=\xi_n<x_n<1$.

另一方面, 因为

$$\sin x_n>x_n-\frac{x_n^3}{6},\quad \cos x_{n+1}<1-\frac{x_{n+1}^2}{2}+\frac{x_{n+1}^4}{24},$$

所以

$$x_n-\frac{x_n^3}{6}<x_n\left(1-\frac{x_{n+1}^2}{2}+\frac{x_{n+1}^4}{24}\right),$$

亦即有 $x_{n+1}^2-\dfrac{x_{n+1}^4}{12}<\dfrac{x_n^2}{3}$.

因为 $0<x_n<1$, 所以

$$x_{n+1}^2\left(1-\frac{1}{12}\right)<x_{n+1}^2\left(1-\frac{x_{n+1}^2}{12}\right)<\frac{x_n^2}{3}.$$

因此, $x_{n+1} < \dfrac{2}{\sqrt{11}} x_n$, $n = 1, 2, \cdots$. 这样就有 $x_n \leqslant \left(\dfrac{2}{\sqrt{11}}\right)^{n-1}$. 这意味着题目中的两个结论都是成立的.

(方法二) 由前面证明中的第一段可知 $\{x_n\}$ 单调有界, 故 $\lim\limits_{n\to\infty} x_n$ 存在, 假设 $\lim\limits_{n\to\infty} x_n = a$, 则 $0 \leqslant a \leqslant 1$. 对 $\sin x_n = x_n \cos x_{n+1}$ 两边取极限得 $\tan a = a$, 即有 $a = 0$.

由于 $a = 0$, 故当 $n \to \infty$ 时, 有

$$\sin x_n = x_n - \frac{x_n^3}{6} + O(x_n^5) = x_n \left(1 - \frac{x_{n+1}^2}{2} + O(x_{n+1}^4)\right) = x_n \cos x_{n+1},$$

即

$$-\frac{x_n^2}{6} + O(x_n^4) = -\frac{x_{n+1}^2}{2} + O(x_{n+1}^4),$$

从而

$$\frac{x_n^2}{6} \sim \frac{x_{n+1}^2}{2}.$$

这样就有 $\lim\limits_{n\to\infty} \dfrac{x_{n+1}}{x_n} = \dfrac{\sqrt{3}}{3} < 1$. 利用比值判别法知 $\sum\limits_{n=1}^{\infty} x_n$ 收敛.

例 1.41 设 $\alpha \in (0, 1)$, $\{a_n\}$ 为正数数列且满足

$$\liminf_{n\to\infty} n^\alpha \left(\frac{a_n}{a_{n+1}} - 1\right) = \lambda \in (0, +\infty).$$

求证: $\lim\limits_{n\to\infty} n^k a_n = 0$, 这里 $k > 0$ 为一常数.

证明 由题设条件可知, 当 n 充分大以后 $\{a_n\}$ 是单调递减的. 因此 $\lim\limits_{n\to\infty} a_n$ 存在. 假设 $\lim\limits_{n\to\infty} a_n = a$, 则 $a \geqslant 0$.

若 $a > 0$, 则当 n 充分大以后

$$\frac{a_n - a_{n+1}}{\dfrac{1}{n^\alpha}} = n^\alpha \left(\frac{a_n}{a_{n+1}} - 1\right) a_{n+1} > \frac{\lambda a}{2} > 0.$$

这样, 因为 $\sum \dfrac{1}{n^\alpha}$ 在 $0 < \alpha < 1$ 时发散, 所以 $\sum (a_n - a_{n+1})$ 也发散. 但后一级数明显收敛于 $a_1 - a$. 矛盾！故 $a = 0$.

令 $b_n = n^k a_n$, 则有

$$n^\alpha \left(\frac{b_n}{b_{n+1}} - 1\right) = n^\alpha \left(\frac{n^k a_n}{(n+1)^k a_{n+1}} - 1\right)$$

$$= \frac{n^k}{(n+1)^k}\left(n^\alpha\left(\frac{a_n}{a_{n+1}}-1\right)+n^\alpha-\frac{(n+1)^k}{n^k}n^\alpha\right)$$

$$= \frac{n^k}{(n+1)^k}\left(n^\alpha\left(\frac{a_n}{a_{n+1}}-1\right)-n^\alpha\left(\left(1+\frac{1}{n}\right)^k-1\right)\right).$$

因为 $\left(1+\frac{1}{n}\right)^k-1\sim\frac{k}{n}$, $n\to\infty$, 所以由上式及题设条件可得

$$\liminf_{n\to\infty} n^\alpha\left(\frac{b_n}{b_{n+1}}-1\right)=\lambda.$$

因此 $\lim\limits_{n\to\infty} b_n=0$, 即有 $\lim\limits_{n\to\infty} n^k a_n=0$.

例 1.42 设 $0<x_n<1, (1-x_n)x_{n+1}>\frac{1}{4}$, $n=1,2,\cdots$, 求证 $\lim\limits_{n\to\infty} x_n=\frac{1}{2}$.

证明 设 $f(x)=(1-x)x, 0\leqslant x\leqslant 1$, 则易知

$$\max_{0\leqslant x\leqslant 1}\{f(x)\}=\frac{1}{4}.$$

故由 $0<x_n<1$ 可得

$$(1-x_n)x_n\leqslant\frac{1}{4},$$

从而由 $(1-x_n)x_{n+1}>\frac{1}{4}$ 可得

$$(1-x_n)(x_{n+1}-x_n)=(1-x_n)x_{n+1}-(1-x_n)x_n>\frac{1}{4}-\frac{1}{4}=0.$$

因此数列 $\{x_n\}$ 单调增加且有界, 故 $\lim\limits_{n\to\infty} x_n$ 存在. 设 $\lim\limits_{n\to\infty} x_n=l$, 则

$$(1-l)l=\lim_{n\to\infty}(1-x_n)x_n\leqslant\frac{1}{4},$$

$$(1-l)l=\lim_{n\to\infty}(1-x_n)x_{n+1}\geqslant\frac{1}{4}.$$

由此可知

$$(1-l)l=\frac{1}{4},$$

解得 $l=\frac{1}{2}$, 即 $\lim\limits_{n\to\infty} x_n=\frac{1}{2}$.

1.5 利用定积分的定义求极限

例 1.43 求 $\lim\limits_{n\to\infty}\sum\limits_{k=1}^{n}\dfrac{k-\sin^2 k}{n^2}\left(\ln\left(n+k-\sin^2 k\right)-\ln n\right)$.

解 记 $f(x)=x\ln(1+x)$, $x\in(0,1)$. 则 $f(x)$ 在 $[0,1]$ 上可积. 令 $x_k=\dfrac{k-1}{n}$, $\Delta x_k=x_k-x_{k-1}=\dfrac{1}{n}$, $k=1,2,\cdots,n$. 取 $\xi_k=\dfrac{k-\sin^2 k}{n}\in(x_{k-1},x_k)$. 则有

$$\begin{aligned}\lim_{n\to\infty}\sum_{k=1}^{n}\frac{k-\sin^2 k}{n^2}\left(\ln\left(n+k-\sin^2 k\right)-\ln n\right)&=\lim_{n\to\infty}\sum_{k=1}^{n}f(\xi_k)\Delta x_k\\&=\int_0^1 x\ln(1+x)\mathrm{d}x=\frac{1}{4}.\end{aligned}$$

注 本题利用了积分和式求极限的方法, 其关键是构造合适的积分和, 将极限转化为定积分来计算.

例 1.44 求下列极限:

(1) $\lim\limits_{n\to\infty}\left(\dfrac{\sin\dfrac{\pi}{n}}{n+\dfrac{1}{n}}+\dfrac{\sin\dfrac{2\pi}{n}}{n+\dfrac{2}{n}}+\cdots+\dfrac{\sin\pi}{n+1}\right)$;

(2) $\lim\limits_{n\to\infty}\dfrac{\sqrt[n]{(n+1)(n+2)\cdots(n+n)}}{n}$;

(3) $\lim\limits_{n\to\infty}\dfrac{\sqrt[n]{n!}}{n}$.

解 (1) 因为

$$\frac{1}{n+1}\sum_{k=1}^{n}\sin\frac{k\pi}{n}\leqslant\sum_{k=1}^{n}\frac{\sin\dfrac{k\pi}{n}}{n+\dfrac{k}{n}}\leqslant\frac{1}{n+\dfrac{1}{n}}\sum_{k=1}^{n}\sin\frac{k\pi}{n},$$

显然

$$\lim_{n\to\infty}\frac{1}{n+1}\sum_{k=1}^{n}\sin\frac{k\pi}{n}=\lim_{n\to\infty}\frac{n}{(n+1)\pi}\frac{\pi}{n}\sum_{k=1}^{n}\sin\frac{k\pi}{n}=\frac{1}{\pi}\int_0^{\pi}\sin x\mathrm{d}x=\frac{2}{\pi},$$

$$\lim_{n\to\infty}\frac{1}{n+\dfrac{1}{n}}\sum_{k=1}^{n}\sin\frac{k\pi}{n}=\lim_{n\to\infty}\frac{1}{\left(1+\dfrac{1}{n^2}\right)\pi}\frac{\pi}{n}\sum_{k=1}^{n}\sin\frac{k\pi}{n}=\frac{1}{\pi}\int_0^{\pi}\sin x\mathrm{d}x=\frac{2}{\pi}.$$

利用夹敛性原理即得所求极限为 $\dfrac{2}{\pi}$.

(2) 令 $x_n=\dfrac{\sqrt[n]{(n+1)(n+2)\cdots(n+n)}}{n}$. 因为

$$\begin{aligned}\ln x_n&=\frac{1}{n}\sum_{k=1}^{n}(\ln(n+k)-\ln n)=\frac{1}{n}\sum_{k=1}^{n}\ln\left(1+\frac{k}{n}\right)\\&\to\int_0^1\ln(1+x)\mathrm{d}x=2\ln 2-1,\quad n\to\infty,\end{aligned}$$

所以

$$\lim_{n\to\infty}x_n=\mathrm{e}^{2\ln 2-1}=\frac{4}{\mathrm{e}}.$$

(3) 令 $x_n=\dfrac{\sqrt[n]{n!}}{n}$. 因为

$$\begin{aligned}\ln x_n&=\frac{1}{n}\sum_{k=1}^{n}(\ln k-\ln n)=\frac{1}{n}\sum_{k=1}^{n}\ln\frac{k}{n}\\&\to\int_0^1\ln x\mathrm{d}x=-1,\quad n\to\infty,\end{aligned}$$

所以 $\lim\limits_{n\to\infty}x_n=\mathrm{e}^{-1}$.

注　(1) 中的和式并非黎曼和的形式, 我们借助夹敛性原理来求得和式的极限. 但我们知道利用夹敛性原理时, 需要找到两个将所考察数列左右控制的数列, 而且这两个数列的极限必须相等, 因此, 这经常不是简单的事情. 在此题中我们也可以结合阶的估计的方法, 将和式写成一个黎曼和与一个无穷小量的和的形式. 事实上, 我们有

$$\begin{aligned}\frac{\sin\dfrac{\pi}{n}}{n+\dfrac{1}{n}}+\frac{\sin\dfrac{2\pi}{n}}{n+\dfrac{2}{n}}+\cdots+\frac{\sin\pi}{n+1}&=\frac{1}{\pi}\sum_{k=1}^{n}\frac{\pi\sin\dfrac{k\pi}{n}}{n+\dfrac{k}{n}}\\&=\frac{1}{\pi}\sum_{k=1}^{n}\frac{\pi}{n}\sin\frac{k\pi}{n}\frac{1}{1+\dfrac{k}{n^2}}\\&=\frac{1}{\pi}\sum_{k=1}^{n}\frac{\pi}{n}\sin\frac{k\pi}{n}\left(1-\frac{k}{n^2}+O\left(\frac{k^2}{n^4}\right)\right)\\&=\frac{1}{\pi}\sum_{k=1}^{n}\frac{\pi}{n}\sin\frac{k\pi}{n}\left(1+O\left(\frac{1}{n}\right)\right)\end{aligned}$$

$$
\begin{aligned}
&= \frac{1}{\pi}\sum_{k=1}^{n}\frac{\pi}{n}\sin\frac{k\pi}{n} + O\left(\frac{1}{n}\right)\sum_{k=1}^{n}\frac{\pi}{n}\sin\frac{k\pi}{n} \\
&= \frac{1}{\pi}\sum_{k=1}^{n}\frac{\pi}{n}\sin\frac{k\pi}{n} + O\left(\frac{1}{n}\right) \\
&\to \frac{1}{\pi}\int_0^{\pi}\sin x\mathrm{d}x = \frac{2}{\pi}, \quad n\to\infty.
\end{aligned}
$$

例 1.45 令

$$
a_n = \sum_{k=1}^{n}\sin\frac{k}{n}\sin\frac{k}{n^2}.
$$

计算 $\lim_{n\to\infty} a_n$.

解 利用 $\sin x$ 的展开式, 有

$$
\begin{aligned}
a_n &= \sum_{k=1}^{n}\sin\frac{k}{n}\left(\frac{k}{n^2}+O\left(\frac{k^3}{n^6}\right)\right) \\
&= \sum_{k=1}^{n}\frac{1}{n}\left(\frac{k}{n}\sin\frac{k}{n}\right) + \sum_{k=1}^{n}O\left(\frac{k^3}{n^6}\right) \\
&= \sum_{k=1}^{n}\frac{1}{n}\left(\frac{k}{n}\sin\frac{k}{n}\right) + O\left(\frac{1}{n^2}\right) \\
&\to \int_0^1 x\sin x\mathrm{d}x = \sin 1 - \cos 1, \quad n\to\infty.
\end{aligned}
$$

例 1.46 设 $f(x)$ 在 $[0,1]$ 上黎曼可积, 且 $\int_0^1 f(x)\mathrm{d}x = \frac{\sqrt{3}}{2}$, 计算

$$
\lim_{n\to\infty}\sum_{k=1}^{n}\ln\left(1+\frac{1}{n}f\left(\frac{k}{n}\right)\right).
$$

解 因为 $f(x)$ 在 $[0,1]$ 上黎曼可积, 所以 $f(x)=O(1)$, $\frac{1}{n}f\left(\frac{k}{n}\right)=o(1)$, $n\to+\infty$. 因此

$$
\begin{aligned}
\lim_{n\to\infty}\sum_{k=1}^{n}\ln\left(1+\frac{1}{n}f\left(\frac{k}{n}\right)\right) &= \lim_{n\to\infty}\sum_{k=1}^{n}\left(\frac{1}{n}f\left(\frac{k}{n}\right)+O\left(\frac{f^2\left(\frac{k}{n}\right)}{2n^2}\right)\right) \\
&= \lim_{n\to\infty}\sum_{k=1}^{n}\left(\frac{1}{n}f\left(\frac{k}{n}\right)+O\left(\frac{1}{n^2}\right)\right)
\end{aligned}
$$

$$
\begin{aligned}
&= \int_0^1 f(x)\mathrm{d}x + \lim_{n\to\infty} O\left(\frac{1}{n}\right) \\
&= \frac{\sqrt{3}}{2}.
\end{aligned}
$$

例 1.47 设 $S_n(\alpha) = 1^\alpha + 2^\alpha + \cdots + n^\alpha$, 试求 $\lim\limits_{n\to\infty} \dfrac{S_n(\alpha+1)}{nS_n(\alpha)}$.

解 (i) 当 $\alpha = -1$ 时,

$$
\lim_{n\to\infty} \frac{S_n(\alpha+1)}{nS_n(\alpha)} = \lim_{n\to\infty} \frac{n}{n\sum\limits_{k=1}^{n} \dfrac{1}{k}} = 0;
$$

(ii) 当 $\alpha > -1$ 时, 应用 Stolz 公式得

$$
\begin{aligned}
\lim_{n\to\infty} \frac{S_n(\alpha+1)}{nS_n(\alpha)} &= \lim_{n\to\infty} \frac{n^{\alpha+1}}{n\cdot n^\alpha + (1^\alpha + 2^\alpha + \cdots + (n-1)^\alpha)} \\
&= \lim_{n\to\infty} \frac{1}{1 + \left[\left(\dfrac{1}{n}\right)^\alpha + \left(\dfrac{2}{n}\right)^\alpha + \cdots + \left(\dfrac{n-1}{n}\right)^\alpha\right]\cdot \dfrac{1}{n}} \\
&= \frac{1}{1 + \displaystyle\int_0^1 x^\alpha \mathrm{d}x} = \frac{\alpha+1}{\alpha+2};
\end{aligned}
$$

(iii) $\alpha < -1$ 时, 设 $\alpha = -1-\varepsilon$, 其中 $\varepsilon > 0$, 则

$$
\begin{aligned}
\lim_{n\to\infty} \frac{S_n(\alpha+1)}{nS_n(\alpha)} &= \lim_{n\to\infty} \frac{1^{-\varepsilon} + 2^{-\varepsilon} + \cdots + n^{-\varepsilon}}{n\left(\dfrac{1}{1^{1+\varepsilon}} + \dfrac{1}{2^{1+\varepsilon}} + \cdots + \dfrac{1}{n^{1+\varepsilon}}\right)} \\
&= \lim_{n\to\infty} \frac{n^{-\varepsilon}}{n^{-\varepsilon} + \left(\dfrac{1}{1^{1+\varepsilon}} + \dfrac{1}{2^{1+\varepsilon}} + \cdots + \dfrac{1}{(n-1)^{1+\varepsilon}}\right)} \\
&= \lim_{n\to\infty} \frac{1}{1 + n^\varepsilon \sum\limits_{k=1}^{n-1} \left(\dfrac{1}{k}\right)^{1+\varepsilon}} = 0.
\end{aligned}
$$

注 利用例 1.22, 当 $\alpha > -1$ 时,

$$
S_n(\alpha) \sim \frac{1}{\alpha+1} n^{\alpha+1}, \quad S_n(\alpha+1) \sim \frac{1}{\alpha+2} n^{\alpha+2}, \quad n\to\infty,
$$

则

$$\frac{S_n(\alpha+1)}{nS_n(\alpha)} \to \frac{\alpha+1}{\alpha+2}, \quad n \to \infty.$$

当 $\alpha = -1$ 时,

$$S_n(\alpha) \sim \ln n \to \infty, \quad S_n(\alpha+1) = n, \quad n \to \infty,$$

故

$$\frac{S_n(\alpha+1)}{nS_n(\alpha)} \to 0, \quad n \to \infty.$$

当 $-2 < \alpha < -1$ 时,

$$\frac{S_n(\alpha+1)}{n} \sim \frac{1}{\alpha+2} n^{\alpha+1} = o(1),$$

而 $S_n(\alpha)$ 单调递增趋于某个正常数, 故

$$\frac{S_n(\alpha+1)}{nS_n(\alpha)} \to 0, \quad n \to \infty.$$

当 $\alpha \leqslant -2$ 时, $S_n(\alpha)$ 和 $S_n(\alpha+1)$ 都是单调递增且都收敛于正常数, 故也有

$$\frac{S_n(\alpha+1)}{nS_n(\alpha)} \to 0, \quad n \to \infty.$$

例 1.48 设 $f(x)$ 在 $[0,1]$ 上有二阶连续导数, 求证

$$\lim_{n\to\infty} n\left(\int_0^1 f(x)\mathrm{d}x - \frac{1}{n}\sum_{k=0}^{n-1} f\left(\frac{k}{n}\right)\right) = \frac{f(1)-f(0)}{2}.$$

证明 利用定积分的区间可加性, 得

$$\begin{aligned}\int_0^1 f(x)\mathrm{d}x - \frac{1}{n}\sum_{k=0}^{n-1} f\left(\frac{k}{n}\right) &= \sum_{k=0}^{n-1}\int_{\frac{k}{n}}^{\frac{k+1}{n}} f(x)\mathrm{d}x - \sum_{k=0}^{n-1} f\left(\frac{k}{n}\right) \\ &= \sum_{k=0}^{n-1}\int_{\frac{k}{n}}^{\frac{k+1}{n}} \left(f(x) - f\left(\frac{k}{n}\right)\right)\mathrm{d}x.\end{aligned}$$

对任意 $x \in \left[\frac{k}{n}, \frac{k+1}{n}\right]$, 存在 $\xi \in \left(x, \frac{k+1}{n}\right)$ 使得

$$f(x) - f\left(\frac{k}{n}\right) = f'\left(\frac{k}{n}\right)\left(x - \frac{k}{n}\right) + \frac{f''(\xi)}{2}\left(x - \frac{k}{n}\right)^2.$$

因为 $f''(x)$ 在 $[0,1]$ 上连续, 所以 $f''(x)=O(1)$, 从而

$$\frac{f''(\xi)}{2}\left(x-\frac{k}{n}\right)^2=O\left(\frac{1}{n^2}\right).$$

现在, 我们有

$$\begin{aligned}
&n\left(\int_0^1 f(x)\mathrm{d}x-\frac{1}{n}\sum_{k=0}^{n-1}f\left(\frac{k}{n}\right)\right)\\
=&n\sum_{k=0}^{n-1}\int_{\frac{k}{n}}^{\frac{k+1}{n}}\left(f'\left(\frac{k}{n}\right)\left(x-\frac{k}{n}\right)+O\left(\frac{1}{n^2}\right)\right)\mathrm{d}x\\
=&n\sum_{k=0}^{n-1}f'\left(\frac{k}{n}\right)\int_{\frac{k}{n}}^{\frac{k+1}{n}}\left(x-\frac{k}{n}\right)\mathrm{d}x+\sum_{k=0}^{n-1}O\left(\frac{1}{n^2}\right)\\
=&\frac{1}{2n}\sum_{k=0}^{n-1}f'\left(\frac{k}{n}\right)+O\left(\frac{1}{n}\right).
\end{aligned}$$

于是

$$\begin{aligned}
&\lim_{n\to\infty}n\left(\int_0^1 f(x)\mathrm{d}x-\frac{1}{n}\sum_{k=0}^{n-1}f\left(\frac{k}{n}\right)\right)\\
=&\frac{1}{2}\sum_{k=0}^{n-1}\frac{1}{n}f'\left(\frac{k}{n}\right)\\
=&\frac{1}{2}\int_0^1 f'(x)\mathrm{d}x=\frac{f(1)-f(0)}{2}.
\end{aligned}$$

第 2 章　函数的连续性

2.1　函数连续性内容概述

2.1.1　连续函数基本性质

1. 设 $f(x)$ 在区间 $|x-x_0|<\eta\ (\eta>0)$ 中有定义, 若 $\lim\limits_{x\to x_0} f(x)=f(x_0)$, 则称 $f(x)$ 在 $x=x_0$ 连续. 如果 $f(x)$ 在区间 I 中的每一个点都连续, 则称 $f(x)$ 在 I 上连续.

如果 $\lim\limits_{x\to x_0^+} f(x)=f(x_0)$(或 $\lim\limits_{x\to x_0^-} f(x)=f(x_0)$), 则称 $f(x)$ 在 $x=x_0$ 是右连续 (或左连续).

$f(x)$ 在 $x=x_0$ 连续的充分必要条件是它在 $x=x_0$ 同时是左连续和右连续的.

2. 若 $f(x)$ 在 $x=x_0$ 不连续, 则称它在 $x=x_0$ 是间断的, $x=x_0$ 是它的间断点. 间断点分为如下三类.

(i) 可去间断点 x_0: 左、右极限均存在且相等, 但不等于 $f(x_0)$ 或 $f(x)$ 在 x_0 没有定义. 例如, $f(x)=\begin{cases} x\sin\dfrac{1}{x}, & x\neq 0,\\ 1, & x=0,\end{cases}$ 其中 $x_0=0$.

(ii) 第一类间断点 (又称为跳跃间断点): 左、右极限均存在, 但 $\lim\limits_{x\to x_0+0} f(x)\neq \lim\limits_{x\to x_0-0} f(x)$. 例如,

$$f(x)=|x|x^{-1},\quad x_0=0.$$

(iii) 第二类间断点: 其他间断点. 例如:

$$f(x)=\sin\frac{1}{x},\quad x_0=0.$$

3. 若 $f(x)$ 与 $g(x)$ 都在 $x=x_0$ 连续, 则 $f(x)\pm g(x)$ 与 $f(x)g(x)$ 也在 $x=x_0$ 连续; 此外, 若 $g(x_0)\neq 0$, 则 $\dfrac{f(x)}{g(x)}$ 在 $x=x_0$ 连续.

4. 设 $f(x)$ 在 $[a,b]$ 上严格增加 (减少), 并且连续, $f(a)=\alpha,\ f(b)=\beta$, 则在 $[a,b]$ 上存在 $y=f(x)$ 的反函数, 它也是单调增加 (减少) 并且连续的.

5. 设 $z=f(x)$ 在 $y=y_0$ 处连续, $y=g(x)$ 在 $x=x_0$ 处连续, $g(x_0)=y_0$, 则 $z=f(g(x))$ 在 $x=x_0$ 处连续.

由上面三个性质以及基本初等函数的连续性可知, 初等函数在其定义域上是连续的.

例如, 对于函数 $y=x\left[\dfrac{1}{x}\right]$, 有

$$y=\begin{cases}0, & x>1,\\ (n-1)x, & \dfrac{1}{n}<x<\dfrac{1}{n-1},\ n\geqslant 2.\end{cases}$$

对于任意固定的 n $(n\geqslant 2)$, 有

$$\lim_{x\to\frac{1}{n}+0} x\left[\frac{1}{x}\right]=\lim_{x\to\frac{1}{n}+0}(n-1)x=1-\frac{1}{n},\quad \lim_{x\to\frac{1}{n}-0} x\left[\frac{1}{x}\right]=\lim_{x\to\frac{1}{n}-0} nx=1.$$

而在 $x=1$, 有 $\lim\limits_{x\to1+0} x\left[\dfrac{1}{x}\right]=0$, $\lim\limits_{x\to1-0} x\left[\dfrac{1}{x}\right]=1$, 所以, $x=1,\dfrac{1}{2},\dfrac{1}{3},\cdots$ 都是 $y=x\left[\dfrac{1}{x}\right]$ 的第一类间断点.

2.1.2 闭区间上连续函数的性质

1. 若 $f(x)$ 在 $[a,b]$ 上连续, 则在 $[a,b]$ 上有界, 而且有最大值和最小值, 即存在 x_1, $x_2\in[a,b]$, 使得对于任何的 $x\in[a,b]$, 都有 $f(x_1)\leqslant f(x)\leqslant f(x_2)$.

若将闭区间 $[a,b]$ 改为开区间, 则此结论不一定成立. 例如, $f(x)=\dfrac{1}{x}$ 在 $(0,1)$ 上连续, 但它在 $(0,1)$ 上是无界的, 而且不存在最大值和最小值.

2. (介值定理) 设 $f(x)$ 是 $[a,b]$ 上的连续函数, x_1 与 x_2 是 $[a,b]$ 中的任意两点, $f(x_1)<f(x_2)$, 那么, 对于任意的数 c, $f(x_1)\leqslant c\leqslant f(x_2)$, 在 x_1 与 x_2 之间必有一点 ξ, 使得 $f(\xi)=c$.

介值定理常用于确定方程根的存在性.

例如, 设 $f(x)$ 在 $[a,b]$ 上连续, $a<x_1<x_2<\cdots<x_n<b$, 则在 $[a,b]$ 中必有一点 ξ, 使得 $f(\xi)=\dfrac{1}{n}(f(x_1)+f(x_2)+\cdots+f(x_n))$. 事实上, 不妨假设 $f(x)$ 不是常数, 并且 $f(x_1)$, $f(x_2)$, $\cdots$, $f(x_n)$ 不全相等, 以 M 与 m 分别表示 $f(x)$ 在 $[a,b]$ 上的最大值和最小值, 于是 $m<\dfrac{1}{n}(f(x_1)+f(x_2)+\cdots+f(x_n))<M$, 因此由介值定理, 必有点 $\xi\in[a,b]$, 使得 $f(\xi)=\dfrac{1}{n}(f(x_1)+f(x_2)+\cdots+f(x_n))$.

2.1.3 一致连续性

1. 如果对于任给的正数 ε, 都有与之相应的正数 δ, 使得对于一切满足 $|x_1 - x_2| < \delta$, $x_1 \in I$, $x_2 \in I$ 的 x_1, x_2, 有 $|f(x_1) - f(x_2)| < \varepsilon$, 则称 $f(x)$ 在 I 上是一致连续的.

显然, $f(x)$ 在 I 上不一致连续的充要条件是: 存在正数 ε, 以及两个不同的点列 $\{x_n\}$ 与 $\{y_n\}$, $x_n \in I$, $y_n \in I(n = 1, 2, \cdots)$, 使得

$$\lim_{n\to\infty} |x_n - y_n| = 0, \quad |f(x_n) - f(y_n)| \geqslant \varepsilon_0, \quad n \geqslant 1.$$

连续、导数、微分等都是逐点定义的, 属于局部性概念. 而一致连续、一致收敛和有界性等都和某个区间相关, 属整体性概念.

2. (Cantor 定理) 若 $f(x)$ 在 $[a, b]$ 上连续, 则它在 $[a, b]$ 上一致连续.

若将 $[a, b]$ 改为开区间 (a, b), 则此结论不一定成立. 例如 $f(x) = \dfrac{1}{x}$ 在 $(0, 1)$ 上不一致连续.

函数 $f(x) = x \ln x$ 在 $(0, 1)$ 上一致连续, 在 $(1, \infty)$ 上不一致连续. 事实上, 由于

$$\lim_{x\to 0} x \ln x = 0 = \lim_{x\to 1} x \ln x,$$

所以, 对于任意的 $\varepsilon > 0$, 存在 $\delta_1 > 0$, 使得当 $|x| \leqslant \delta_1$ 或 $|x - 1| \leqslant \delta_1$ 时, 均有 $|x \ln x| < \dfrac{\varepsilon}{4}$, 因此, 对于任意的 x_1, $x_2 \in (0, \delta_1]$ 或 $[1 - \delta_1, 1)$, 皆有

$$|x_2 \ln x_2 - x_1 \ln x_1| < \frac{\varepsilon}{2}.$$

另一方面, $x \ln x$ 在 $[\delta_1, 1 - \delta_1]$ 上是连续的, 从而是一致连续的. 因此, 存在 $\delta_2 > 0$, 使得当 x_1, $x_2 \in (\delta_1, 1 - \delta_1]$ 且 $|x_1 - x_2| < \delta_2$ 时, 总有

$$|x_2 \ln x_2 - x_1 \ln x_1| \leqslant \frac{\varepsilon}{2}.$$

取 $\delta = \min(\delta_1, \delta_2)$, 则无论 x_1, x_2 属于三个区间中的哪一个, 只要 $|x_1 - x_2| < \delta$, 总有

$$|x_2 \ln x_2 - x_1 \ln x_1| \leqslant \frac{\varepsilon}{2} + \frac{\varepsilon}{2} = \varepsilon,$$

这证明了 $x \ln x$ 在 $(0, 1)$ 上的一致连续性.

若取 $x_n = n$, $y_n = n + \dfrac{1}{\ln n}(n = 1, 2, 3, \cdots)$, 则 $\lim\limits_{x\to 0}(y_n - x_n) = 0$, 但是

$$|y_n \ln y_n - x_n \ln x_n| > \left(n + \frac{1}{\ln n}\right) \ln n - n \ln n = 1.$$

因此 $x\ln x$ 在 $(1,+\infty)$ 上是不一致连续的.

注 $f(x)$ 在 $(0,1)$ 上一致连续可以由例 2.11 的结论得到.

2.1.4 多元函数的极限与连续

多元函数的极限与连续的定义和性质, 与一元函数基本上是类似的. 以二元函数为例:

1. 设 A 是常数, 如果对于任给的 $\varepsilon>0$, 存在 $\delta>0$, 使得对于满足

$$|x-x_0|<\delta,\quad |y-y_0|<\delta,\quad (x,y)\neq(x_0,y_0)$$

的所有点 (x,y) 成立 $|f(x,y)-A|<\varepsilon$, 则称 $f(x,y)$ 当 (x,y) 趋向于 (x_0,y_0) 时以 A 为极限, 记为

$$\lim_{\substack{x\to x_0\\ y\to y_0}} f(x,y)=A.$$

如果 $A=f(x_0,y_0)$, 则称 $f(x,y)$ 在 (x_0,y_0) 连续; 如果 $f(x,y)$ 在区域 D 中的每一点连续, 则称 $f(x,y)$ 在 D 上连续.

极限 $\lim\limits_{\substack{x\to x_0\\ y\to y_0}} f(x,y)$ 存在的充分必要条件是: 对于任给的 $\varepsilon>0$, 存在 $\delta>0$, 使得

$$|f(x_2,y_2)-f(x_1,y_1)|<\varepsilon$$

对于满足 $|x_i-x_0|<\delta,\ |y_i-y_0|<\delta, (x_i,y_i)\neq(x_0,y_0)(i=1,2)$ 的任何两点 (x_1,y_1), (x_2,y_2) 成立.

在定义中, $(x,y)\to(x_0,y_0)$ 的方式是任意的. 因此, 与一元函数相比, 确定极限的存在性更为困难. 例如, 极限 $\lim\limits_{\substack{x\to x_0\\ y\to y_0}} \dfrac{xy}{x^2+y^2}=A$ 是不存在的, 但当 (x,y) 沿任一条固定的直线趋向点 $(0,0)$ 时, 这个极限却是存在的.

2. 关于闭区间 D 上的连续函数的性质, 同样地, 有介值定理、有界性定理以及一致连续性定理.

3. 与一元函数不同, 在多元函数的极限论中, 出现了累次极限. 例如, 对于二元函数, 有下面的结论.

定理 2.1 若 $f(x,y)$ 在 (x_0,y_0) 的二重极限为 $\lim\limits_{\substack{x\to x_0\\ y\to y_0}} \dfrac{xy}{x^2+y^2}=A$ (A 可以是无限的). 假设对于包含 y_0 的某个区间中的任一点 y (y_0 本身除外), 极限 $\varphi(y)=\lim\limits_{x\to x_0} f(x,y)$ 存在且有限, 则累次极限

$$\lim_{y\to y_0}\lim_{x\to x_0} f(x,y)=\lim_{y\to y_0}\varphi(y)$$

存在且等于 A.

这个定理的逆定理并不成立. 事实上, 即使两个累次极限 $\lim\limits_{y\to y_0}\lim\limits_{x\to x_0} f(x,y)$ 和 $\lim\limits_{x\to x_0}\lim\limits_{y\to y_0} f(x,y)$ 都存在且相等, 二重极限 $\lim\limits_{\substack{x\to x_0\\ y\to y_0}} f(x,y)$ 也不一定存在. 例如, 取

$$f(x,y)=\frac{x^2y^2}{x^2y^2+(x-y)^2},\quad x_0=0,\quad y_0=0,$$

则两个累次极限为零, 但二重极限不存在.

2.2 函数连续性及其应用

设 $f(x)$ 在点 x_0 的某个邻域 $U(x_0,\delta)$ 内有定义, 则 $f(x)$ 在此邻域上的振幅定义为

$$\omega_f(x_0,\delta):=\sup_{x\in U(x_0,\delta)}\{f(x)\}-\inf_{x\in U(x_0,\delta)}\{f(x)\}=\sup_{x',x''\in U(x_0,\delta)}|f(x')-f(x'')|.$$

而 $f(x)$ 在点 x_0 的振幅定义为

$$\omega_f(x_0):=\lim_{\delta\to 0^+}\omega_f(x_0,\delta).$$

例 2.1 函数 $f(x)$ 在 x_0 点连续的充分必要条件是 $\omega_f(x_0)=0$.

证明 **必要性** 如果 $f(x)$ 在 x_0 点连续, 即有 $\lim\limits_{x\to x_0} f(x)=f(x_0)$, 那么对任意 $\varepsilon>0$, 存在 $\delta>0$, 当 $x\in U(x_0,\delta)$ 时, 有 $|f(x)-f(x_0)|<\varepsilon/2$. 因此, 对任意 $0<\eta<\delta$, 有

$$\omega_f(x_0,\eta)<\left(f(x_0)+\frac{\varepsilon}{2}\right)-\left(f(x_0)-\frac{\varepsilon}{2}\right)=\varepsilon.$$

这就证明了 $\omega_f(x_0)=0$.

充分性 对任意 $\delta>0$ 及 $x\in U(x_0,\delta)$, 有

$$|f(x)-f(x_0)|\leqslant\sup_{x\in U(x_0,\delta)}\{f(x)\}-\inf_{x\in U(x_0,\delta)}\{f(x)\}=\omega_f(x_0,\delta)$$

及 $\omega_f(x_0):=\lim\limits_{\delta\to 0^+}\omega_f(x_0,\delta)=0$, 易知 $\lim\limits_{x\to x_0} f(x)=f(x_0)$, 从而 $f(x)$ 在 x_0 点连续.

例 2.2 设 $f(x)$ 在 $[a,b]$ 上连续, 证明函数 $M(x):=\sup\limits_{a\leqslant t\leqslant x} f(t)$ 和 $m(x):=\inf\limits_{a\leqslant t\leqslant x} f(t)$ 在 $[a,b]$ 上连续.

证明　因为 $f(x)$ 在 $[a,b]$ 上连续, 所以 $M(x)$ 和 $m(x)$ 在 $[a,b]$ 上都有定义. 这里只就 $M(x)$ 进行证明, $m(x)$ 可以类似证得.

首先, 因为 $M(x)$ 是 x 的单调递增函数, 所以对任意 $x_0\in[a,b]$, $M(x)$ 在 x_0 的两个单侧极限都存在 (在两个端点处分别存在左极限和右极限), 且

$$M(x_0-0)\leqslant M(x_0)\leqslant M(x_0+0). \tag{2.2.1}$$

根据 $M(x)$ 的定义, 对任意 $\varepsilon>0$, 存在 $x'\in[a,x_0]$, 使得 $f(x')>M(x_0)-\varepsilon$. 则当 $x\geqslant x'$ 时, 有 $M(x)>M(x_0)-\varepsilon$. 令 $x\to x_0$, 得 $M(x_0-0)\geqslant M(x_0)-\varepsilon$. 由 ε 的任意性, 得到

$$M(x_0-0)\geqslant M(x_0). \tag{2.2.2}$$

类似地, 有

$$M(x_0+0)\leqslant M(x_0). \tag{2.2.3}$$

综合 (2.2.1)—(2.2.3), 我们有 $M(x_0-0)=M(x_0)=M(x_0+0)$, 从而 $M(x)$ 在 x_0 连续. 由 x_0 的任意性即证得结论.

例 2.3　(1) 若函数 $f(x),g(x)$ 在区间 I 上连续, 则函数 $\varphi(x)=\min(f(x),g(x))$, $\psi(x)=\max(f(x),g(x))$ 都连续.

(2) 设 $f(x),g(x)$ 和 $h(x)$ 在 I 上连续, 对任意 $x\in[a,b]$, 令 $F(x)$ 为这三个函数中间的那个值, 证明 $F(x)$ 在 I 上连续.

(3) 令

$$u_n(x)=\begin{cases}-n, & x\leqslant -n,\\ x, & -n<x\leqslant n,\\ n, & x>n,\end{cases}$$

而 $f(x)$ 为实变量的实值函数, 证明: $f(x)$ 连续的充分必要条件是 $g_n(x)=u_n(f(x))$ 对所有 n 都是连续函数.

证明　(1) 注意到

$$\varphi(x)=\frac{f(x)+g(x)-|f(x)-g(x)|}{2},\quad \psi(x)=\frac{f(x)+g(x)+|f(x)-g(x)|}{2},$$

由于连续函数的和、差、绝对值都是连续函数, 故 $\varphi(x)$ 和 $\psi(x)$ 也连续.

(2) 利用 (1) 的结论及

$$F(x)=f(x)+g(x)+h(x)-\max(f(x),g(x),h(x))-\min(f(x),g(x),h(x)),$$

立得结论.

(3) **必要性**　对于任何自然数 n, 显然 $u_n(x)$ 都是 $(-\infty,+\infty)$ 上的连续函数. 因此, 如果 $f(x)$ 连续, 那么复合函数 $g_n(x)=u_n(f(x))$ 也连续.

充分性 对于 $f(x)$ 的定义域中任一点 x_0, 取自然数 $n > |f(x_0)|$, 则 $g_n(x_0) = f(x_0)$. 令 $\varepsilon = \min(n - f(x_0), n + f(x_0))$, 由 $g_n(x)$ 在 x_0 的连续性知道, 存在 $\delta > 0$, 当 $|x - x_0| < \delta$ 时, 有

$$-n = f(x_0) - (f(x_0) + n) < g_n(x_0) - \varepsilon < g_n(x) < g_n(x_0) + \varepsilon < n,$$

根据 $g_n(x)$ 的定义, 当 $|x - x_0| < \delta$ 时, 有 $g_n(x) = f(x)$. 由 $g_n(x)$ 在 x_0 的连续性即知 $f(x)$ 在 x_0 连续.

例 2.4 设函数 $f(x)$ 在 $[0,1]$ 上有定义, 且函数 $\mathrm{e}^x f(x)$ 与函数 $\mathrm{e}^{-f(x)}$ 在 $[0,1]$ 上都是单调增加的, 求证: $f(x)$ 在 $(0,1)$ 内连续.

证明 对任意 $x_0 \in (0,1)$, 我们证明 $f(x)$ 在 x_0 连续. 当 $x \in (x_0, 1)$ 时, 由 $\mathrm{e}^x f(x)$ 与函数 $\mathrm{e}^{-f(x)}$ 的单调性, 有

$$\mathrm{e}^{x_0} f(x_0) \leqslant \mathrm{e}^x f(x), \quad \mathrm{e}^{-f(x_0)} \leqslant \mathrm{e}^{-f(x)},$$

从而

$$\mathrm{e}^{x_0 - x} f(x_0) \leqslant f(x) \leqslant f(x_0).$$

令 $x \to x_0$, 即知

$$\lim_{x \to x_0 + 0} f(x) = f(x_0).$$

同理可证

$$\lim_{x \to x_0 - 0} f(x) = f(x_0).$$

因此 $f(x)$ 在 x_0 连续.

例 2.5 证明: 对每个正整数 n, 方程 $x + x^2 + x^3 + \cdots + x^n = 1$ 在 $[0,1]$ 上有且仅有一个根 x_n, 并求 $\lim\limits_{n \to \infty} x_n$.

证明 记 $f_n(x) = x + x^2 + \cdots + x^n$, $x \in [0,1]$. 当 $n = 1$ 时, 显然 $f_1(x) = 1$ 有且仅有一根 $x_1 = 1 \in [0,1]$. 当 $n > 1$ 时, $f_n(0) = 0$, $f_n(1) = n > 1$. 由连续函数的介值定理可知, 至少存在一点 $x_n \in (0,1)$, 使得 $f_n(x_n) = 1$, 即方程 $f_n(x) = 1$ 在 $[0,1]$ 中至少有一个根 x_n. 另一方面, 对任意正整数 n, 有

$$f_n'(x) = 1 + 2x + \cdots + nx^{n-1} \geqslant 1, \quad 0 \leqslant x \leqslant 1,$$

所以 $f_n(x)$ 在 $[0,1]$ 上严格单调增加, 从而 $f_n(x) = 1$ 在 $[0,1]$ 上只能有一个根.

由于

$$f_{n+1}(x_n) = x_n + x_n^2 + \cdots + x_n^n + x_n^{n+1} = f_n(x_n) + x_n^{n+1}$$

$$=1+x_n^{n+1}>1=f_{n+1}(x_{n+1}).$$

由于 $f_{n+1}(x)$ 在 $[0,1]$ 上严格单调增加, 故 $x_n>x_{n+1}$, 亦即 $\{x_n\}$ 是严格单调递减的. 又因为 $\{x_n\}$ 有界, 所以 $\{x_n\}$ 的极限存在, 记之为 A. 由于 $0<x_n<x_2<1$, 故 $\lim\limits_{n\to\infty}x_n^n=0$. 这样在等式

$$1=x_n+x_n^2+\cdots+x_n^n=\frac{x_n(1-x_n^n)}{1-x_n}$$

两边同时求极限得到 $1=A/(1-A)$, 解之得 $A=\dfrac{1}{2}$.

注 注意到 $f_n\left(\dfrac{1}{2}\right)=1-\dfrac{1}{2^n}<1$, $f_n(1)=n$ 及由 $f_n(x)$ 的单调性知道, $x_n\in\left(\dfrac{1}{2},1\right]$.

例 2.6 记 $f_n(x)=\cos x+\cos^2 x+\cdots+\cos^n x$, 求证:

(1) 对任意自然数 n, 方程 $f_n(x)=1$ 在 $\left[0,\dfrac{\pi}{3}\right)$ 内有且仅有一个根;

(2) 设 $x_n\in\left[0,\dfrac{\pi}{3}\right)$ 是 $f_n(x)=1$ 的根, 则 $\lim\limits_{n\to\infty}x_n=\dfrac{\pi}{3}$.

证明完全类似于上例.

注 令 $\cos x=t$, 则当 $x\in\left[0,\dfrac{\pi}{3}\right)$ 时, t 单调且 $t\in\left(\dfrac{1}{2},1\right]$. 则由上例的结论可知有且仅有一个 $g_n(t)=t+t^2+\cdots+t^n$ 在 $\left(\dfrac{1}{2},1\right]$ 上有且仅有一个根 t_n, 且 $\lim\limits_{n\to\infty}t_n=0$. 于是, $F_n(x)$ 在 $\left[0,\dfrac{\pi}{3}\right)$ 内有且仅有一个根 x_n, 且 $\lim\limits_{n\to\infty}\cos x_n=\lim\limits_{n\to\infty}t_n=\dfrac{1}{2}$, 即 $\lim\limits_{n\to\infty}x_n=\dfrac{\pi}{3}$.

类似地, 如果令 $t=\sin x$, 则 $f_n(x)=\sin x+\sin^2 x+\cdots+\sin^n x=1$ 在 $\left(\dfrac{\pi}{6},\dfrac{\pi}{2}\right]$ 上有且仅有一个根 x_n, 且 $\lim\limits_{n\to\infty}x_n=\dfrac{\pi}{6}$.

例 2.7 设连续函数 $f(x)$ 在 $(-\infty,+\infty)$ 上连续, n 为奇数, 证明: 若

$$\lim_{x\to+\infty}\frac{f(x)}{x^n}=\lim_{x\to-\infty}\frac{f(x)}{x^n}=1,$$

则方程 $f(x)+x^n=0$ 有实根.

证明 由题设, 存在 $A>0$, 使得当 $|x|\geqslant A$ 时, 有 $\dfrac{f(x)}{x^n}\geqslant\dfrac{1}{2}$. 于是

$$f(x)\leqslant\frac{1}{2}x^n,\ x\leqslant -A;\quad f(x)\geqslant\frac{1}{2}x^n,\ \ x\geqslant A.$$

特别地,

$$f(A)+A^n \geqslant \frac{3}{2}A^n > 0 > -\frac{1}{2}A^n \geqslant f(-A)+(-A)^n.$$

由连续函数的介值性, 存在 $\xi \in (-A, A)$ 使得 $f(\xi)+\xi^n=0$. 这就证明了结论.

例 2.8 设 $f(x)$ 对于 $(-\infty, \infty)$ 内一切 x 满足 $f(x^2)=f(x)$, 且 $f(x)$ 在 $x=0$ 与 $x=1$ 连续, 证明 $f(x)$ 为常数函数.

证明 由 $f(x^2)=f(x)$ 知 $f(x)$ 为偶函数, 且对任意 $x>0$ 有

$$f(x)=f(x^{1/2})=\cdots=f\left(x^{1/2^n}\right).$$

利用 $f(x)$ 在 $x=1$ 的连续性, 得到

$$f(x)=\lim_{n\to\infty} f\left(x^{1/2^n}\right)=f(1), \quad x>0.$$

利用 $f(x)$ 在 $x=0$ 的连续性, 得

$$f(0)=\lim_{x\to 0^+} f(x)=\lim_{x\to 0^+} f(1)=f(1).$$

因此, $f(x)\equiv f(1)$, $x\in[0,+\infty)$. 但 $f(x)$ 为偶函数, 故必有 $f(x)\equiv f(1)$, $x\in(-\infty,+\infty)$.

例 2.9 设函数 $f(x)$ 在 $[a,b]$ 上连续, 且对每一个 $x\in[a,b]$, 存在 $y\in[a,b]$, 使得

$$|f(y)| \leqslant \frac{1}{2}|f(x)|.$$

证明: 存在 $\xi\in[a,b]$, 使得 $f(\xi)=0$.

证明 任意取定 $x_0\in[a,b]$, 由题设, 存在 $x_1\in[a,b]$, 使得

$$|f(x_1)| \leqslant \frac{1}{2}|f(x_0)|;$$

同理, 存在 $x_2\in[a,b]$, 使得

$$|f(x_2)| \leqslant \frac{1}{2}|f(x_1)| \leqslant \frac{1}{2^2}|f(x_0)|;$$

$$\cdots\cdots$$

一般地, 存在 $x_n\in[a,b]$, 使得

$$|f(x_n)| \leqslant \frac{1}{2^n}|f(x_0)|.$$

由致密性定理, $\{x_n\}$ 存在收敛的子列. 设 $\{x_{n_i}\}$ 是 $\{x_n\}$ 的一个收敛子列, 并设 $\lim\limits_{i\to\infty} x_{n_i}=\xi$. 由于 $\xi\in[a,b]$, 故 $f(x)$ 在点 ξ 连续, 且有 $\lim\limits_{i\to\infty} f(x_{n_i})=f(\xi)$.

另一方面, 因为

$$0\leqslant |f(x_{n_i})|\leqslant \frac{1}{2^{n_i}}|f(x_0)|\to 0,\quad i\to\infty,$$

所以

$$f(\xi)=\lim_{i\to\infty} f(x_{n_i})=0.$$

因此, 存在 $\xi\in[a,b]$, 使得 $f(\xi)=0$.

2.3 函数的一致连续性

设 $f(x)$ 在区间 I 上有定义, 对于 $t>0$, 称

$$\omega(f,t):=\sup_{x',x''\in I,\ |x'-x''|<t}|f(x')-f(x'')|$$

为 $f(x)$ 的连续模. 显然, $\omega(f,t)$ 是关于 t 在 $[0,+\infty)$ 上的非负连续函数.

例 2.10 函数 $f(x)$ 在 I 上一致连续的充分必要条件是 $\lim\limits_{t\to 0^+}\omega(f,t)=0$.

证明同例 2.1相似, 在此略去.

例 2.11 设 $f(x)$ 在有限区间 (a,b) 内连续, 试证 $f(x)$ 在 (a,b) 内一致连续的充分必要条件是 $\lim\limits_{x\to a+0} f(x)$ 和 $\lim\limits_{x\to b-0} f(x)$ 都存在.

证明 必要性 因为 $f(x)$ 在 (a,b) 一致连续, 因此对任意给定的 $\varepsilon>0$, 存在 $\delta>0$, 当 $x_1,x_2\in(a,b)$ 且 $|x_1-x_2|<\delta$ 时, 有 $|f(x_1)-f(x_2)|<\varepsilon$.

特别地, 对于 $x=0$, 当 $0<x_1-0<\delta$, $0<x_2<\delta$ 时, 因为 $|x_1-x_2|<\delta$, 所以有 $|f(x_1)-f(x_2)|<\varepsilon$. 由 Cauchy 收敛原理即知 $f(x)$ 在 $x=0$ 的右极限存在. 同理可证 $f(x)$ 在 $x=1$ 的左极限存在.

充分性 定义

$$f(a):=\lim_{x\to a^+} f(x),\quad f(b):=\lim_{x\to b^-} f(x),$$

则 $f(x)$ 为 $[a,b]$ 上的连续函数, 从而 $f(x)$ 在 $[a,b]$ 上一致连续, 自然也在 (a,b) 内一致连续.

注 当 (a,b) 为无限区间时, 可以证明充分性仍然成立, 但是必要性不成立. 例如 $f(x)=\sin x$ 在 $(-\infty,+\infty)$ 内一致连续. 事实上, 对任意 $x_1,x_2\in(-\infty,+\infty)$, 有

$$|\sin x_1-\sin x_2|\leqslant|x_1-x_2|.$$

易知 $f(x)$ 一致连续.

例 2.12 设函数 $f(x)$ 在 $[a,+\infty)$ 上连续, 且有 $\lim\limits_{x\to+\infty} f(x)=A$, 证明: $f(x)$ 在 $[a,+\infty)$ 上一致连续且有界.

证明 因为 $\lim\limits_{x\to+\infty} f(x)=A$, 所以根据函数在无穷远处极限存在的 Cauchy 收敛原理知, 对任意 $\varepsilon>0$, 存在 $M>a$, 当 $x,y>M$ 时, 有 $|f(x)-f(y)|<\varepsilon$.

因为 $f(x)$ 在 $[a,M+1]$ 上连续, 所以一致连续, 于是对于前述的 $\varepsilon>0$, 存在 $\delta_1>0$, 对任意 $x,y\in[a,M+1]$, 当 $|x-y|<\delta_1$ 时, 有 $|f(x)-f(y)|<\varepsilon$.

取 $\delta=\min(\delta_1,1)$, 则对任意 $x,y\in[a,+\infty)$, 当 $|x-y|<\delta$ 时, 有 $|f(x)-f(y)|<\varepsilon$. 这就证明了 $f(x)$ 在 $[a,+\infty)$ 上一致连续.

因为 $\lim\limits_{x\to+\infty} f(x)=A$, 所以存在 $M>a$, 当 $x>M$ 时, 有 $|f(x)-A|<1$, 即 $|f(x)|\leqslant|A|+1$.

又因为 $f(x)\in C[a,M]$, 所以存在 $B>0$, 使得对任意 $x\in[a,M]$, 有 $|f(x)|\leqslant B$. 取 $G=\max(|A|+1,B)$, 则对任意 $x\in[a,+\infty)$, 有 $|f(x)|\leqslant G$.

例 2.13 若函数 $f(x)$ 在区间 $(a,b]$ 和 $[b,c)$ 上分别一致连续, 证明 $f(x)$ 在 (a,c) 上一致连续.

证明 对任意 $\varepsilon>0$, 由条件知存在 $\delta_1>0$, 使得当 $x_1,x_2\in(a,b]$ 且 $|x_1-x_2|<\delta_1$ 时, 有 $|f(x_1)-f(x_2)|<\varepsilon/2$. 同时存在 $\delta_2>0$, 使得当 $x_1,x_2\in[b,c)$ 且 $|x_1-x_2|<\delta_2$ 时, 有 $|f(x_1)-f(x_2)|<\varepsilon/2$.

令 $\delta:=\min(\delta_1,\delta_2)$. 则对任意 $x_1,x_2\in(a,c)$, 且 $|x_1-x_2|<\delta$ 必有 $|f(x_1)-f(x_2)|<\varepsilon$, 从而 $f(x)$ 在 (a,c) 上一致连续. 事实上, 如果 $x_1<b<x_2$, 则从 $|x_1-x_2|<\delta$ 可以推得 $|x_1-b|<\delta_1$, $|x_2-b|<\delta_2$. 因此

$$|f(x_1)-f(x_2)|\leqslant|f(x_1)-f(b)|+|f(b)-f(x_2)|<\varepsilon.$$

对于其他情况, 即 x_1,x_2 同属于 $(a,b]$ 或 $[b,c)$, 显然有 $|f(x_1)-f(x_2)|<\varepsilon$.

上例中的区间 $(a,b]$ 和 $[b,c)$ 改成 (a,b) 和 (b,c) 时, 结论未必成立. 事实上, 我们有下面的例子.

例 2.14 证明: $f(x)=\dfrac{|\sin x|}{x}$ 在 $(-1,0)$ 和 $(0,1)$ 上一致连续, 但是在 $(-1,1)$ 上并非一致连续.

证明 注意到 $\lim\limits_{x\to0^+} f(x)=1$, $\lim\limits_{x\to1^-} f(x)=\sin1$, 由例 2.11 知 $f(x)$ 在 $(0,1)$ 上一致连续. 同理, $f(x)$ 在 $(-1,0)$ 上一致连续.

取 $x_n=\dfrac{1}{n}$, $y_n=\dfrac{-1}{n}$, $n=2,3,\cdots$, 显然

$$|x_n-y_n|=\frac{2}{n}\to0,\quad n\to\infty,$$

但

$$|f(x_n)-f(y_n)|=2n\sin\frac{1}{n}\to 2\neq 0,\quad n\to\infty.$$

因此, $f(x)$ 在 $(-1,1)$ 上并非一致连续.

例 2.15　证明函数 $f(x)$ 在区间 I 上一致连续的充分必要条件为对任意的 $\{x_n\}$, $\{y_n\}\subset I$, 只要 $\lim\limits_{n\to\infty}(x_n-y_n)=0$, 都有 $\lim\limits_{n\to\infty}(f(x_n)-f(y_n))=0$.

证明　必要性　如果 $f(x)$ 在 I 上一致连续, 那么对任意 $\varepsilon>0$, 存在 $\delta>0$, 使得对一切 $x',x''\in I$ 且 $|x'-x''|<\delta$, 都有 $|f(x')-f(x'')|<\varepsilon$. 对上述的 $\delta>0$, 由 $\lim\limits_{n\to\infty}(x_n-y_n)=0$ 可知, 存在 $N>0$, 当 $n>N$ 时, 有 $|x_n-y_n|<\delta$, 从而 $|f(x_n)-f(y_n)|<\varepsilon$. 因此, $\lim\limits_{n\to\infty}(f(x_n)-f(y_n))=0$.

充分性　若函数 $f(x)$ 在 I 上不一致连续, 则存在 $\varepsilon_0>0$, 对任意 $\delta>0$, 总存在 $x',x''\in I$ 满足 $|x'-x''|<\delta$, 使得 $|f(x')-f(x'')|\geqslant\varepsilon_0$. 由此, 取 $\delta_n=\dfrac{1}{n}$, 可以取得两个数列 $\{x_n\},\{y_n\}$ 满足 $|x_n-y_n|<\delta_n=1/n\to 0,n\to\infty$, 而 $|f(x_n)-f(y_n)|\geqslant\varepsilon_0>0$. 这与题设矛盾. 因此 $f(x)$ 在 I 上一致连续.

例 2.16　设函数 $f(x)$ 在 (a,b) 上有定义, 证明: 若对 (a,b) 内任意收敛点列 $\{x_n\}$, $\{f(x_n)\}$ 的极限都存在, 则 $f(x)$ 在 (a,b) 上一致连续.

证明　用反证法. 假设 $f(x)$ 在 (a,b) 上不一致连续, 则存在 $\varepsilon_0>0$, 对任意 $\delta>0$, 存在 $x',x''\in(a,b)$, 虽然 $|x'-x''|<\delta$, 但是 $|f(x')-f(x'')|\geqslant\varepsilon_0$.

现在, 取 $\delta_n=\dfrac{1}{n}$, 则可以找到 (a,b) 中的两个数列 $\{x_n'\}$ 和 $\{x_n''\}$ 满足 $|x_n'-x_n''|<\delta_n$, 但 $|f(x_n')-f(x_n'')|\geqslant\varepsilon_0$. 因为 $\{x_n'\}$ 有界, 所以存在收敛的子列 $\{x_{n_k}'\}$. 假设 $\lim\limits_{k\to\infty}x_{n_k}'=x_0\in(a,b)$. 由于

$$|x_{n_k}'-x_{n_k}''|\leqslant\frac{1}{n_k}\to 0,\quad k\to\infty.$$

从而也有 $\lim\limits_{k\to\infty}x_{n_k}''=x_0$. 令

$$\{x_n\}=\{x_1',x_1'',x_2',x_2'',\cdots,x_{n_k}',x_{n_k}'',\cdots\},$$

则 $\lim\limits_{n\to\infty}x_n=x_0$, 即 $\{x_n\}$ 为 (a,b) 中收敛的点列. 由题设知 $\{f(x_n)\}$ 收敛. 但由于 $|f(x_{n_k}')-f(x_{n_k}'')|\geqslant\varepsilon_0$, 故 $\{f(x_n)\}$ 发散. 矛盾.

例 2.17　证明下列结论: 设 $f(x)$ 在 $[a,+\infty)$ 上一致连续, 函数 $\varphi(x)$ 在 $[a,+\infty)$ 上连续, 且 $\lim\limits_{x\to+\infty}[f(x)-\varphi(x)]=0$, 证明 $\varphi(x)$ 在 $[a,+\infty)$ 上一致连续.

证明 因为 $\lim\limits_{x\to+\infty}[f(x)-\varphi(x)]=0$, 所以对任意 $\varepsilon>0$, 存在 $M>a$, 当 $x>M$ 时, 有

$$|f(x)-\varphi(x)|<\frac{\varepsilon}{3}.$$

另一方面, 因为 $f(x)$ 在 $[a,+\infty)$ 上一致连续, 所以对上述 $\varepsilon>0$, 存在 $\delta_1>0$, 使得当 $x_1,\ x_2\in[a,+\infty)$ 且 $|x_1-x_2|<\delta_1$ 时, 有

$$|f(x_1)-f(x_2)|<\frac{\varepsilon}{3}.$$

因此, 当 $x_1,\ x_2>M$ 且 $|x_1-x_2|<\delta_1$ 时, 有

$$|\varphi(x_1)-\varphi(x_2)|\leqslant|\varphi(x_1)-f(x_1)|+|f(x_1)-f(x_2)|+|f(x_2)-\varphi(x_2)|<\varepsilon.$$

因为 $\varphi(x)$ 在 $[a,M+1]$ 上连续, 从而一致连续, 所以, 存在 $\delta_2>0$, 当 $x_3,\ x_4\in[a,M+1]$ 且 $|x_3-x_4|<\delta_2$ 时, 有

$$|\varphi(x_3)-\varphi(x_4)|<\varepsilon.$$

取 $\delta=\min(\delta_1,\delta_2,1)$, 则对所有 $x',x''\in[a,+\infty)$, 当 $|x'-x''|<\delta$ 时, 有

$$|\varphi(x')-\varphi(x'')|<\varepsilon.$$

这说明 $\varphi(x)$ 在 $[a,+\infty)$ 上一致连续.

例 2.18 设函数 $f(x)$ 在 $[0,+\infty)$ 上一致连续, 且对任意 $x\geqslant0$, 有 $\lim\limits_{n\to\infty}f(x+n)=0$, 证明: $\lim\limits_{x\to+\infty}f(x)=0$.

证明 因为 $f(x)$ 在 $[0,+\infty)$ 上一致连续, 所以对任意 $\varepsilon>0$, 存在 $\delta>0$, 对所有 $x',x''\in[0,+\infty)$, 当 $|x'-x''|<\delta$ 时, 就有

$$|f(x')-f(x'')|<\varepsilon/2. \tag{2.3.4}$$

对前述 $\delta>0$, 取 k 为大于 $\frac{1}{\delta}$ 的正整数, 将 $[0,1]$ 区间 k 等分, 分点为 $x_i=\frac{i}{k}$, $i=0,1,\cdots,k$.

由已知条件, 对每个固定的 x_i, 有 $\lim\limits_{n\to\infty}f(x_i+n)=0$. 因此, 存在 $N_i>0$, 当 $n>N_i$ 时, 有

$$|f(x_i+n)|<\varepsilon/2. \tag{2.3.5}$$

当 $x>N:=\max\limits_i\{N_i\}$ 时, 记 $n=[x]$, 则存在 $i,i=0,1,\cdots,n-1$, 使得 $x-n\in[x_i,x_{i+1}]$. 因为 $|x-n-x_i|=|x-(n+x_i)|<\delta$, 由 (2.3.4) 和 (2.3.5), 有

$$|f(x)|\leqslant|f(x)-f(n+x_i)|+|f(n+x_i)|<\varepsilon.$$

因此, $\lim\limits_{x\to+\infty}f(x)=0$.

例 2.19　设函数 $f(x)$ 在 $(-\infty,+\infty)$ 上一致连续, 证明: 存在非负实数 a 和 b, 使得对所有 $x\in(-\infty,+\infty)$, 成立

$$|f(x)|\leqslant a|x|+b.$$

证明　因为 $f(x)$ 在 $[0,+\infty)$ 上一致连续, 所以存在 $\delta>0$, 对所有 $x',x''\in[0,+\infty)$, 当 $|x'-x''|\leqslant\delta$ 时, 就有 $|f(x')-f(x'')|<1$.

对任意 $x\in(-\infty,+\infty)$, x 可表示为 $x=n\delta+x_0$, 其中 n 为整数, $x_0\in(-\delta,\delta)$. 因为 $f(x)$ 在 $[-\delta,\delta]$ 上连续, 所以有界. 设 $|f(x)|\leqslant M$(M 为常数). 因此

$$\begin{aligned}|f(x)|&=\left|\sum_{k=1}^{n}(f(k\delta+x_0)-f((k-1)\delta+x_0))+f(x_0)\right|\\&\leqslant\sum_{k=1}^{n}|f(k\delta+x_0)-f((k-1)\delta+x_0)|+|f(x_0)|\\&\leqslant n+M=\frac{1}{\delta}|x-x_0|+M\\&\leqslant\frac{1}{\delta}|x|+\left(\frac{1}{\delta}|x_0|+M\right).\end{aligned}$$

注　此题结论表明, 如果函数 $f(x)$ 在 $(-\infty,+\infty)$ 上一致连续, 则其在无穷远处的增长速度至多与 $y=|x|$ 同阶. 例如 $y=x\ln|x|$, $y=x^2$ 等必定不是一致连续的.

2.4　Lipschitz 函数类

Lipschitz 函数类　设函数 $f(x)$ 在 I 上有定义, 如果存在常数 $M>0$ 及 $\alpha>0$ 使得 $\omega(f,t)\leqslant Mt^{\alpha}$, 即 $|f(x')-f(x'')|\leqslant M|x'-x''|^{\alpha}$ 对 I 中任意 x',x'' 成立, 则说函数 $f(x)$ 在 I 上满足常数为 M 的 α 阶 Lipschitz 条件, 记作 $f(x)\in\mathrm{Lip}_M\alpha$. Lipschitz 函数类是一种比较重要的函数类, 有着广泛的应用. Lipschitz 函数有下列一些简单的性质.

(1) 当 $\alpha>1$ 时, 如果 $f(x)\in\mathrm{Lip}_M\alpha$, 那么 $f(x)$ 的导数处处为零, 它必然是一个常数.

(2) 当 I 为有限区间时, 若 $0<\alpha<\beta$, 则 $\mathrm{Lip}_M\beta\subset\mathrm{Lip}_{M'}\alpha$, 其中 M' 是一个只与 M 及 $|I|$ (即 I 的区间长度) 有关的常数. 事实上, 设 $x,y\in I$, 则当 $f\in\mathrm{Lip}_M\beta$ 时, 有

$$|f(x)-f(y)|\leqslant M|x-y|^{\beta}\leqslant M|I|^{\beta-\alpha}|x-y|^{\alpha},$$

即有 $f(x) \in \mathrm{Lip}_{M'}\alpha$, 其中 $M' = M|I|^{\beta-\alpha}$. 但是, 如果 I 是无限区间, 则情况就不同了. 例如 $f(x) = x$, $x \in I = [0, +\infty)$. 显然 $f(x) \in \mathrm{Lip}1$, 但由于 $|x-y| = |x-y|^{1/2}|x-y|^{1/2}$, $f \notin \mathrm{Lip}_M 1/2$, 此处 M 为任一正数.

(3) 如果 $f(x)$ 在 I 上满足 α 阶 Lipschitz 条件, 则 $f(x)$ 在 I 上是一致连续的.

(4) 如果 $f(x)$ 在 I 上具有有界导数, 则 $f(x) \in \mathrm{Lip}_M 1$.

例 2.20 设 $f(x)$ 在 $[a,b]$ 上有定义, 且对 $[a,b]$ 上任意两点 x, y, 有 $|f(x) - f(y)| \leqslant |x-y|^{\alpha}$, 这里 $0 < \alpha \leqslant 1$ 为常数, 则 $f(x)$ 在 $[a,b]$ 上可积, 且

$$\left|\int_a^b f(x)\mathrm{d}x - (b-a)f(a)\right| \leqslant \frac{(b-a)^{\alpha+1}}{\alpha+1}.$$

解 任取 $x \in [a,b]$, 因 $|\Delta y| = |f(x+\Delta x) - f(x)| \leqslant |\Delta x|^{\alpha}$, 故有 $\lim\limits_{\Delta x \to 0} \Delta y = 0$. 所以, $f(x)$ 在 $[a,b]$ 上连续, 故可积. 又 $|f(x) - f(a)| \leqslant (x-a)^{\alpha}, x \geqslant a$, 因此

$$f(a) - (x-a)^{\alpha} \leqslant f(x) \leqslant f(a) + (x-a)^{\alpha},$$

$$\int_a^b [f(a) - (x-a)^{\alpha}]\mathrm{d}x \leqslant \int_a^b f(x)\mathrm{d}x \leqslant \int_a^b [f(a) + (x-a)^{\alpha}]\mathrm{d}x,$$

即

$$-\frac{(b-a)^{\alpha+1}}{\alpha+1} \leqslant \int_a^b f(x)\mathrm{d}x - (b-a)f(a) \leqslant \frac{(b-a)^{\alpha+1}}{\alpha+1},$$

亦即

$$\left|\int_a^b f(x)\mathrm{d}x - (b-a)f(a)\right| \leqslant \frac{(b-a)^{\alpha+1}}{\alpha+1}.$$

例 2.21 设 $f(x)$ 在 $[a,b]$ 上连续, 且对任何 $[\alpha,\beta] \subseteq [a,b]$, 有

$$\left|\int_{\alpha}^{\beta} f(x)\mathrm{d}x\right| \leqslant M|\alpha-\beta|^{1+\delta} \quad (M, \delta \text{ 为正常数}), \tag{2.4.6}$$

则在 $[a,b]$ 上 $f(x) \equiv 0$.

解 **(方法一)** 记 $F(x) = \int_a^x f(t)\mathrm{d}t$, 对于任意的 $x \in (a,b)$, 有

$$\left|\frac{F(x+h) - F(x)}{h}\right| = \left|\frac{1}{h}\int_x^{x+h} f(t)\mathrm{d}t\right| \leqslant Mh^{\delta} \to 0, \quad h \to 0,$$

因此 $F'(x)=0\ (x\in(a,b))$, 即 $f(x)=0\ (x\in(a,b))$. 由 $f(x)$ 的连续性可知 $f(a)=f(b)=0$.

(方法二) 由条件 (2.4.6) 可以知道, 对任何 $[\alpha,\beta]\subseteq[a,b]$, 有

$$|F(\beta)-F(\alpha)|\leqslant M|\alpha-\beta|^{1+\delta}.$$

因此, $F(x)\in \mathrm{Lip}_M 1+\delta$, 而 $1+\delta>1$, 从而 $F(x)$ 为常数, 亦即有 $f(x)=F'(x)\equiv 0$.

例 2.22　设 $f(x)$ 在 $[0,+\infty)$ 上属于 $\mathrm{Lip}_M 1$, 证明 $f(x^\alpha)(0<\alpha<1)$ 在 $[0,+\infty)$ 上一致连续.

证明　明显地, $f(x^\alpha)$ 在 $[0,1]$ 上连续, 因此在 $[0,1]$ 上一致连续. 下面只要证明 $f(x^\alpha)$ 在 $[1,+\infty)$ 上一致连续即可. 由 Lagrange 中值定理, 对任意 $x,y\in[1,+\infty)$, 存在介于 x 和 y 之间的 ξ, 使得

$$|x^\alpha-y^\alpha|=\xi^{\alpha-1}|x-y|\leqslant|x-y|.$$

因此, 对任意 $\varepsilon>0$, 取 $\delta=\varepsilon/M$, 则当 $|x-y|<\delta$ 时, 有

$$|f(x^\alpha)-f(y^\alpha)|\leqslant M|x^\alpha-y^\alpha|\leqslant M|x-y|<\varepsilon.$$

这就证明了 $f(x^\alpha)$ 在 $[1,+\infty)$ 上一致连续.

例 2.23　设 $a>0$, 函数 $f(x)$ 在 $[a,+\infty)$ 满足 $\mathrm{Lip}_M 1$ 条件, 求证 $\dfrac{f(x)}{x}$ 在 $[a,+\infty)$ 上也满足 $\mathrm{Lip}_M 1$ 条件.

证明　对任意 $x_1,x_2\in[a,+\infty)$, 显然有

$$\begin{aligned}\left|\frac{f(x_1)}{x_1}-\frac{f(x_2)}{x_2}\right|&=\frac{|f(x_1)(x_2-x_1)+x_1(f(x_1)-f(x_2))|}{x_1x_2}\\&\leqslant\frac{|f(x_1)(x_2-x_1)|+|x_1(f(x_1)-f(x_2))|}{x_1x_2}\\&\leqslant\left|\frac{f(x_1)}{x_1}\right|\left|\frac{|x_2-x_1|}{x_2}\right|+\frac{|f(x_1)-f(x_2)|}{x_2}\\&\leqslant\left|\frac{f(x_1)}{x_1}\right|\frac{|x_2-x_1|}{a}+\frac{|f(x_1)-f(x_2)|}{a}.\end{aligned}$$

因为 $f(x)$ 满足 $\mathrm{Lip}_M 1$ 条件, 所以存在正常数 M, 使得对任意 $x_1,x_2\in[a,+\infty)$, 成立 $|f(x_1)-f(x_2)|\leqslant M|x_2-x_1|$. 因而

$$\left|\frac{f(x_1)}{x_1}-\frac{f(x_2)}{x_2}\right|\leqslant\left(\left|\frac{f(x_1)}{x_1}\right|\frac{1}{a}+\frac{M}{a}\right)|x_2-x_1|.$$

这样, 我们只要证明存在正常数 M' 使得 $\left|\frac{|f(x_1)|}{x_1}\right| \leqslant M'$ 即可. 事实上, 再次利用 $f(x)$ 满足 Lip1 条件可知

$$\left|\frac{f(x_1)}{x_1}\right| \leqslant \frac{|f(x_1)-f(a)|}{x_1}+\frac{|f(a)|}{x_1} \leqslant L\frac{|x_1-a|}{x_1}+\frac{|f(a)|}{a} \leqslant L+\frac{|f(a)|}{a} =: M'.$$

例 2.24 设 $f(x)$ 在 $[0,1]$ 上满足 $\mathrm{Lip}_M\alpha(0<\alpha\leqslant 1)$ 条件, 证明

$$\left|\int_0^1 f(x)\mathrm{d}x-\frac{1}{n}\sum_{k=1}^n f\left(\frac{k}{n}\right)\right| < \frac{M}{(\alpha+1)n^\alpha}.$$

证明 因为 $f(x)$ 在 $[0,1]$ 上满足 $\mathrm{Lip}_M\alpha$ $(0<\alpha\leqslant 1)$ 条件, 所以对任意 $x,y\in[0,1]$, 成立 $|f(x)-f(y)|\leqslant M|x-y|^\alpha$. 于是

$$\begin{aligned}\left|\int_0^1 f(x)\mathrm{d}x-\frac{1}{n}\sum_{k=1}^n f\left(\frac{k}{n}\right)\right| &= \left|\sum_{k=1}^n\int_{\frac{k-1}{n}}^{\frac{k}{n}}\left(f\left(\frac{k}{n}\right)-f(x)\right)\mathrm{d}t\right| \\ &\leqslant \sum_{k=1}^n\int_{\frac{k-1}{n}}^{\frac{k}{n}}\left|f\left(\frac{k}{n}\right)-f(x)\right|\mathrm{d}t \\ &\leqslant M\sum_{k=1}^n\int_{\frac{k-1}{n}}^{\frac{k}{n}}\left|\frac{k}{n}-x\right|^\alpha\mathrm{d}t = \frac{M}{(\alpha+1)n^\alpha}.\end{aligned}$$

例 2.25 设 $f(x)$ 是以 2π 为周期的函数, 且满足 $\mathrm{Lip}_M\alpha$ $(0<\alpha\leqslant 1)$ 条件, 则成立

$$a_n = O\left(\frac{1}{n^\alpha}\right), \quad b_n = O\left(\frac{1}{n^\alpha}\right),$$

其中 a_n, b_n 为 $f(x)$ 的 Fourier 系数.

证明 由 Euler-Fourier 公式, 知

$$a_n = \frac{1}{\pi}\int_{-\pi}^{\pi} f(x)\cos nx\mathrm{d}x.$$

令 $x=t+\frac{\pi}{n}$, 得

$$a_n = \frac{1}{\pi}\int_{-\pi-\frac{\pi}{n}}^{\pi-\frac{\pi}{n}} f\left(t+\frac{\pi}{n}\right)\cos(nt+\pi)\mathrm{d}t = -\frac{1}{\pi}\int_{-\pi}^{\pi} f\left(t+\frac{\pi}{n}\right)\cos nt\mathrm{d}t.$$

于是 (对 a_n 的两种表达式取平均)

$$\begin{aligned}|a_n| &= \left|\int_{-\pi}^{\pi}\left(f(x)-f\left(x+\frac{\pi}{n}\right)\right)\cos nx\mathrm{d}x\right| \\ &\leqslant \frac{1}{2\pi}\int_{-\pi}^{\pi}\left|f(x)-f\left(x+\frac{\pi}{n}\right)\right||\cos nx|\mathrm{d}x \\ &= \frac{M}{2\pi}\frac{\pi^\alpha}{n^\alpha}\int_{-\pi}^{\pi}|\cos nx|\mathrm{d}x \\ &= O\left(\frac{1}{n^\alpha}\right).\end{aligned}$$

同理可证

$$b_n = O\left(\frac{1}{n^\alpha}\right).$$

第 3 章 微 分 学

3.1 微分学内容概述

3.1.1 定义

1. 设 $y=f(x)$ 在含有 x_0 的某个区间内有定义. 若极限 $\lim\limits_{x\to x_0}\dfrac{f(x)-f(x_0)}{x-x_0}$ 存在且有限, 则称 $f(x)$ 在 $x=x_0$ 可导, 称此极限值为 $f(x)$ 在 x_0 的导数, 记为 $f'(x_0)$ 或者 $\left.\dfrac{\mathrm{d}y}{\mathrm{d}x}\right|_{x=x_0}$.

如果 $f(x)$ 在区间 I 上每一点可导, 则在 I 上定义了一个新的函数 $y=f'(x)$, 称为 $f(x)$ 的导函数. 若 $f'(x)$ 在 x_0 可导, 则称 $\left.\dfrac{\mathrm{d}f'(x)}{\mathrm{d}x}\right|_{x=x_0}$ 为 $f(x)$ 在 x_0 的二阶导数. 以此类推, 可以定义出更高阶的导数.

导数的几何意义: $f'(x_0)$ 是曲线 $y=f(x)$ 在 $x=x_0$ 点的切线的斜率.

若 $f(x)$ 在 $x=x_0$ 可导, 则必在 x_0 连续. 反之则不然. 若 b 是奇整数, $0<a<1$, 且 $ab>1+\dfrac{3\pi}{2}$, 那么, $f(x)=\sum\limits_{n=0}^{\infty}b^n\cos(a^n\pi x)$ 是一个连续函数, 但它处处不可导. 因此, 处处连续处处不可导的函数是存在的.

2. 设 $z=f(x,y)$ 在含有点 (x_0,y_0) 的某个邻域内定义, 若极限

$$\lim_{x\to x_0}\frac{f(x,y_0)-f(x_0,y_0)}{x-x_0}$$

存在且有限, 则称 $z=f(x,y)$ 在 (x_0,y_0) 点具有关于 x 的偏导数, 该极限值就是偏导数的数值, 记为

$$\left.\frac{\partial z}{\partial x}\right|_{(x_0,y_0)} \quad 或 \quad z'_x(x_0,y_0).$$

同样可以定义 $z=f(x,y)$ 在 (x_0,y_0) 点关于 y 的偏导数:

$$\left.\frac{\partial z}{\partial y}\right|_{(x_0,y_0)} \quad 或 \quad z'_y(x_0,y_0).$$

如果定义 $z=f(x,y)$ 在区域 D 中每一点 (x,y) 都有关于 x 的偏导数, 则在 D 上定义了一个函数 $f'_x(x,y)$. 若它在点 $(x_0,y_0)\in D$ 有关于 x 的偏导数

$\left.\dfrac{\partial f'_x(x,y)}{\partial x}\right|_{(x_0,y_0)}$, 则称之为 $f(x,y)$ 在 (x_0,y_0) 点关于 x 的二阶偏导数, 记为

$$\left.\frac{\partial^2 f(x,y)}{\partial x^2}\right|_{(x_0,y_0)} \quad \text{或} \quad z''_{xx}(x_0,y_0).$$

同样可以定义

$$\frac{\partial^2 f(x,y)}{\partial x \partial y}, \quad \frac{\partial^2 f(x,y)}{\partial y \partial x}, \quad \frac{\partial^2 f(x,y)}{\partial y^2},$$

以及更高阶的偏导数.

偏导数具有明确的几何意义. 例如, $f'_x(x_0,y_0)$ 是曲面 $z = f(x,y)$ 与平面 $y = y_0$ 的交线在点 (x_0,y_0) 的切线的斜率.

容易看出, 求 $z = f(x,y)$ 在 (x_0,y_0) 的关于 x (或 y) 的偏导数时, 实际上是对一元函数 $z = f(x,y_0)$(或 $z = f(x_0,y)$) 在 $x = x_0$ (或 $y = y_0$) 求导数, 考察的是当点 (x,y) 沿着特殊直线 $y = y_0$(或 $x = x_0$) 变化时的函数的变化性质. 由此观察容易理解, $z = f(x,y)$ 在 (x_0,y_0) 的两个偏导数存在时, 可以知道 $z = f(x,y)$ 是关于 x 或 y 的单变量连续函数, 但未必是双变量连续函数.

一般地, 在求高阶偏导数时, 不能随意变动求偏导数的顺序, 即高阶偏导数与求导顺序有关. 但是有下面的定理.

定理 3.1　若函数 $z = f(x,y)$ 的两个混合二阶偏导数 $f''_{xy}(x,y)$ 和 $f''_{yx}(x,y)$ 都在点 (x_0,y_0) 连续, 则

$$f''_{xy}(x_0,y_0) = f''_{yx}(x_0,y_0).$$

3. 微分的定义.

若函数 $y = f(x)$ 在点 x_0 的某个邻域 $U(x_0,\delta)$ 的增量 $\Delta y = f(x_0+\Delta x) - f(x_0)$ 能表示为

$$\Delta y = A\Delta x + o(\Delta x),$$

其中 A 仅与 x_0 有关, 则称函数 $y = f(x)$ 在 x_0 可微, $A\Delta x = A\mathrm{d}x$ 为 $f(x)$ 在 x_0 的微分, 记为 $\mathrm{d}y|_{x=x_0}$ 或 $\mathrm{d}f|_{x=x_0}$, 即 $\mathrm{d}y|_{x=x_0} = A\Delta x$.

若 $f(x)$ 在区间 I 上每一点可微, 则称 f 是 I 上的可微函数, 记为 $\mathrm{d}y$ 或 $\mathrm{d}f$, 这时有 $\mathrm{d}y = f'(x)\mathrm{d}x$.

高阶微分: 函数 f 的 $n-1$ 阶微分的微分称为 f 的 n 阶微分, 记为 $\mathrm{d}^n y$, 即 $\mathrm{d}^n y = y^{(n)}\mathrm{d}x^n$.

设 $z = f(x,y)$ 在含有点 (x_0,y_0) 的某个邻域内有定义, 如果存在常数 A, B, 使得

$$f(x_0+\Delta x, y_0+\Delta y) - f(x_0,y_0) = A\Delta x + B\Delta y + o(\sqrt{(\Delta x)^2+(\Delta y)^2}),$$

则称 $z=f(x,y)$ 在点 (x_0,y_0) 可微, $A\Delta x+B\Delta y=A\mathrm{d}x+B\mathrm{d}y$ 为它的全微分. 记为 $\mathrm{d}z=A\mathrm{d}x+B\mathrm{d}y$.

若 $z=f(x,y)$ 在点 (x_0,y_0) 可微, 则它在点 (x_0,y_0) 的偏导数 $f'_x(x_0,y_0)$ 和 $f'_y(x_0,y_0)$ 都存在, 且 $\mathrm{d}z=f'_x(x_0,y_0)\mathrm{d}x+f'_y(x_0,y_0)\mathrm{d}y$.

下面两个条件都是 $z=f(x,y)$ 在点 (x_0,y_0) 可微的必要但不充分条件:

(1) $z=f(x,y)$ 在点 (x_0,y_0) 的偏导数 $f'_x(x_0,y_0)$ 和 $f'_y(x_0,y_0)$ 都存在;

(2) $z=f(x,y)$ 在点 (x_0,y_0) 连续.

如果 $f'_x(x_0,y_0)$ 和 $f'_y(x_0,y_0)$ 都存在, 并不能推出 $z=f(x,y)$ 在点 (x_0,y_0) 可微. 例如, 对于函数 $z=\sqrt{|xy|}$, 有

$$f'_x(0,0)=f'_y(0,0)=0,$$

但是它在 $(0,0)$ 不可微.

定理 3.2 若在 (x_0,y_0) 的某个邻域内, $z=f(x,y)$ 的两个偏导数 $\dfrac{\partial z}{\partial x}$ 与 $\dfrac{\partial z}{\partial y}$ 都存在, 且在 (x_0,y_0) 连续, 则 $z=f(x,y)$ 在点 (x_0,y_0) 可微.

当然, 是 $z=f(x,y)$ 在点 (x_0,y_0) 可微, 它的两个偏导数未必是连续的. 例如,

$$z=f(x,y)=\begin{cases}(x^2+y^2)\sin\dfrac{1}{x^2+y^2}, & x^2+y^2\neq 0,\\ 0, & x^2+y^2=0\end{cases}$$

在 $(0,0)$ 的两个偏导数不连续, 但 $z=f(x,y)$ 在该点可微.

3.1.2 求导法则

1. 四则运算.

$$(f(x)\pm g(x))'=f'(x)\pm g'(x);$$

$$(f(x)g(x))'=f'(x)g(x)+f(x)g'(x);$$

$$\left(\frac{f(x)}{g(x)}\right)'=\frac{f'(x)g(x)-f(x)g'(x)}{g^2(x)}.$$

2. 反函数与隐函数的求导.

(1) 设函数 $y=f(x)$ 在点 x_0 可导且 $f'(x_0)\neq 0$, 又设 $f(x)$ 在 x_0 的某个邻域内连续且单调, 则其反函数 $x=\varphi(y)$ 在点 $y_0=f(x_0)$ 可导, 且 $\varphi'(y_0)=\dfrac{1}{f'(x_0)}$.

(2) 设 $F_x'(x,y)$ 与 $F_y'(x,y)$ 在区域 $D := \{(x,y) : |x-x_0| \leqslant a, |y-y_0| \leqslant b\}$ 上是连续的, 而且 $F_y'(x_0,y_0) \neq 0, F(x_0,y_0)=0$, 则存在 $\delta > 0$, 在 $|x-x_0| \leqslant \delta$ 内可以定义唯一一个函数 $y=f(x)$, 使得 $f(x_0)=y_0$, 而且对于 $x \in (x_0-\delta, x_0+\delta)$, 有

$$F(x,f(x))=0,\ \ y'=f'(x)=-\frac{F_x'(x,y)}{F_y'(x,y)}.$$

(3) 设在含有点 (x_0,y_0,u_0,v_0) 的区域 D 内, 函数 $F(x,y,u,v)$ 与 $G(x,y,u,v)$ 都具有对各个变量的连续偏导数, 而且

$$F(x_0,y_0,u_0,v_0)=0, \quad G(x_0,y_0,u_0,v_0)=0,$$

$$J=\frac{D(F,G)}{D(u,v)}\Big|_{(x_0,y_0,u_0,v_0)} \neq 0,$$

其中 J 是 Jacobi 行列式, 则存在 (x_0,y_0) 的某个邻域 Δ, 在 Δ 中可以唯一确定连续函数 $u=u(x,y), v=v(x,y)$, 使得

$$u_0=u(x_0,y_0), \quad v_0=v(x_0,y_0),$$

而且在 Δ 内有

$$F(x,y,u(x,y),v(x,y)) \equiv 0;$$

$$G(x,y,u(x,y),v(x,y)) \equiv 0;$$

$$\frac{\partial u}{\partial x}=-\frac{1}{J}\frac{D(F,G)}{D(x,v)}, \quad \frac{\partial v}{\partial x}=-\frac{1}{J}\frac{D(F,G)}{D(u,x)},$$

$$\frac{\partial u}{\partial y}=-\frac{1}{J}\frac{D(F,G)}{D(y,u)}, \quad \frac{\partial v}{\partial y}=-\frac{1}{J}\frac{D(F,G)}{D(u,y)}.$$

3. 复合函数的求导.

(1) 设 $y=f(u)$ 在点 u 可导, $u=g(x)$ 在点 x 可导, 则函数 $y=f(g(x))$ 在点 x 可导, 而且

$$\frac{\mathrm{d}y}{\mathrm{d}x}=\frac{\mathrm{d}y}{\mathrm{d}u}\frac{\mathrm{d}u}{\mathrm{d}x}=\frac{\mathrm{d}f(u)}{\mathrm{d}u}\frac{\mathrm{d}g(x)}{\mathrm{d}x};$$

$$\mathrm{d}(f(g(x)))=f'(u)g'(x)\mathrm{d}x=f'(u)\mathrm{d}u \quad (\text{一阶微分的形式不变性}).$$

(2) 设 $u=f(x,y), x=\varphi(s,t), y=\psi(s,t)$, 又设 $\dfrac{\partial x}{\partial t}, \dfrac{\partial y}{\partial t}, \dfrac{\partial x}{\partial s}, \dfrac{\partial y}{\partial s}$ 在点 (s,t) 都存在, 而且 $f(x,y)$ 在相应于 (s,t) 的点 (x,y) 可微, 则

$$\frac{\partial u}{\partial t}=\frac{\partial u}{\partial x}\cdot\frac{\partial x}{\partial t}+\frac{\partial u}{\partial y}\cdot\frac{\partial y}{\partial t},$$

$$\frac{\partial u}{\partial s}=\frac{\partial u}{\partial x}\cdot\frac{\partial x}{\partial s}+\frac{\partial u}{\partial y}\cdot\frac{\partial y}{\partial s}.$$

特别地, 如果

$$u=f(x,y),\quad x=\varphi(t),\quad y=\psi(t),$$

那么

$$\frac{\mathrm{d}u}{\mathrm{d}t}=\frac{\partial u}{\partial x}\varphi'(t)+\frac{\partial u}{\partial y}\psi'(t).$$

4. Leibniz(莱布尼茨) 公式.

$$(f(x)g(x))^{(n)}=\sum_{k=0}^{n}\mathrm{C}_n^k f^{(n-k)}(x)g^{(k)}(x),\quad \mathrm{C}_n^k \text{ 是二项式系数.}$$

3.1.3 基本定理

1. 中值定理.

(1) (Fermat(费马)) 设 $\delta>0$, 对于 $x\in(x_0-\delta,x_0+\delta)$ 恒有

$$f(x)\leqslant f(x_0)\quad 或\quad f(x)\geqslant f(x_0),$$

那么, 当 $f'(x_0)$ 存在时, 必有 $f'(x_0)=0$.

(2) (Lagrange) 设 $f(x)$ 在 $[a,b]$ 连续, 在 (a,b) 内可导, 则必有一点 $\xi\in(a,b)$, 使得

$$f'(\xi)=\frac{f(b)-f(a)}{b-a}.$$

(3) (Cauchy) 设 $f(x)$ 与 $g(x)$ 在 $[a,b]$ 连续, 在 (a,b) 内可导且 $g'(x)\neq 0$, 则必有 $\xi\in(a,b)$ 使得

$$\frac{f(b)-f(a)}{g(b)-g(a)}=\frac{f'(\xi)}{g'(\xi)}.$$

2. Taylor 公式.

记

$$f(x)=f(x_0)+f'(x_0)(x-x_0)+\cdots+\frac{f^{(n)}(x_0)}{n!}(x-x_0)^n+R_n(x),$$

其中 $R_n(x)$ 为 Taylor 公式的余项.

(1) 若 $f^{(n)}(x_0)$ 存在, 则

$$R_n(x)=o((x-x_0)^n),\quad x\to x_0 \text{ (Peano(佩亚诺) 余项).}$$

(2) 若 $f^{(n)}(t)$ 在 $[x_0,x]$(或 $[x,x_0]$) 上连续, $f^{(n+1)}(t)$ 在 (x_0,x)(或 (x,x_0)) 上存在, 则

$$R_n(x)=\frac{f^{(n+1)}(\xi)}{(n+1)!}(x-x_0)^{n+1},$$

其中 ξ 在 x_0 与 x 之间 (Lagrange 余项).

(3) Cauchy 型余项

$$R_n(x)=\frac{f^{(n+1)}(\xi)}{n!}(x-\xi)^n(x-x_0).$$

(4) 设二元函数 $u=f(x,y)$ 在点 (x_0,y_0) 的某个邻域内对 x 和 y 具有 $n+1$ 阶连续偏导数, 则

$$\begin{aligned}&f(x_0+h,y_0+k)\\=&f(x_0,y_0)+\left(h\frac{\partial}{\partial x}+k\frac{\partial}{\partial y}\right)f(x_0,y_0)\\&+\frac{1}{2!}\left(h\frac{\partial}{\partial x}+k\frac{\partial}{\partial y}\right)^2f(x_0,y_0)+\cdots+\frac{1}{n!}\left(h\frac{\partial}{\partial x}+k\frac{\partial}{\partial y}\right)^nf(x_0,y_0)\\&+\frac{1}{(n+1)!}\left(h\frac{\partial}{\partial x}+k\frac{\partial}{\partial y}\right)^{n+1}f(x_0+\theta h,y_0+\theta k),\quad 0<\theta<1,\end{aligned}$$

这里

$$\left(h\frac{\partial}{\partial x}+k\frac{\partial}{\partial y}\right)^pf(x,y)=\sum_{r=0}^{p}\mathrm{C}_p^rh^{p-r}k^r\frac{\partial^pf}{\partial x^{p-r}\partial y^r}.$$

3.1.4 导数的应用

1. 在几何学中的应用.

(1) 平面曲线 $y=f(x)$ 过点 $(x_0,f(x_0))$ 的切线方程与法线方程分别是

$$y-f(x_0)=f'(x_0)(x-x_0)$$

与

$$y-f(x_0)=-\frac{1}{f'(x_0)}(x-x_0).$$

(2) 设 $f(x)$ 在 $[a,b]$ 上二次可导, 则平面曲线 $y=f(x)$ 在点 $(x_0,f(x_0))$ 处的曲率为

$$k=\left|\frac{f''(x_0)}{(1+(f'(x_0))^2)^{3/2}}\right|.$$

(3) 设 $M_0(x_0,y_0,z_0)$ 是空间曲线

$$x=x(t),\quad y=y(t),\quad z=z(t)$$

上对应于参数 $t=t_0$ 的一点, 则此曲线在点 M_0 处的切线方程和法平面方程分别为

$$\frac{x-x_0}{x'(t_0)}=\frac{y-y_0}{y'(t_0)}=\frac{z-z_0}{z'(t_0)}$$

与

$$x'(t_0)(x-x_0)+y'(t_0)(y-y_0)+z'(t_0)(z-z_0)=0.$$

(4) 设 $M_0(x_0,y_0,z_0)$ 是曲面 $F(x,y,z)=0$ 上的点, 则此曲面在点 M_0 的法线方程与切平面方程分别是

$$\frac{x-x_0}{F'_x(M_0)}=\frac{y-y_0}{F'_y(M_0)}=\frac{z-z_0}{F'_z(M_0)}$$

与

$$F'_x(M_0)(x-x_0)+F'_y(M_0)(y-y_0)+F'_z(M_0)(z-z_0)=0.$$

特别地, 若曲面方程为 $z=f(x,y)$, 则法线方程与切平面方程分别是

$$\frac{x-x_0}{f'_x(x_0,y_0)}=\frac{y-y_0}{f'_y(x_0,y_0)}=-(z-z_0)$$

与

$$f'_x(x_0,y_0)(x-x_0)+f'_y(x_0,y_0)(y-y_0)-(z-z_0)=0.$$

2. 函数的单调性.

设区间 I 上的连续函数 $f(x)$ 在 I 的内点处处可微, 则有

(1) f 在区间 I 上的单调函数的充分必要条件是导函数不变号.

(2) f 在区间 I 上的严格单调函数的充分必要条件是除了导函数不变号外, 集合 $\{x\in I: f'(x)=0\}$ 中不包含任何长度大于零的区间.

虽然函数的单调性与导数有密切关系, 但是仅仅由一个点上的导数符号不能得出该点的一个充分小的邻域内具有单调性. 例如, 令

$$f(x)=\begin{cases}x+2x^2\sin\dfrac{1}{x}, & x\neq 0,\\ 0, & x=0.\end{cases}$$

则易求出 $f'(0)=1>0$, 且

$$f'(x)=1+4x\sin\frac{1}{x}-2\cos\frac{1}{x},\quad x\neq 0.$$

取 $x=\dfrac{1}{n\pi}$, 则有

$$f'\left(\frac{1}{n\pi}\right)=1-2(-1)^n,$$

可见在 $x=0$ 的任意邻近导函数 $f'(x)$ 都不保号. 因此在 $x=0$ 的任一邻域内 f 都不是单调的.

注　在任何一个区间上的不单调的连续函数和可微函数是存在的.

3. 函数极值问题.

(1) 设 f 在 x_0 的某个邻域内连续, 若 x_0 是 $f(x)$ 的极值点, 则要么 $f'(x_0)=0$, 要么 $f'(x_0)$ 不存在.

如果存在 $\delta>0$ 使得 f 在 $(x_0-\delta,x_0+\delta)$ 中可导, 且 f' 在 $(x_0-\delta,x_0)$ 和 $(x_0,x_0+\delta)$ 的符号相反, 那么 x_0 是 f 的极值点.

若函数 f 在 x_0 处二阶可导, $f'(x_0)=0, f''(x_0)\neq 0$, 则 x_0 一定是极值点. 此时, 若 $f''(x_0)>0$, 则 x_0 是极小值点, 若 $f''(x_0)<0$, 则 x_0 是极大值点.

若函数 f 在 x_0 处 n 阶可导, $f'(x_0)=f''(x_0)=\cdots=f^{(n-1)}(x_0)=0$, 但 $f^{(n)}(x_0)\neq 0$, 则有以下结论:

(a) 若 n 为奇数, 则 x_0 一定不是极值点.

(b) 若 n 为偶数, 则 x_0 一定是 f 的极值点. 若 $f^{(n)}(x_0)>0$, 则 x_0 是极小值点; 若 $f^{(n)}(x_0)<0$, 则 x_0 是极大值点.

(2) 设 (x_0,y_0) 是 $f(x,y)$ 的极值点, 则或者 $f'_x(x_0,y_0)=f'_y(x_0,y_0)=0$, 或者两个偏导数中至少有一个不存在.

如果 $f(x,y)$ 的所有二阶偏导数都在点 (x_0,y_0) 的某个邻域内可导, 且

$$f'_x(x_0,y_0)=f'_y(x_0,y_0)=0,$$

$$f''_{xx}(x_0,y_0)f''_{yy}(x_0,y_0)-(f''_{xy}(x_0,y_0))^2>0,$$

则当 $f''_{xx}(x_0,y_0)<0$ 时, $f(x,y)$ 在 (x_0,y_0) 取到极大值; 当 $f''_{xx}(x_0,y_0)>0$ 时, $f(x,y)$ 在 (x_0,y_0) 取到极小值.

(3) Lagrange 乘数法.

设 $F(x_1,x_2,\cdots,x_n)$ 及 $G_i(x_1,x_2,\cdots,x_n)(1\leqslant i\leqslant m)$ 在点 $p_0(x_1^0,x_2^0,\cdots,x_n^0)$ 的某个邻域内都具有一阶连续偏导数, 而且矩阵

$$\left(\frac{\partial G_i}{\partial x_i}\right)_{ij}\bigg|_{p_0}=\left(\begin{array}{ccc}\dfrac{\partial G_1}{\partial x_1} & \cdots & \dfrac{\partial G_m}{\partial x_n}\\ \vdots & & \vdots\\ \dfrac{\partial G_1}{\partial x_n} & \cdots & \dfrac{\partial G_m}{\partial x_n}\end{array}\right)\Bigg|_{p_0}$$

的秩为 m. 如果 $F(x_1,x_2,\cdots,x_n)$ 在条件

$$G_i(x_1,x_2,\cdots,x_n)=0,\quad 1\leqslant i\leqslant m$$

下在 p_0 达到极值, 则必有数 $\lambda_1^0,\lambda_2^0,\cdots,\lambda_m^0$, 使得 $(x_1^0,x_2^0,\cdots,x_n^0,\lambda_1^0,\lambda_2^0,\cdots,\lambda_m^0)$ 满足方程组

$$\begin{cases}\dfrac{\partial\varphi}{\partial x_i}=0, & 1\leqslant i\leqslant n,\\ \dfrac{\partial\varphi}{\partial\lambda_i}=0, & 1\leqslant i\leqslant m,\end{cases}$$

其中

$$\varphi(x_1,x_2,\cdots,x_n,\lambda_1,\lambda_2,\cdots,\lambda_m)=F(x_1,x_2,\cdots,x_n)+\sum_{i=1}^{m}\lambda_iG_i(x_1,x_2,\cdots,x_n).$$

用 Lagrange 乘数法只是找到可能的条件极值点, 至于是否极值点, 尚需要进一步判定. 但是在实际应用中, 结合问题本身的意义, 常是容易判断的.

3.2 函数的可微性和导数的计算

例 3.1 设 $f(x)$ 在 $x=x_0$ 处可微, $\alpha_n<x_0<\beta_n$, $\alpha_n\neq\beta_n$, $\lim\limits_{n\to\infty}\alpha_n=\lim\limits_{n\to\infty}\beta_n=x_0$, 证明:

$$\lim_{n\to\infty}\frac{f(\beta_n)-f(\alpha_n)}{\beta_n-\alpha_n}=f'(x_0).$$

证明 显然,

$$\frac{f(\beta_n)-f(\alpha_n)}{\beta_n-\alpha_n}=\frac{\beta_n-x_0}{\beta_n-\alpha_n}\frac{f(\beta_n)-f(x_0)}{\beta_n-x_0}-\frac{\alpha_n-x_0}{\beta_n-\alpha_n}\frac{f(\alpha_n)-f(x_0)}{\alpha_n-x_0}.$$

因为 $f(x)$ 在 $x=x_0$ 处可微, $\lim\limits_{n\to\infty}\alpha_n=x_0$, 所以 $\lim\limits_{n\to\infty}\dfrac{f(\alpha_n)-f(x_0)}{\alpha_n-x_0}=f'(x_0)$, 从而存在一个 $\alpha=o(1)$, $n\to\infty$ 使得

$$\frac{f(\alpha_n)-f(x_0)}{\alpha_n-x_0}=f'(x_0)+\alpha,\quad n\to\infty.$$

同理存在一个 $\beta = o(1)$, $n \to \infty$ 使得

$$\frac{f(\beta_n) - f(x_0)}{\beta_n - x_0} = f'(x_0) + \beta, \quad n \to \infty.$$

因此

$$\begin{aligned}\frac{f(\beta_n) - f(\alpha_n)}{\beta_n - \alpha_n} &= \frac{\beta_n - x_0}{\beta_n - \alpha_n}(f'(x_0) + \beta) - \frac{\alpha_n - x_0}{\beta_n - \alpha_n}(f'(x_0) + \alpha) \\ &= f'(x_0) + \frac{\beta_n - x_0}{\beta_n - \alpha_n}\beta - \frac{\alpha_n - x_0}{\beta_n - \alpha_n}\alpha \to f'(x_0), \quad n \to \infty.\end{aligned}$$

例 3.2 设 $f(x) = \begin{cases} \sin^2 \pi x, & x \text{ 为有理数}, \\ 0, & x \text{ 为无理数}, \end{cases}$ 讨论 $f(x)$ 在 $(-\infty, +\infty)$ 上的可导性.

解 当 x 为整数时, $f(x) = 0$. 因此

$$\begin{aligned}\left|\frac{f(x+\Delta x) - f(x)}{\Delta x}\right| &= \frac{|f(x+\Delta x)|}{|\Delta x|} \leqslant \frac{\sin^2 \pi(x+\Delta x)}{|\Delta x|} \\ &\leqslant \pi^2 |\Delta x| \to 0, \quad \Delta x \to 0.\end{aligned}$$

这说明 $f'(x)$ 存在且有 $f'(x) = 0$.

当 x 为非整数的有理点时, $f(x) = \sin^2 \pi x \neq 0$. 取一列趋于 x 的无理数列 $\{\alpha_n\}$, 则有 $f(\alpha_n) = 0 \to 0, n \to \infty$. 同样, 取一列有理数列 $\{\beta_n\}$ 趋于 x, 则有 $f(\beta_n) = \sin^2 \pi\beta_n \to \sin^2 \pi x$. 这就说明 $f(x)$ 在 x 点的极限不存在. 因此 $f(x)$ 在 x 点不连续, 从而不可导.

同理, 当 x 为无理数时, $f(x)$ 在 x 点的极限也不存在. 因此 $f(x)$ 在 x 点也不连续、不可导.

注 从这个例子可以看出, 函数在可导点的邻域内未必连续.

例 3.3 求函数 $f(x) = 2\arctan x + \arcsin \dfrac{2x}{1+x^2}$ 的导数.

解 先考虑 $\arcsin \dfrac{2x}{1+x^2}$ 的导数. 当 $|x| \neq 1$ 时, $\left|\dfrac{2x}{1+x^2}\right| < 1$, 根据复合函数求导法则,

$$\left(\arcsin \frac{2x}{1+x^2}\right)' = \frac{1}{\sqrt{1 - \left(\dfrac{2x}{1+x^2}\right)^2}} \cdot \frac{2(1+x^2) - 4x^2}{(1+x)^2}$$

$$= \frac{2(1-x^2)}{(1+x^2)\sqrt{(1-x^2)^2}} = \frac{2(1-x^2)}{(1+x^2)|1-x^2|}$$

$$= \begin{cases} \dfrac{2}{1+x^2}, & |x|<1, \\ -\dfrac{2}{1+x^2}, & |x|>1, \end{cases}$$

在 $x=1$ 处, 根据洛必达法则

$$\lim_{x\to 1^-} \frac{\arcsin\dfrac{2x}{1+x^2}-\dfrac{\pi}{2}}{x-1} = \lim_{x\to 1^-} \frac{\dfrac{2}{1+x^2}}{1} = 1,$$

$$\lim_{x\to 1^+} \frac{\arcsin\dfrac{2x}{1+x^2}-\dfrac{\pi}{2}}{x-1} = \lim_{x\to 1^+} \frac{-\dfrac{2}{1+x^2}}{1} = -1.$$

因此, $\arcsin\dfrac{2x}{1+x^2}$ 在 $x=1$ 处不可导; 类似可以证明, 它在 $x=-1$ 处也不可导.

在 $(-\infty,+\infty)$ 上, $\arctan x$ 的导数为 $\dfrac{1}{1+x^2}$, 因此在 $|x|\neq 1$ 处, $f(x)$ 可导, 且

$$f'(x) = 2(\arctan x)' + \left(\arcsin\frac{2x}{1+x^2}\right)' = \begin{cases} \dfrac{4}{1+x^2}, & |x|<1, \\ 0, & |x|>1. \end{cases}$$

例 3.4 设 $f(x) = \begin{cases} \dfrac{\sin x}{x}, & x\neq 0, \\ 1, & x=0. \end{cases}$ 求 $f^{(k)}(0)$.

解 由于 $x\neq 0$ 时,

$$f(x) = \frac{\sin x}{x} = 1 - \frac{x^2}{3!} + \frac{x^4}{5!} + \cdots + (-1)^n \frac{x^{2n}}{(2n+1)!} + \cdots,$$

又

$$f(x) = f(0) + f'(0)x + \frac{1}{2!}f''(0)x^2 + \cdots + \frac{1}{n!}f^{(n)}(0)x^n + \cdots.$$

由 Taylor 级数展开式的唯一性, 比较上面两式的系数可得

$$f^{(k)}(0) = \begin{cases} (-1)^{\frac{k}{2}}\dfrac{1}{k+1}, & k \text{ 为偶数}, \\ 0, & k \text{ 为奇数}. \end{cases}$$

例 3.5 设 $y=\arctan x$, 求 $y^{(n)}(0)$.

解 由 Taylor 展开式得

$$y'=\frac{1}{1+x^2}=1-x^2+x^4-\cdots+(-1)^k x^{2k}+\cdots,\quad |x|<1,$$

所以,

$$y=x-\frac{1}{3}x^3+\frac{1}{5}x^5-\cdots+(-1)^k\frac{1}{2k+1}x^{2k+1}+\cdots,\quad |x|<1,$$

由 Taylor 展开式的唯一性及 Taylor 系数公式得

$$\frac{1}{n!}y^{(n)}(0)=\begin{cases}0, & n=2k,\\ (-1)^k\dfrac{1}{2k+1}, & n=2k+1,\end{cases}$$

即有

$$y^{(n)}(0)=\begin{cases}0, & n=2k,\\ (-1)^k(2k)!, & n=2k+1.\end{cases}$$

例 3.6 设函数 $f(x)$ 在 $x=0$ 连续, 并且 $\lim\limits_{x\to 0}\dfrac{f(2x)-f(x)}{x}=A$. 求证: $f'(0)$ 存在, 且 $f'(0)=A$.

证明 因为 $\lim\limits_{x\to 0}\dfrac{f(2x)-f(x)}{x}=A$, 所以

$$f(2x)-f(x)=Ax+o(x),$$

从而

$$f(x)-f\left(\frac{x}{2}\right)=A\frac{x}{2}+o\left(\frac{x}{2}\right),$$

$$f\left(\frac{x}{2}\right)-f\left(\frac{x}{4}\right)=A\frac{x}{2^2}+o\left(\frac{x}{2^2}\right),$$

$$f\left(\frac{x}{2^n}\right)-f\left(\frac{x}{2^{n+1}}\right)=A\frac{x}{2^{n+1}}+o\left(\frac{x}{2^{n+1}}\right).$$

于是

$$f(x)-f\left(\frac{x}{2^{n+1}}\right)=Ax\left(\frac{1}{2}+\frac{1}{2^2}+\cdots+\frac{1}{2^{n+1}}\right)+\sum_{k=1}^{n+1}o\left(\frac{x}{2^{n+1}}\right).$$

由 $f(x)$ 的连续性, 在上式两边令 $n\to\infty$, 得

$$f(x)-f(0)=Ax+o(x),\quad x\to 0.$$

因而, $\lim\limits_{x\to 0}\dfrac{f(x)-f(0)}{x}=A$.

例 3.7 设函数 $f(x)=\int_0^x \sin\frac{1}{t}\mathrm{d}t$, 且 $f(0)=0$, 求 $f'(0)$.

解 对任意 $x>0$,

$$\begin{aligned}f(x)&=\int_0^x \sin\frac{1}{t}\mathrm{d}t=\int_{\frac{1}{x}}^{+\infty}\frac{\sin u}{u^2}\mathrm{d}u\\&=\left.\frac{-\cos u}{u^2}\right|_{\frac{1}{x}}^{+\infty}-2\int_{\frac{1}{x}}^{+\infty}\frac{\cos u}{u^3}\mathrm{d}u\\&=x^2\cos\frac{1}{x}-2\int_{\frac{1}{x}}^{+\infty}\frac{\cos u}{u^3}\mathrm{d}u.\end{aligned}$$

于是

$$\begin{aligned}\left|\frac{f(x)-f(0)}{x-0}\right|&\leqslant\frac{1}{x}\left(x^2+2\int_{\frac{1}{x}}^{+\infty}\frac{1}{u^3}\mathrm{d}u\right)\\&=\frac{2x^2}{x}=2x.\end{aligned}$$

因此, $\lim\limits_{x\to 0^+}\dfrac{f(x)-f(0)}{x-0}=0$, 即 $f'_+(0)=0$.

当 $x<0$ 时,

$$\frac{f(x)-f(0)}{x-0}=\frac{1}{x}\int_0^x \sin\frac{1}{t}\mathrm{d}t=-\frac{1}{-x}\int_0^{-x}\sin\frac{1}{u}\mathrm{d}u.$$

于是

$$\lim_{x\to 0^-}\frac{f(x)-f(0)}{x-0}=-\lim_{x\to 0^+}\frac{1}{x}\int_0^x \sin\frac{1}{t}\mathrm{d}t=0,$$

即 $f'_-(0)=0$. 因此 $f'_-(0)=f'_+(0)=0$, 即 $f'(0)=0$.

3.3 导数介值性及其应用

例 3.8(达布定理) 若函数 $f(x)$ 在区间 I 上连续, 则它在 I 上的导数 $f'(x)$ 具有介值性质, 即如果 $[a,b]\subset I$, $f'(a)<\mu<f'(b)$ 或 $f'(a)>\mu>f'(b)$, 则存在 $\xi\in(a,b)$ 使得 $f'(\xi)=\mu$.

证明 只考虑 $f'(a) < \mu < f'(b)$ 的情形, 另一种情形类似可证. 设 $F(x) = f(x)-\mu x$, 则 $F(x)$ 在 $[a,b]$ 上可导, 且 $F'(a) = f'(a)-\mu < 0$, $F'(b) = f'(b)-\mu > 0$. 由于 $F(x)$ 在 $[a,b]$ 上连续, 故 $F(x)$ 在 $[a,b]$ 上存在最小值点 ξ. 如果 $\xi = a$, 那么 $\dfrac{F(x)-F(a)}{x-a} \geqslant 0$, $x \geqslant a$, 从而

$$F'(a) = \lim_{x\to a+0} \frac{F(x)-F(a)}{x-a} \geqslant 0.$$

这与 $F'(a) < 0$ 矛盾. 同理 $\xi = b$ 也不可能. 因此必有 $\xi \in (a,b)$, 即 ξ 是 $F(x)$ 的极小值点, 故 $F'(\xi) = f'(\xi) - \mu = 0$, 即有 $\mu = f'(\xi)$.

注 导数的介值性并不需要导函数连续, 这与连续函数的介值性不同.

例 3.9 设 $f(x)$ 在 $[0,1]$ 上可导, $f(0) = f'(0) = 0$, $f(1) = 2022$, 则存在 $\xi \in (0,1)$ 使得 $f'(\xi) = 2021$.

解 由题设, 利用 Lagrange 中值定理知, 存在 $\theta \in (0,1)$ 使得 $f'(\theta) = f(1) - f(0) = 2022$. 又因为 $f'(0) = 0$, 所以由达布定理知, 存在 $\xi \in (0,\theta) \subset (0,1)$ 使得 $f'(\xi) = 2021$.

例 3.10 设函数 $f(x)$ 在 $[a,b]$ 上连续, 在 (a,b) 内有二阶导数, 试证存在 $\xi \in (a,b)$ 使得

$$f(b) - 2f\left(\frac{a+b}{2}\right) + f(a) = \frac{(b-a)^2}{4} f''(\xi).$$

证明 **(方法一)** (辅助函数法) 记 $g(x) = f\left(x+\dfrac{b-a}{2}\right) - f(x)$, $x \in \left[a, \dfrac{a+b}{2}\right]$. 由题设条件知 $g(x)$ 在 $\left[a, \dfrac{a+b}{2}\right]$ 上连续, 在 $\left(a, \dfrac{a+b}{2}\right)$ 内有二阶导数. 利用 Lagrange 中值定理, 存在 $\theta \in \left(a, \dfrac{a+b}{2}\right)$ 使得

$$g\left(\frac{a+b}{2}\right) - g(a) = g'(\theta)\frac{b-a}{2} = \left(f'\left(\theta + \frac{b-a}{2}\right) - f'(\theta)\right)\frac{b-a}{2}.$$

因为 $f'(x)$ 在 $\left(\theta, \theta + \dfrac{b-a}{2}\right) \subset (a,b)$ 上可导, 再次利用 Lagrange 中值定理, 存在 $\xi \in \left(\theta, \theta + \dfrac{b-a}{2}\right)$ 使得

$$f'\left(\theta + \frac{b-a}{2}\right) - f'(\theta) = f''(\xi)\frac{b-a}{2}.$$

这样, 我们已经证明了存在 $\xi \in (a,b)$ 使得

$$g\left(\frac{a+b}{2}\right) - g(a) = f''(\xi)\frac{(b-a)^2}{4}.$$

上式结合 $g(x)$ 的定义即得到所需结论:

$$g\left(\frac{a+b}{2}\right) - g(a) = f(b) - 2f\left(\frac{a+b}{2}\right) + f(a) = \frac{(b-a)^2}{4}f''(\xi).$$

(方法二)(利用达布定理) 由题设, 存在 $\xi_1 \in \left(a, \frac{a+b}{2}\right)$, $\xi_2 \in \left(\frac{a+b}{2}, b\right)$ 使得

$$f(a) = f\left(\frac{a+b}{2}\right) + f'\left(\frac{a+b}{2}\right)\frac{a-b}{2} + \frac{1}{2}f''(\xi_1)\frac{(b-a)^2}{4},$$

$$f(b) = f\left(\frac{a+b}{2}\right) + f'\left(\frac{a+b}{2}\right)\frac{b-a}{2} + \frac{1}{2}f''(\xi_2)\frac{(b-a)^2}{4}.$$

两式相加得

$$f(b) - 2f\left(\frac{a+b}{2}\right) + f(a) = \frac{(b-a)^2}{4}\left(\frac{f''(\xi_1)+f''(\xi_2)}{2}\right).$$

由达布定理, 存在 $\xi \in (a,b)$ 使得 $f''(\xi) = \dfrac{f''(\xi_1)+f''(\xi_2)}{2}$, 因而

$$f(b) - 2f\left(\frac{a+b}{2}\right) + f(a) = \frac{(b-a)^2}{4}f''(\xi).$$

例 3.11 设函数 $f(x)$ 在 $[a,b]$ 上有三次可导, 求证: 存在 $\xi \in (a,b)$ 使得

$$f(b) = f(a) + f'\left(\frac{a+b}{2}\right)(b-a) + \frac{1}{24}f'''(\xi)(b-a)^3.$$

证明 **(方法一)**(待定系数法) 设 k 为使得下式成立的实数:

$$f(b) - f(a) - f'\left(\frac{a+b}{2}\right)(b-a) - \frac{1}{24}k(b-a)^3 = 0.$$

这时, 我们的问题归结为证明: 存在 $c \in (a,b)$ 使得

$$k = f'''(c).$$

令

$$g(x)=f(x)-f(a)-f'\left(\frac{a+x}{2}\right)(x-a)-\frac{1}{24}k(x-a)^3,$$

则 $g(x)$ 在 $[a,b]$ 上二次可导, 且 $g(a)=g(b)=0$. 根据 Rolle(罗尔) 定理, 存在 $\xi\in(a,b)$, 使得 $g'(\xi)=0$, 即有

$$f'(\xi)-f'\left(\frac{a+\xi}{2}\right)-f''\left(\frac{a+\xi}{2}\right)\frac{\xi-a}{2}-\frac{k}{8}(\xi-a)^2=0.$$

注意到 $f'(\xi)$ 在点 $\dfrac{a+\xi}{2}$ 的 Taylor 公式:

$$f'(\xi)=f'\left(\frac{a+\xi}{2}\right)+f''\left(\frac{a+\xi}{2}\right)\frac{\xi-a}{2}+\frac{1}{2}f'''(c)\left(\frac{\xi-a}{2}\right)^2.$$

因此, 有

$$k=f'''(c).$$

(方法二)(利用达布定理) 由题设, 存在 $\xi_1\in\left(a,\dfrac{a+b}{2}\right)$, $\xi_2\in\left(\dfrac{a+b}{2},b\right)$ 使得

$$f(a)=f\left(\frac{a+b}{2}\right)+f'\left(\frac{a+b}{2}\right)\frac{a-b}{2}+\frac{1}{2}f''\left(\frac{a+b}{2}\right)\frac{(b-a)^2}{4}+\frac{1}{6}f'''(\xi_1)\frac{(a-b)^3}{8},$$

$$f(b)=f\left(\frac{a+b}{2}\right)+f'\left(\frac{a+b}{2}\right)\frac{b-a}{2}+\frac{1}{2}f''\left(\frac{a+b}{2}\right)\frac{(b-a)^2}{4}+\frac{1}{6}f'''(\xi_2)\frac{(b-a)^3}{8}.$$

两式相减得

$$f(b)-f(a)-f'\left(\frac{a+b}{2}\right)(b-a)=\frac{(b-a)^3}{24}\left(\frac{f'''(\xi_1)+f'''(\xi_2)}{2}\right).$$

由达布定理, 存在 $\xi\in(a,b)$ 使得 $f'''(\xi)=\dfrac{f'''(\xi_1)+f'''(\xi_2)}{2}$, 因而

$$f(b)-f(a)-f'\left(\frac{a+b}{2}\right)(b-a)-\frac{(b-a)^3}{24}f'''(\xi)=0.$$

注 从上面两题的方法二可以看出, 这两个题目本质上是一样的. 对更高阶可导的情形不难得到类似的结论.

例 3.12 设函数 $f(x)$ 在 $[a,b]$ 上有二阶连续导数, 求证: 存在 $\xi \in (a,b)$ 使得

$$\int_a^b f(x)\mathrm{d}x = (b-a)f\left(\frac{a+b}{2}\right) + \frac{1}{24}f''(\xi)(b-a)^3.$$

证明 令 $F(x) = \int_a^x f(t)\mathrm{d}t,\ x \in [a,b]$. 由题设条件, $F(x)$ 在 $[a,b]$ 上有三阶连续导数. 因此, 利用例 3.11 即得结论.

例 3.13 设函数 $f(x)$ 在 $(-\infty,+\infty)$ 上有三阶导数, 且 $f(-1)=0,\ f(1)=1, f'(0)=0$, 求证: $\sup\limits_{x\in(-1,1)}\{f'''(x)\} \geqslant 3$.

证明 由题设, 存在介于 0 和 x 之间的 ξ 使得

$$\begin{aligned} f(x) &= f(0) + f'(0)x + \frac{f''(0)}{2}x^2 + \frac{f'''(\xi)}{6}x^3 \\ &= f(0) + \frac{f''(0)}{2}x^2 + \frac{f'''(\xi)}{6}x^3. \end{aligned}$$

特别地,

$$1 = f(1) = f(0) + \frac{f''(0)}{2} + \frac{f'''(\xi_1)}{6}, \quad 0 < \xi_1 < 1,$$

$$0 = f(-1) = f(0) + \frac{f''(0)}{2} - \frac{f'''(\xi_2)}{6}, \quad -1 < \xi_2 < 0.$$

两式相减得

$$f'''(\xi_1) + f'''(\xi_2) = 6.$$

由达布定理, 存在 $\xi \in (\xi_1,\xi_2)$ 使得

$$f'''(\xi) = \frac{f'''(\xi_1) + f'''(\xi_2)}{2},$$

因而, $f'''(\xi) = 3$, 从而 $\sup\limits_{x\in(-1,1)}\{f'''(x)\} \geqslant 3$.

例 3.14 设 $f(x)$ 在 $(-\infty,+\infty)$ 具有二阶导数, 若 $f(x)$ 在 $(-\infty,+\infty)$ 上有界, 则存在 $\xi \in (-\infty,+\infty)$ 使得 $f''(\xi)=0$.

证明 首先证明 $f''(x)$ 在 $(-\infty,+\infty)$ 上不能恒正或恒负. 否则, 不妨设 $f''(x) > 0$, 则 $f'(x)$ 在 $(-\infty,+\infty)$ 上严格递增, 从而存在 $x_0 \in (-\infty,+\infty)$ 使得 $f'(x_0) \neq 0$. 由 Taylor 公式得

$$f(x) = f(x_0) + f'(x_0)(x-x_0) + \frac{1}{2}f''(\xi)(x-x_0)^2$$

$$\geqslant f(x_0)+f'(x_0)(x-x_0), \quad \xi \text{ 介于 } x \text{ 和 } x_0 \text{ 之间}.$$

因此, 若 $f'(x_0)>0$, 则有 $\lim\limits_{x\to+\infty} f(x)=+\infty$; 若 $f'(x_0)<0$, 则有 $\lim\limits_{x\to-\infty} f(x)=+\infty$. 这与 $f(x)$ 有界矛盾.

现在, 已经证明了 $f''(x)$ 在 $(-\infty,+\infty)$ 上不能恒正或恒负, 根据达布定理, 即知存在 $\xi\in(-\infty,+\infty)$ 使得 $f''(\xi)=0$.

3.4 微分中值定理的应用

例 3.15 设函数 $f(x)$ 在有穷或无穷的区间 (a,b) 中的任意一点 x 处有有限的导数 $f'(x)$, 且 $\lim\limits_{x\to a^+} f(x)=\lim\limits_{x\to b^-} f(x)$, 试证明在 (a,b) 中存在点 c, 使 $f'(c)=0$.

证明 当 (a,b) 为有穷区间时, 定义

$$F(x)=\begin{cases} f(x), & x\in(a,b),\\ A, & x=a \text{ 或 } b,\end{cases}$$

其中 $A=\lim\limits_{x\to a^+} f(x)=\lim\limits_{x\to b^-} f(x)$. 显然 $F(x)$ 在 $[a,b]$ 上连续, 在 (a,b) 内导数存在, 且有 $F(a)=F(b)$, 故由 Rolle 定理可知, 在 (a,b) 内至少存在一点 c, 使 $F'(c)=0$, 而在 (a,b) 内 $F'(x)=f'(x)$, 所以 $f'(c)=0, a<c<b$.

若 $a\to-\infty, b\to+\infty$, 令

$$x=\tan t, \quad -\frac{\pi}{2}<t<\frac{\pi}{2},$$

则由函数 $f(x)$ 与 $x=\tan t$ 组成的复合函数 $g(t)=f(\tan t)$ 在有穷区间 $\left(-\frac{\pi}{2},\frac{\pi}{2}\right)$ 内满足题设的条件. 仿前面的讨论易知: 至少存在一点 $t_0\in\left(-\frac{\pi}{2},\frac{\pi}{2}\right)$, 使 $g'(t_0)=f'(c)\sec^2 t_0=0$, 其中 $c=\tan t_0$. 由于 $\sec^2 t_0\neq 0$, 故 $f'(c)=0$.

若 a 为有限数, $b\to+\infty$, 令 $b_0>\max(a,0), x=\dfrac{(b_0-a)t}{b_0-t}$, 于是, 复合函数 $g(t)=f\left(\dfrac{(b_0-a)t}{b_0-t}\right)$ 在有穷区间 (a,b_0) 上满足题设条件, 仿前面的讨论, 可知存在 $t_0\in(a_0,b_0)$ 使

$$g'(t_0)=f'(c)\frac{b_0(b_0-a)}{(b_0-t_0)^2}=0,$$

其中 $c=\dfrac{t_0(b_0-a)}{b_0-t_0}$, 显然 $a<c<+\infty$. 由于

$$\frac{b_0(b_0-a)}{(b_0-t_0)^2}>0,$$

故 $f'(c)=0$.

对于 $a\to-\infty, b$ 为有限数的情形, 可类似地证明.

本题可以看作是 Rolle 定理的推广.

例 3.16 设函数 $f(x)$ 在 $(0,+\infty)$ 上可导, $f(0)=0$, 且 $0\leqslant f(x)\leqslant\dfrac{x}{1+x^2}$, 则存在 $\xi\in(0,+\infty)$, 使得 $f'(\xi)=\dfrac{1-\xi^2}{(1+\xi^2)^2}$.

证明 令 $F(x)=f(x)-\dfrac{x}{1+x^2}$. 则 $F(x)$ 在 $(0,+\infty)$ 上可导, $F(0)=F(+\infty)=0$. 由推广的 Rolle 定理知, 存在 $\xi\in(0,+\infty)$, 使得 $F'(\xi)=0$, 即

$$f'(\xi)=\frac{1-\xi^2}{(1+\xi^2)^2}.$$

例 3.17 如果 $f(x)$ 在 (a,b) 内可导, 则导函数在 (a,b) 内至多有第二类间断点.

证明 假设 x_0 是 $f'(x)$ 的任意一个间断点, 只要证明 $\lim\limits_{x\to x_0^+}f'(x)$ 与 $\lim\limits_{x\to x_0^-}f'(x)$ 至少有一个不存在. 事实上, 若 $\lim\limits_{x\to x_0^+}f'(x)$ 与 $\lim\limits_{x\to x_0^-}f'(x)$ 均存在, 则由导数定义及 Lagrange 中值定理知

$$f'(x_0)=f'_+(x_0)=\lim_{x\to x_0^+}\frac{f(x)-f(x_0)}{x-x_0}=\lim_{x\to x_0^+}f'(\xi)=\lim_{\xi\to x_0^+}f'(\xi),$$

$$f'(x_0)=f'_-(x_0)=\lim_{x\to x_0^-}\frac{f(x)-f(x_0)}{x-x_0}=\lim_{x\to x_0^-}f'(\eta)=\lim_{\eta\to x_0^-}f'(\eta),$$

即

$$\lim_{x\to x_0^+}f'(x)=\lim_{x\to x_0^-}f'(x)=f'(x_0),$$

这与 x_0 是 $f'(x)$ 的间断点矛盾.

注 由上例可知, 如果 $f(x)$ 在区间 (a,b) 内可导且 $f'(x)$ 在 (a,b) 内单调, 则 $f'(x)$ 在 (a,b) 内连续.

例 3.18 设 $f(x)$ 是定义在 $[a,b]$ 上的单调函数. 证明: 若 $f(x)$ 在 $[a,b]$ 上不连续, 则 $f(x)$ 在 $[a,b]$ 上的不定积分不存在.

证明 (方法一) 设 $x_0 \in (a,b)$ 是 $f(x)$ 的一个不连续点, 因为 $f(x)$ 在 $[a,b]$ 上单调, 所以有

$$f(x_0+0) \neq f(x_0-0).$$

设 $F(x)$ 为 $f(x)$ 的一个原函数. 则对任意 $h>0$, 由微分中值定理, 有

$$\frac{F(x_0+h)-F(x_0)}{h} = F'(x_0+\theta h) = f(x_0+\theta h) \to f(x_0+0), \quad h \to 0^+.$$

因此,

$$F'_+(x_0) = \lim_{h\to 0^+} \frac{F(x_0+h)-F(x_0)}{h} = f(x_0+0).$$

同理, $F'_-(x_0) = f(x_0-0)$.

这样就有 $F'_+(x_0) \neq F'_-(x_0)$, 所以 $F(x)$ 在点 x_0 不可导与 $F(x)$ 是原函数矛盾.

(方法二) 设 $F(x)$ 是 $f(x)$ 的原函数, 则 $F'(x)=f(x)$. 如果 $f(x)$ 有间断点 x_0, 则 $f(x_0+0) \neq f(x_0-0)$. 于是, $F'(x)$ 有非第二类间断点, 这不可能.

上例说明, 可积函数不一定有原函数.

例 3.19 设 $f(x) = \begin{cases} |x|, & x \neq 0, \\ 1, & x = 0. \end{cases}$ 证明: 不存在函数以 $f(x)$ 为其导函数.

证明 (方法一) 假设存在 $F(x)$ 使得 $F'(x)=f(x)$, 即

$$F'(x) = \begin{cases} x, & x>0, \\ 1, & x=0, \\ -x, & x<0, \end{cases}$$

则当 $x>0$ 时, $F(x)=\frac{1}{2}x^2+C_1$; 当 $x<0$ 时, $F(x) = -\frac{1}{2}x^2+C_2$.

由于 $F(x)$ 连续, 故 $C_1=C_2=F(0)$, 即

$$F(x) = \begin{cases} \frac{1}{2}x^2 + C_1, & x>0, \\ C_1, & x=0, \\ -\frac{1}{2}x^2 + C_1, & x<0. \end{cases}$$

所以 $\lim_{x\to 0^+} \frac{F(x)-F(0)}{x} = 0$, 即 $F'(0)=0$, 这与 $F'(x)$ 的表达式矛盾.

(方法二) 导函数至多有第二类间断点, 而 $x=0$ 是 $F'(x)=f(x)$ 的可去间断点, 故 $f(x)$ 无原函数.

例 3.20 设函数 $f(x)$ 在 $[0,1]$ 上连续, 在 $(0,1)$ 内可导, $f(0)=0$, 且存在 $0<a<1$ 使得 $\dfrac{1}{a}\displaystyle\int_0^a f(t)\mathrm{d}t=0$, 证明: 存在 $\xi\in(0,1)$ 使得 $f'(\xi)=0$.

证明 由积分中值定理知道, 存在 $\eta\in(0,a)\subset(0,1)$ 使得

$$\frac{1}{a}\int_0^a f(t)\mathrm{d}t=f(\eta)=0.$$

这样就有 $f(\eta)=f(0)=0$. 在 $[0,\eta]$ 上应用 Rolle 定理知道, 存在 $\xi\in(0,\eta)\subset(0,1)$ 使得 $f'(\xi)=0$.

例 3.21 设 $f(x)$ 在 $[0,1]$ 上连续, 在 $(0,1)$ 内可导, $f(0)=0, f(1)=1$, 则对任意正数 a,b, 证明:

(1) 存在 $\xi,\eta\in(0,1)$, $\xi\neq\eta$, 使得 $af'(\xi)+bf'(\eta)=a+b$.

(2) 存在 $\xi,\eta\in(0,1)$, $\xi\neq\eta$, 使得 $\dfrac{a}{f'(\xi)}+\dfrac{b}{f'(\eta)}=a+b$.

证明 (1) 记 $\alpha=\dfrac{a}{a+b}$, 则 $\dfrac{b}{a+b}=1-\alpha$. 由 Lagrange 中值定理知

$$f(\alpha)=f(\alpha)-f(0)=\alpha f'(\xi),\quad \xi\in(0,\alpha),$$

$$f(1)-f(\alpha)=(1-\alpha)f'(\eta),\quad \eta\in(\alpha,1).$$

两式相加, 得 $\alpha f'(\xi)+(1-\alpha)f'(\eta)=1$, $\xi\neq\eta$.

(2) 所证即 $\dfrac{\alpha}{f'(\xi)}+\dfrac{1-\alpha}{f'(\eta)}=1, 0<\alpha<1$. 因为 $f(0)=0<\alpha<1=f(1)$, 所以由连续函数的介值定理, 存在 $c\in(0,1)$ 使得 $f(c)=\alpha$. 利用 Lagrange 中值定理, 得

$$\alpha=f(c)-f(0)=cf'(\xi),\quad \xi\in(0,c),$$

$$1-\alpha=f(1)-f(c)=(1-c)f'(\eta),\quad \eta\in(c,1).$$

因此, $\dfrac{\alpha}{f'(\xi)}+\dfrac{1-\alpha}{f'(\eta)}=1$.

例 3.22 假定函数 $f(x)$ 在 $[a,b]$ 上二阶可微, $f(a)=f(b)=0$. 证明: 对每个 $x\in(a,b)$, 存在 $\xi\in(a,b)$ 使得

$$f(x)=\frac{f''(\xi)}{2}(x-a)(x-b).$$

证明 对任意固定的 $x \in (a,b)$, 令

$$\lambda = \frac{2f(x)}{(x-a)(x-b)},$$

$$F(t) = f(t) - \frac{\lambda}{2}(t-a)(t-b).$$

由于 $f(a) = f(b) = 0$, 故 $F(a) = F(b) = 0$. 又因为 $F(x) = 0$, 所以可在 $[a,x]$ 和 $[x,b]$ 上分别利用 Rolle 定理, 即存在 $\eta_1 \in (a,x)$, $\eta_2 \in (x,b)$ 使得

$$F'(\eta_1) = F'(\eta_2) = 0.$$

现在对 $F'(x)$ 在 $[\eta_1,\eta_2]$ 上利用 Rolle 定理, 知道存在 $\xi \in (\eta_1,\eta_2) \subset [a,b]$, 使得 $F''(\xi) = 0$, 即 $f''(\xi) = n$.

注 在利用中值定理解题时, 经常需要构造辅助函数, 此题中的辅助函数的构造方法具有指导意义.

例 3.23 假定函数 $f(x)$ 在 $[a,b]$ 上可微, $f(a) = 0$, 且存在一个实数 $A > 0$ 使得在 $[a,b]$ 上对所有 x 有 $|f'(x)| \leqslant A|f(x)|$. 证明: 在 $[a,b]$ 上 $f(x) \equiv 0$.

解 作 $[a,b]$ 的一个分割 $\Delta : a = x_0 < x_1 < \cdots < x_n = b$, 使得 $\|\Delta\| = \max\limits_{1\leqslant i\leqslant n} |x_i - x_{i-1}| < \dfrac{1}{2A}$. 在 $(x_0,x_1]$ 中任取一点 ξ_1, 由 Lagrange 中值定理知, 存在 $\xi_2 \in (x_0,\xi_1)$, 使得

$$\begin{aligned}|f(\xi_1)| &= |f(\xi_1) - f(x_0)| = |f'(\xi_2)||\xi_1 - x_0| \\ &\leqslant A|f(\xi_2)|\|\Delta\| < \frac{1}{2}|f(\xi_2)|.\end{aligned}$$

同理, 存在 $\xi_3 \in (x_0,\xi_2)$, 使得

$$|f(\xi_2)| < \frac{1}{2}|f(\xi_3)|.$$

一直下去, 可以得到 (x_0,x_1) 中的一列 $\{\xi_n\}$ 使得

$$|f(\xi_n)| < \frac{1}{2}|f(\xi_{n+1})|.$$

于是

$$|f(\xi_1)| < \frac{1}{2}|f(\xi_2)| < \frac{1}{4}|f(\xi_3)| < \cdots < \frac{1}{2^n}|f(\xi_{n+1})| < \frac{M}{2^n},$$

其中 M 是 $|f(x)|$ 在 $[a,b]$ 上的上界.

由上式即 $f(x)$ 的连续性即知 $f(\xi_1)=0$. 由 ξ_1 的任意性知道在 $(x_0,x_1]$ 上 $f(x)\equiv 0$, 在 $[x_1,x_2],\cdots,[x_{n-1},b]$ 上相继重复使用上述过程, 就可得到在每一个子区间 $[x_{i-1},x_i](i=1,2,\cdots,n)$ 上 $f(x)\equiv 0$. 因此证得在 $[a,b]$ 上 $f(x)\equiv 0$.

例 3.24 设函数 $f(x),g(x)$ 在 $[a,b]$ 上连续, $g(x)$ 在 (a,b) 内可导, 且 $g(a)=0$, 若有实数 $\lambda\neq 0$ 使得

$$|g(x)f(x)+\lambda g'(x)|\leqslant |g(x)|,\quad x\in(a,b),$$

证明: $g(x)\equiv 0$.

证明 由题设知

$$|\lambda g'(x)|\leqslant |g(x)|+|g(x)f(x)|.$$

于是,

$$|g'(x)|\leqslant \frac{1}{|\lambda|}\left(1+|f(x)|\right)|g(x)|\leqslant \frac{1+M}{|\lambda|}|g(x)|,$$

其中 M 为 $|f(x)|$ 在 $[a,b]$ 上的最大值. 现在利用例 3.23 的结论即知 $g(x)\equiv 0$.

例 3.25 设函数 $f(x)$ 在 $(-1,1)$ 内有二阶导数, $f(0)=f'(0)=0$, 且对 $x\in(-1,1)$, 有 $|f''(x)|\leqslant |f(x)|+|f'(x)|$, 则存在 $\delta>0$, 使得 $f(x)\equiv 0$, $x\in(-\delta,\delta)$.

证明 将函数 $f(x),f'(x)$ 在 $x=0$ 展开, 得

$$f(x)=f(0)+f'(0)x+\frac{f''(\xi)}{2}x^2,\quad \xi \text{ 介于 } 0 \text{ 与 } x \text{ 之间}.$$

$$f'(x)=f'(0)+f''(\eta)x,\quad \eta \text{ 介于 } 0 \text{ 与 } x \text{ 之间}.$$

于是

$$|f(x)|+|f'(x)|=\frac{1}{2}|f''(\xi)|x^2+|f''(\eta)|x.$$

取 $0<\delta<\dfrac{1}{2}$, 由 $|f(x)|+|f'(x)|$ 在 $[-\delta,\delta]$ 上连续知道, 存在 $x_0\in[-\delta,\delta]$ 使得

$$|f(x_0)|+|f'(x_0)|=\max_{x\in[-\delta,\ \delta]}\left(|f(x)|+|f'(x)|\right)=:M.$$

由题设条件,

$$\begin{aligned}M&=|f(x_0)|+|f'(x_0)|=\frac{1}{2}|f''(\xi_0)|x_0^2+|f''(\eta_0)|x_0\\&\leqslant \delta(|f''(\xi_0)|+|f''(\eta_0)|)\\&\leqslant \delta(|f(\xi_0)|+|f'(\xi_0)|+|f(\eta_0)|+|f'(\eta_0)|)\leqslant 2\delta M.\end{aligned}$$

因此, $M=0$, 从而 $f(x)\equiv 0$, $x\in(-\delta,\delta)$.

例 3.26 设函数 $f(x)$ 在 $[a,b]$ 上有二阶导数, $f'(a)=f'(b)=0$, 试证存在 $\xi\in(a,b)$ 使得

$$|f''(\xi)|\geqslant\frac{4}{(b-a)^2}|f(b)-f(a)|.$$

证明 将 $f\left(\frac{a+b}{2}\right)$ 分别在 $x=a$ 和 $x=b$ 展开, 得

$$\begin{aligned}f\left(\frac{a+b}{2}\right)&=f(a)+f'(a)\frac{b-a}{2}+\frac{1}{2}f''(\xi_1)\frac{(b-a)^2}{4}\\&=f(a)+\frac{1}{2}f''(\xi_1)\frac{(b-a)^2}{4},\quad \xi_1\in\left(a,\frac{a+b}{2}\right),\\f\left(\frac{a+b}{2}\right)&=f(b)+f'(b)\frac{a-b}{2}+\frac{1}{2}f''(\xi_2)\frac{(b-a)^2}{4}\\&=f(b)+\frac{1}{2}f''(\xi_2)\frac{(b-a)^2}{4},\quad \xi_2\in\left(\frac{a+b}{2},b\right).\end{aligned}$$

两式相减得

$$f(b)-f(a)=\frac{(b-a)^2}{8}(f''(\xi_1)-f''(\xi_2)).$$

于是

$$|f(b)-f(a)|\leqslant\frac{(b-a)^2}{8}(|f''(\xi_1)|+|f''(\xi_2)|)\leqslant\frac{(b-a)^2}{4}\max(|f''(\xi_1)|,|f''(\xi_2)|).$$

现在, 取 $\xi=\xi_1$ 或 ξ_2 使得 $|f''(\xi)|=\max(|f''(\xi_1)|,|f''(\xi_2)|)$, 则有

$$|f''(\xi)|\geqslant\frac{4}{(b-a)^2}|f(b)-f(a)|.$$

例 3.27 设 $f:[0,2]\to\mathbf{R}$ 二次可微且满足 $|f(x)|\leqslant 1$ 及 $|f''(x)|\leqslant 1$ $(x\in[0,2])$, 证明对一切 $x\in[0,2]$, $|f'(x)|\leqslant 2$ 成立.

证明 对一切 $x\in[0,2]$, 有

$$f(0)=f(x)+f'(x)(0-x)+\frac{f''(t_1)}{2}x^2,\quad 0<t_1<x,$$

$$f(2)=f(x)+f'(x)(2-x)+\frac{f''(t_2)}{2}(2-x)^2,\quad x<t_2<2,$$

因此,

$$2f'(x)=f(2)-f(0)-\frac{1}{2}(2-x)^2f''(t_2)+\frac{1}{2}x^2f''(t_1),$$

$$2|f'(x)| \leqslant |f(0)| + |f(2)| + \frac{1}{2}x^2|f''(t_1)| + \frac{1}{2}(2-x)^2|f''(t_2)|,$$

由题设,

$$2|f'(x)| \leqslant 2 + \frac{1}{2}[x^2 + (2-x)^2]. \tag{3.4.1}$$

容易验证, $g(x) = x^2 + (2-x)^2$ 的最大值为 4, 代入 (3.4.1) 式即可得到结论.

例 3.28 设在 $[0,a]$ 上, $|f''(x)| \leqslant M$, 且 $f(x)$ 在 $(0,a)$ 内取得最大值. 试证: $|f'(0)| + |f'(a)| \leqslant Ma$.

证明 因为 $f(x)$ 在 $(0,a)$ 内取得最大值, 故必存在 $c \in (0,a)$, 使得 $f'(c) = 0$. 由 Lagrange 中值定理, 有

$$f'(0) = f'(c) - f''(\xi_1)c = -f''(\xi_1)c, \quad \xi_1 \in (0,c),$$

$$f'(a) = f'(c) + f''(\xi_2)(a-c) = f''(\xi_2)(a-c), \quad \xi_2 \in (c,a),$$

于是

$$|f'(0)| = |f''(\xi_1)c| \leqslant Mc,$$

$$|f'(a)| = |f''(\xi_2)(a-c)| \leqslant M(a-c).$$

从而 $|f'(0)| + |f'(a)| \leqslant Ma$.

例 3.29 设函数 $f(x)$ 在 $[0,1]$ 上有二阶连续导数, $f(0) = f(1) = 0$, 并且当 $x \in (0,1)$ 时, $|f''(x)| \leqslant A$, 求证 $|f'(x)| \leqslant A/2$.

证明 任取 $x \in [0,1]$, 有

$$0 = f(0) = f(x) + f'(x)(0-x) + \frac{1}{2}f''(\xi)x^2,$$

$$0 = f(1) = f(x) + f'(x)(1-x) + \frac{1}{2}f''(\eta)(1-x)^2.$$

两式相减得到

$$f'(x) = \frac{1}{2}f''(\xi)x^2 - \frac{1}{2}f''(\eta)(1-x)^2.$$

因此,

$$|f'(x)| \leqslant \frac{A}{2}(x^2 + (1-x)^2) = \frac{A}{2}.$$

例 3.30 设 $f(x)$ 在 $(-\infty,+\infty)$ 上有二阶连续导数,

$$M_k := \sup_{-\infty<x<+\infty} |f^{(k)}(x)| < +\infty, \quad k = 0, 2,$$

求证: $M_1 := \sup\limits_{-\infty<x<+\infty} |f'(x)| < +\infty$, 而且 $M_1^2 \leqslant 2M_0M_2$.

证明 对 $\forall x \in (-\infty, +\infty)$ 及任意的实数 h, 由泰勒公式, 有

$$f(x+h) = f(x) + hf'(x) + \frac{1}{2}f''(\xi_1)h^2, \quad \xi_1 \text{ 在 } x \text{ 与 } x+h \text{ 之间},$$

$$f(x-h) = f(x) - hf'(x) + \frac{1}{2}f''(\xi_2)h^2, \quad \xi_2 \text{ 在 } x \text{ 与 } x-h \text{ 之间},$$

将上两式相减得

$$2hf'(x) = f(x+h) - f(x-h) + \frac{h^2}{2}\left[f''(\xi_2) - f''(\xi_1)\right],$$

所以

$$2h|f'(x)| \leqslant 2|hf'(x)| \leqslant 2M_0 + M_2h^2, \quad \forall x, h \in \mathbf{R}.$$

固定 h, 对上式关于 x 取上确界, 可得

$$M_2h^2 - 2M_1h + 2M_0 \geqslant 0, \quad \forall h \in \mathbf{R}.$$

上式是关于 h 的二次三项式, 由其判别式 $\Delta \leqslant 0$ 可得

$$M_1^2 \leqslant 2M_0M_2.$$

注 例 3.27—例 3.30 都属于知道函数值与二阶导数值估计中间的一阶导数值的问题.

例3.31 设函数 $f(x)$ 在 $(0, +\infty)$ 上有三阶导数, 且 $\lim\limits_{x\to+\infty} f(x)$ 和 $\lim\limits_{x\to+\infty} f'''(x)$ 存在, 则 $\lim\limits_{x\to+\infty} f'(x)$ 和 $\lim\limits_{x\to+\infty} f''(x)$ 也存在, 且

$$\lim_{x\to+\infty} f'(x) = \lim_{x\to+\infty} f''(x) = \lim_{x\to+\infty} f'''(x) = 0.$$

证明 对任意取定的 $x > 1$, 有

$$f(x+1) = f(x) + f'(x) + \frac{1}{2}f''(x) + \frac{1}{6}f'''(\theta_1), \quad \theta_1 \in (x, x+1),$$

$$f(x-1) = f(x) - f'(x) + \frac{1}{2}f''(x) - \frac{1}{6}f'''(\theta_2), \quad \theta_2 \in (x-1, x).$$

两式分别相加和相减得

$$f''(x) = f(x+1) + f(x-1) - 2f(x) - \frac{1}{6}f'''(\theta_1) + \frac{1}{6}f'''(\theta_2),$$

$$2f'(x) = f(x+1) - f(x-1) - \frac{1}{6}f'''(\theta_1) - \frac{1}{6}f'''(\theta_2),$$

两边令 $x \to \infty$, 即得

$$\lim_{x\to+\infty} f''(x) = 0,$$

$$\lim_{x\to+\infty} f'(x) = -\frac{1}{6}\lim_{x\to+\infty} f'''(x).$$

另一方面, 由

$$f(x+1) - f(x) = f'(\theta_3), \quad \theta_3 \in (x, x+1),$$

两边取极限得

$$\lim_{x\to+\infty} f'(x) = 0.$$

因此

$$\lim_{x\to+\infty} f'''(x) = -6\lim_{x\to+\infty} f'(x) = 0.$$

例 3.32 设 $f(x)$ 在 $[0,1]$ 上有二阶连续导数, 且 $f(0)=f(1)=0$, $\min\limits_{0\leqslant x\leqslant 1} f(x) = -1$, 证明: $\max\limits_{0\leqslant x\leqslant 1} f''(x) \geqslant 8$.

证明 用 Taylor 公式证明. 由题设 $f(x)$ 在 $[0,1]$ 上的最小值必在 $(0,1)$ 内取到, 即存在 $c\in(0,1)$, 使 $f(c)=-1$. 由 Fermat 引理知, $f'(c)=0$. 将 $f(x)$ 在 c 点作 Taylor 展开, 有

$$\begin{aligned} f(x) &= f(c) + f'(c)(x-c) + \frac{1}{2}f''(\xi)(x-c)^2 \\ &= f(c) + \frac{1}{2}f''(\xi)(x-c)^2, \quad \text{其中 } \xi \text{ 在 } x \text{ 与 } c \text{ 之间}. \end{aligned}$$

在上式中分别令 $x=0$, $x=1$ 可得

$$0 = f(0) = f(c) + \frac{1}{2}f''(\xi_1)c^2, \quad \xi_1 \in (0,c),$$

$$0 = f(1) = f(c) + \frac{1}{2}f''(\xi_2)(1-c)^2, \quad \xi_2 \in (c,1),$$

将两式相加可得

$$f''(\xi_1)c^2 + f''(\xi_2)(1-c)^2 = 4.$$

由此可知

$$\max_{0\leqslant x\leqslant 1} f''(x) \geqslant \frac{4}{c^2+(1-c)^2},$$

注意到 $\dfrac{1}{2} \leqslant c^2 + (1-c)^2 < 1$, 可得

$$\max_{0\leqslant x\leqslant 1} f''(x) \geqslant \max_{x\in(0,1)} \frac{4}{c^2+(1-c)^2} = 8.$$

例 3.33 设函数 $f(x)$ 在 $[0,1]$ 上二次可微, $f(0)=f(1)=0$, $\max\limits_{0\leqslant x\leqslant 1} f(x)=2$, 试证: $\min\limits_{0\leqslant x\leqslant 1} f''(x) \leqslant -16$.

证明 由题设, $f(x)$ 在 $[0,1]$ 上连续, 且在 $(0,1)$ 内取到最大值 2. 设 $x_0 \in (0,1)$ 为 $f(x)$ 的最大值点, 则 $f(x_0)=2$, $f'(x_0)=0$. 由 Taylor 公式知

$$0=f(0)=f(x_0)+\frac{1}{2}f''(\xi)x_0^2=2+\frac{1}{2}f''(\xi)x_0^2, \quad \xi\in(0,x_0),$$

$$0=f(1)=f(x_0)+\frac{1}{2}f''(\eta)(1-x_0)^2, \quad \eta\in(x_0,1).$$

因此

$$\min_{0\leqslant x\leqslant 1} f''(x) \leqslant \min(f''(\xi), f''(\eta)) = \min\left(-\frac{4}{x_0^2}, -\frac{4}{(1-x_0)^2}\right).$$

当 $x_0 \in \left[0, \dfrac{1}{2}\right)$ 时,

$$\min\left(-\frac{4}{x_0^2}, -\frac{4}{(1-x_0)^2}\right) = -\frac{4}{x_0^2} \leqslant -16.$$

当 $x_0 \in \left[\dfrac{1}{2}, 1\right]$ 时,

$$\min\left(-\frac{4}{x_0^2}, -\frac{4}{(1-x_0)^2}\right) = -\frac{4}{(1-x_0)^2} \leqslant -16.$$

3.5 函数可微性与不等式

例 3.34 求证: $\dfrac{\tan x}{x} > \dfrac{x}{\sin x}$, $x\in\left(0,\dfrac{\pi}{2}\right)$.

证明 只要证 $\sin x\tan x > x^2$. 令 $f(x)=\sin x\tan x - x^2$, 则

$$f'(x)=\cos x\tan x+\sin x\sec^2 x-2x,$$

$$f''(x)=-\sin x\tan x+2\cos x\sec^2 x-2\sin x\sec^2 x\tan x-2,$$

$$f'''(x) = \sin x(5\sec^2 x - 1) + 6\sin x \sec^4 x > 0,\quad x \in \left(0, \frac{\pi}{2}\right).$$

由于 $f(0) = f'(0) = f''(0) = 0$, 由 Taylor 公式得

$$f(x) = f(0) + f'(0)x + \frac{f''(0)}{2!}x^2 + \frac{f'''(\xi)}{3!}x^3 = \frac{f'''(\xi)}{3!}x^3 > 0,\qquad x \in \left(0, \frac{\pi}{2}\right).$$

例 3.35 证明不等式

$$\frac{x(1-x)}{\sin \pi x} < \frac{1}{\pi},\quad x \in (0,1).$$

证明 对任何 $x \in \left(0, \frac{1}{2}\right]$, 由 Cauchy 中值定理, 有

$$\frac{x(1-x)}{\sin \pi x} = \frac{x(1-x) - 0}{\sin \pi x - 0} = \frac{1-2\xi}{\pi \cos \pi\xi},\quad 0 < \xi \leqslant \frac{1}{2}.$$

记 $y = 1 - 2\xi$, 则 $0 < y < 1$. 利用 Jordan (若尔当) 不等式

$$\frac{2}{\pi} < \frac{\sin x}{x} < 1,\quad 0 < x < \frac{\pi}{2},$$

得到

$$\frac{1-2\xi}{\pi\cos\pi\xi} = \frac{y}{\pi\cos\dfrac{\pi(1-y)}{2}} = \frac{\dfrac{\pi y}{2}}{\sin\dfrac{\pi y}{2}} \cdot \frac{2}{\pi^2} < \frac{\pi}{2} \cdot \frac{2}{\pi^2} = \frac{1}{\pi},$$

因此

$$\frac{x(1-x)}{\sin \pi x} < \frac{1}{\pi},\ 0 < x \leqslant \frac{1}{2}.$$

如果 $x \in \left(\frac{1}{2}, 1\right)$, 令 $t = 1 - x$, 则 $0 < t < \frac{1}{2}$,

$$\frac{x(1-x)}{\sin \pi x} = \frac{t(1-t)}{\sin \pi t} < \frac{1}{\pi}.$$

结论得证.

例 3.36 证明不等式:

$$\frac{1}{2^{p-1}} \leqslant x^p + (1+x)^p \leqslant 1,\quad 0 \leqslant x \leqslant 1,\quad p > 1.$$

证明 由于函数 $F(x)=x^p+(1-x)^p$ 在 $[0,1]$ 上连续, 故必有最大值或最小值. 由 $F'(x)=px^{p-1}-p(1-x)^{p-1}=0$, 求得 $x=\dfrac{1}{2}$, 这是 $F(x)$ 的唯一稳定点. 再由 $F(0)=F(1)=1, F\left(\dfrac{1}{2}\right)=\dfrac{1}{2^{p-1}}<1$, 可知

$$\max_{0\leqslant x\leqslant 1}F(x)=1,\quad \min_{0\leqslant x\leqslant 1}F(x)=\frac{1}{2^{p-1}},$$

结论得证.

例 3.37 证明: 当 $0<x_1<x_2<\dfrac{\pi}{2}$ 时, 有 $\dfrac{\tan x_2}{\tan x_1}>\dfrac{x_2}{x_1}$.

证明 只要证明 $f(x)=\dfrac{\tan x}{x}$ 在 $\left(0,\dfrac{\pi}{2}\right)$ 上为严格单调递增即可, 亦即只要证明

$$f'(x)=\frac{x\sec^2 x-\tan x}{x^2}=\frac{2x-\sin 2x}{2x^2\cos^2 x}>0,\quad x\in\left(0,\frac{\pi}{2}\right).$$

当 $x\in\left(0,\dfrac{\pi}{2}\right)$ 时, 有 $0<2x<\pi$, 故有 $0<\sin 2x<2x$, 从而 $f'(x)>0$. 证毕.

例 3.38 设 $f''(x)>0,\ x_i\in[a,b],\ i=1,2,\cdots,n$, 证明

$$f\left(\frac{\sum\limits_{n=1}^{n}x_i}{n}\right)\leqslant\frac{1}{n}\sum_{n=1}^{n}f(x_i).$$

证明 记 $x_0:=\sum\limits_{n=1}^{n}\dfrac{x_i}{n}$, 把 $f(x_i)$ 在 x_0 展开, 注意到 $f''(x)>0$, 故

$$f(x_i)\geqslant f(x_0)+f'(x_0)(x_i-x_0),\quad i=1,2,\cdots,n.$$

对上述不等式两边对 i 从 1 到 n 求和得

$$\begin{aligned}\sum_{n=1}^{n}f(x_i)&\geqslant nf(x_0)+f'(x_0)\sum_{n=1}^{n}(x_i-x_0)\\&=nf(x_0)+f'(x_0)\left(\sum_{n=1}^{n}x_i-nx_0\right)\\&=nf(x_0)=nf\left(\frac{\sum\limits_{n=1}^{n}x_i}{n}\right).\end{aligned}$$

例 3.39 设 $x, y > 0$, 证明: $\dfrac{x^n + y^n}{2} \geqslant \left(\dfrac{x+y}{2}\right)^n$.

证明 令 $f(t) = t^n$, 则

$$f''(t) = n(n-1)t^{n-2} > 0, \quad t > 0.$$

因此, f 是凸函数, 从而

$$f\left(\frac{x+y}{2}\right) \leqslant \frac{f(x)+f(y)}{2},$$

亦即

$$\frac{x^n + y^n}{2} \geqslant \left(\frac{x+y}{2}\right)^n.$$

例 3.40 已知 $x \in [-\pi, \pi]$, 证明: $\left|\sin\dfrac{x}{2}\right| \geqslant \dfrac{|x|}{\pi}$.

证明 首先考虑 $x \geqslant 0$ 的情形. 令 $f(x) = \sin\dfrac{x}{2} - \dfrac{x}{\pi}$. 则 $f(x)$ 在 $[0, \pi]$ 上有连续的二阶导数, 且 $f(0) = f(\pi) = 0$. 因

$$f'(x) = \frac{1}{2}\cos\frac{x}{2} - \frac{1}{\pi}, \quad f''(x) = -\frac{1}{4}\sin\frac{x}{2} < 0, \quad x \in (0, \pi),$$

故曲线 $y = f(x)$ 在 $[0, \pi]$ 上是上凸的. 因此, 对任意的 $x \in (0, \pi)$, 存在 $\lambda > 0$, 使得

$$f(x) = f(\lambda \cdot 0 + (1-\lambda)\pi) \geqslant \lambda f(0) + (1-\lambda) f(\pi) = 0.$$

因此, $\sin\dfrac{x}{2} \geqslant \dfrac{x}{\pi}$, $x \in [0, \pi]$.

当 $x < 0$ 时, 同理可证 $-\sin\dfrac{x}{2} \geqslant -\dfrac{x}{\pi} (x \in [-\pi, 0])$.

综上, $\left|\sin\dfrac{x}{2}\right| \geqslant \dfrac{|x|}{\pi}$, $x \in [-\pi, \pi]$.

注 后三个例题中, 我们都利用了凸函数的性质. 凸函数在建立不等式中起着非常重要的作用, 有兴趣的读者可以阅读有关不等式的专著.

例 3.41 设 $f(x), g(x), \varphi(x)$ 都是 $[a, b]$ 上的连续函数, 且 $g(x)$ 单调递增, $\varphi(x)$ 非负, 对于任意 $x \in [a, b]$ 成立

$$f(x) \leqslant g(x) + \int_a^x \varphi(t) f(t) \mathrm{d}t. \tag{3.5.2}$$

证明: 对于任意 $x \in [a, b]$ 有

$$f(x) \leqslant g(x) \mathrm{e}^{\int_a^x \varphi(s) \mathrm{d}s}.$$

证明　记 $F(x)=\int_a^x \varphi(t)f(t)\mathrm{d}t$. 则 $F(x)$ 在 $[a,b]$ 上可导, 且

$$F'(x)=\varphi(x)f(x)\leqslant \varphi(x)(g(x)+F(x)),$$

这里在后面不等式中应用了 (3.5.2). 因此

$$F'(x)-\varphi(x)F(x)\leqslant \varphi(x)g(x). \tag{3.5.3}$$

由 (3.5.3), 得

$$\begin{aligned}\left(F(x)\mathrm{e}^{-\int_a^x \varphi(t)\mathrm{d}t}\right)' &= F'(x)\mathrm{e}^{-\int_a^x \varphi(t)\mathrm{d}t}-\varphi(x)F(x)\mathrm{e}^{-\int_a^x \varphi(t)\mathrm{d}t}\\ &=(F'(x)-\varphi(x)F(x))\mathrm{e}^{-\int_a^x \varphi(t)\mathrm{d}t}\\ &\leqslant \varphi(x)g(x)\mathrm{e}^{-\int_a^x \varphi(t)\mathrm{d}t}.\end{aligned}$$

两边从 a 到 x 积分得

$$F(x)\mathrm{e}^{-\int_a^x \varphi(t)\mathrm{d}t}\leqslant \int_a^x \varphi(t)g(t)\mathrm{e}^{-\int_a^t \varphi(s)\mathrm{d}s}\mathrm{d}t.$$

因此

$$\begin{aligned}F(x)\mathrm{e}^{-\int_a^x \varphi(t)\mathrm{d}t} &\leqslant \mathrm{e}^{\int_a^x \varphi(s)\mathrm{d}s}\int_a^x \varphi(t)g(t)\mathrm{e}^{-\int_a^t \varphi(s)\mathrm{d}s}\mathrm{d}t\\ &=\int_a^x \varphi(t)g(t)\mathrm{e}^{\int_t^x \varphi(s)\mathrm{d}s}\mathrm{d}t.\end{aligned}$$

再次利用 (3.5.2) 和 $g(x)$ 的单调性, 得

$$\begin{aligned}f(x) &\leqslant g(x)+F(x)\leqslant g(x)+\int_a^x \varphi(t)g(t)\mathrm{e}^{\int_t^x \varphi(s)\mathrm{d}s}\mathrm{d}t\\ &\leqslant g(x)+g(x)\int_a^x \varphi(t)\mathrm{e}^{\int_t^x \varphi(s)\mathrm{d}s}\mathrm{d}t\\ &=g(x)+g(x)\left(-\mathrm{e}^{-\int_t^x \varphi(s)\mathrm{d}s}\right)\Big|_{t=a}^{x}\\ &=g(x)+g(x)\left(-1+\mathrm{e}^{\int_a^x \varphi(s)\mathrm{d}s}\right)=g(x)\mathrm{e}^{\int_a^x \varphi(s)\mathrm{d}s}.\end{aligned}$$

第 4 章　积　分　学

4.1　积分学概述

4.1.1　不定积分

1. 在某个区间 I 内, 若有 $F'(x)=f(x)$, 则称 $F(x)$ 是 $f(x)$ 的一个原函数, 称 $F(x)+C(C$ 是任意常数) 是 $f(x)$ 的不定积分, 记为 $\int f(x)\mathrm{d}x$, 于是

$$\int f(x)\mathrm{d}x=F(x)+C.$$

注 1　函数 $f(x)$ 的不定积分是 $f(x)$ 的原函数的全体, 是一族函数, 而非一个函数.

注 2　求原函数 (不定积分) 的运算是求导数的逆运算, 即从 $F(x)$ 的导数 $f(x)$ 出发求 $F(x)$.

注 3　任一初等函数总可以按照一定的步骤求出其导函数, 且导函数仍是初等函数. 但求初等函数的不定积分不仅无一定的步骤可循, 而且初等函数的原函数可能不再是初等函数, 这时就说积分积不出来, 如 $\int \mathrm{e}^{-x^2}\mathrm{d}x, \int \frac{\sin x}{x}\mathrm{d}x$.

注 4　有理函数 (以及可以转化为有理函数的函数) 的原函数必然是初等函数, 并且可以按照一定的步骤和方法得到.

2. 基本积分公式:

$$\int \mathrm{d}x=x+C;$$

$$\int x^{\alpha}\mathrm{d}x=\frac{1}{\alpha+1}x^{\alpha+1}+C, \quad \alpha\neq -1;$$

$$\int \frac{1}{x}\mathrm{d}x=\ln|x|+C;$$

$$\int \cos x\mathrm{d}x=\sin x+C;$$

$$\int \sin x\mathrm{d}x=-\cos x+C;$$

$$\int \frac{\mathrm{d}x}{\cos^2 x} = \tan x + C;$$

$$\int \frac{\mathrm{d}x}{\sin^2 x} = -\cos x + C;$$

$$\int \frac{\mathrm{d}x}{1+x^2} = \arctan x + C;$$

$$\int a^x \mathrm{d}x = \frac{1}{\ln a} a^x + C, \quad a > 0,\ a \neq 1;$$

$$\int f'(x)\mathrm{d}x = f(x) + C.$$

3. 常用的求不定积分的方法.

(1) $\int (f(x) \pm g(x))\mathrm{d}x = \int f(x)\mathrm{d}x \pm \int g(x)\mathrm{d}x.$

(2) 对任意常数 c $(c \neq 0)$,

$$\int cf(x)\mathrm{d}x = c\int f(x)\mathrm{d}x.$$

由 (1), (2) 知道求积分运算是一种线性运算.

(3) (换元法) 由

$$\int f(t)\mathrm{d}t = F(t) + C, \tag{4.1.1}$$

可知

$$\int f(g(x))g'(x)\mathrm{d}x = F(g(x)) + C. \tag{4.1.2}$$

反之, 若已知 (4.1.2) 式, 则

$$\int f(t)\mathrm{d}t = F(g^{-1}(t))\mathrm{d}t + C,$$

其中 $g^{-1}(x)$ 表示 $t = g(x)$ 的反函数 $x = g^{-1}(t)$.

由上可知, 若 (4.1.1) 式成立, 则

$$\int f(ax+b)\mathrm{d}x = \frac{1}{a}F(ax+b) + C.$$

一般地, 为了求 $\int f(x)\mathrm{d}x$, 常先作代换 $x=\varphi(t)$, 于是 $\int f(x)\mathrm{d}x$ 化为 $\int f(\varphi(t))\varphi'(t)\mathrm{d}t$. 如果可求出

$$\int f(\varphi(t))\varphi'(t)\mathrm{d}t=F(t)+C,$$

那么,

$$\int f(x)\mathrm{d}x=F(\varphi^{-1}(x))+C.$$

(4) 分部积分法

$$\int f(x)g'(x)\mathrm{d}x=f(x)g(x)-\int g(x)f'(x)\mathrm{d}x.$$

一般地, 下列类型的不定积分可以考虑用分部积分法来求.

$$(\text{将 } \sin bx,\cos bx,\mathrm{e}^{ax} \text{ 凑微分})\begin{cases}\int x^k\sin bx\mathrm{d}x, & \int P(x)\sin bx\mathrm{d}x,\\ \int x^k\cos bx\mathrm{d}x, & \int P(x)\cos bx\mathrm{d}x,\\ \int x^k\mathrm{e}^{ax}\mathrm{d}x, & \int P(x)\mathrm{e}^{ax}\mathrm{d}x,\end{cases}$$

$$(\text{将 } x^k \text{ 凑微分})\begin{cases}\int x^k\arcsin bx\mathrm{d}x, & \int P(x)\arcsin bx\mathrm{d}x,\\ \int x^k\arctan bx\mathrm{d}x, & \int P(x)\arctan bx\mathrm{d}x,\\ \int x^k\ln^m x\mathrm{d}x, & \int P(x)\ln^m x\mathrm{d}x,\end{cases}$$

其中 m 是正整数, a,b 是常数, $P(x)$ 是多项式.

有时也可以通过分部积分得到一个关于求积分的方程, 从而解此方程得到所求积分.

如

$$\int \mathrm{e}^{ax}\cos bx\mathrm{d}x=\frac{1}{a}\mathrm{e}^{ax}\cos bx+\frac{b}{a}\int \mathrm{e}^{ax}\sin bx\mathrm{d}x,$$

$$\int \mathrm{e}^{ax}\sin bx\mathrm{d}x=\frac{1}{a}\mathrm{e}^{ax}\sin bx-\frac{b}{a}\int \mathrm{e}^{ax}\cos bx\mathrm{d}x,$$

可以导出

$$\int \mathrm{e}^{ax}\cos bx\mathrm{d}x=\frac{b\sin bx+a\cos bx}{a^2+b^2}\mathrm{e}^{ax}+C.$$

(5) (关于有理函数的积分) 设 $q(x)$ 与 $p(x)$ 是多项式, $p(x)$ 的次数低于 $q(x)$ 的次数. 又设

$$q(x)=a\prod_{i=1}^{K}(x-\alpha_i)^{n_i}\prod_{j=1}^{L}(x^2+\beta_j x+\gamma_j)^{m_j},$$

其中 $\alpha_i,\beta_j,\gamma_j$ 是实数, n_i,m_j $(1\leqslant i\leqslant K,1\leqslant j\leqslant L)$ 是正整数, 并且 $\beta_j^2-4\gamma_j<0$ $(1\leqslant j\leqslant L)$, 那么, 可以有下面的分解式:

$$\frac{p(x)}{q(x)}=\sum_{i=1}^{K}\sum_{r=1}^{n_i}\frac{a_{ir}}{(x-a_i)^r}+\sum_{j=1}^{L}\sum_{s=1}^{m_j}\frac{b_{js}x+c_{js}}{(x^2+\beta_j x+\gamma_j)^s},$$

其中 $a_{ir}(1\leqslant i\leqslant K,1\leqslant r\leqslant n_i),b_{js},c_{js}(1\leqslant j\leqslant L,1\leqslant s\leqslant m_j)$ 是待定系数. 利用这一分解式, 就可以将有理数的不定积分化成下面四个简单类型积分之和:

$$\int\frac{\mathrm{d}x}{x-a},\quad\int\frac{\mathrm{d}x}{(x-a)^n},\quad n\geqslant 2,$$

$$\int\frac{bx+c}{x^2+\beta x+\gamma}\mathrm{d}x,\quad\int\frac{bx+c}{(x^2+\beta x+\gamma)^n}\mathrm{d}x,\quad n\geqslant 2,\quad \beta^2-4\gamma<0.$$

(6) 某些特殊类型的不定积分, 可以通过变换转化成有理函数的不定积分, 例如 $\int R\left(x,\sqrt[n]{\dfrac{ax+b}{cx+d}}\right)\mathrm{d}x$, 其中 $R(u,v)$ 是两个变量 u,v 的有理函数, 即 $R(u,v)=\dfrac{p(u,v)}{q(u,v)}$, 其中 $p(u,v)$ 与 $q(u,v)$ 是关于 u,v 的多项式, 作代换

$$t=\sqrt[n]{\frac{ax+b}{cx+d}},$$

则

$$x=\varphi(t)=\frac{b-dt^n}{ct^n-a}$$

是关于 t 的有理函数. 当然 $\varphi'(t)$ 也是关于 t 的有理函数, 从而 $R(\varphi(t),t)\varphi(t)\mathrm{d}t$ 是关于 t 的有理函数, 这就将 $\int R\left(x,\sqrt[n]{\dfrac{ax+b}{cx+d}}\right)\mathrm{d}x$ 化为有理函数的不定积分.

对形如 $\int R\left(x,\sqrt[n]{ax+b},\sqrt[m]{ax+b}\right)\mathrm{d}x$ 的不定积分, 其中 m,n 为自然数, 可用 $t=\sqrt[p]{ax+b}$, 其中 p 是 m,n 的最小公倍数, 将其化为有理函数的不定积分.

又如 $\int R(\cos x, \sin x)\mathrm{d}x$, 作代换 $t = \tan\frac{x}{2}$, 则

$$\sin x = \frac{2t}{1+t^2}, \quad \cos x = \frac{1-t^2}{1+t^2}, \quad \mathrm{d}x = \frac{2\mathrm{d}t}{1+t^2},$$

于是

$$\int R(\cos x, \sin x)\mathrm{d}x = \int R\left(\frac{1-t^2}{1+t^2}, \frac{2t}{1+t^2}\right)\frac{2}{1+t^2}\mathrm{d}t$$

成为有理函数的不定积分.

4.1.2 定积分

1. 定义.

对于 $[a,b]$ 的任一分法 $T: a = x_0 < x_1 < \cdots < x_n = b$, 记 $d(T) = \max\limits_{1\leqslant i\leqslant n} \Delta x_i, \Delta x_i = x_i - x_{i-1}, 1 \leqslant i \leqslant n$, 又设 $\xi_i \in [x_{i-1}, x_i]$ 是任意选取的, 若极限

$$\lim_{d(T)\to 0} \sum_{i=1}^{n} f(\xi_i)\Delta x_i = I$$

存在有限, 则称 $f(x)$ 在 $[a,b]$ 上可积, 称 I 是 $f(x)$ 在 $[a,b]$ 上的定积分, 记为

$$\int_a^b f(x)\mathrm{d}x = I.$$

注 1 极限的存在与否和 $[a,b]$ 的分法无关, 与 $\xi_i \in [x_{i-1}, x_i]$ 的取法无关.

注 2 和式 $\sum\limits_{i=1}^{n} f(\xi_i)\Delta x_i$ 称为黎曼和. 因此, $[a,b]$ 上的定积分是黎曼和的极限. 要注意黎曼和与 $[a,b]$ 的分法有关, 也与 $\xi_i \in [x_{i-1}, x_i]$ 的取法有关.

注 3 若 $f(x)$ 在 $[a,b]$ 上可积, 则必在 $[a,b]$ 上有界; 但反之不然, 例如, Dirichlet(狄利克雷) 函数

$$D(x) = \begin{cases} 1, & x \text{ 为有理数}, \\ 0, & x \text{ 为无理数} \end{cases}$$

在 $[0,1]$ 上有界, 但不可积.

2. 函数可积的充分必要条件.

设 $f(x)$ 是 $[a,b]$ 上的有界函数, 对于 $[a,b]$ 的分法 T:

$$a = x_0 < x_1 < \cdots < x_{n-1} < x_n = b,$$

记

$$M_i = \sup_{x\in[x_{i-1},x_i]} f(x), \quad m_i = \inf_{x\in[x_{i-1},x_i]} f(x), \quad \omega_i = M_i - m_i,\ 1 \leqslant i \leqslant n,$$

$$S(T) = \sum_{i=1}^{n} M_i \Delta x_i, \quad s(T) = \sum_{i=1}^{n} m_i \Delta x_i.$$

则下面的两个条件都是 $f(x)$ 在 $[a,b]$ 上可积的充分必要条件:

(1) $\lim\limits_{d(T)\to 0}(S(T)-s(T)) = \lim\limits_{d(T)\to 0}\sum\limits_{i=1}^{n}\omega_i \Delta x_i = 0.$

此时, $\lim\limits_{d(T)\to 0} S(T) = \lim\limits_{d(T)\to 0} s(T) = \int_a^b f(x)\mathrm{d}x.$

(2) 对任意给定的 $\varepsilon > 0$ 及 $\sigma > 0$, 存在 $\delta > 0$, 使得当 $d(T) < \delta$ 时, 对应于 $\omega_i \geqslant \varepsilon$ 的那些区间的长度之和小于 σ, 即 $\sum\limits_{\omega_i \geqslant \varepsilon} \Delta x_i < \sigma$.

3. 常见的可积函数.

(1) $[a,b]$ 上连续的函数 $f(x)$ 在 $[a,b]$ 上是可积的.

(2) 若 $f(x)$ 在 $[a,b]$ 上有界, 而且除去有限个点外, $f(x)$ 是连续的, 则 $f(x)$ 在 $[a,b]$ 上可积.

(3) 若 $f(x)$ 在 $[a,b]$ 上是单调函数, 则它在 $[a,b]$ 上可积.

4. 定积分的基本性质.

(1) 若 $f(x)$ 与 $g(x)$ 在 $[a,b]$ 上可积, 则 $f(x) \pm g(x), f(x)g(x)$ 以及 $cf(x)$(c 是常数) 都在 $[a,b]$ 上可积, 而且

$$\int_a^b (f(x) \pm g(x))\mathrm{d}x = \int_a^b f(x)\mathrm{d}x \pm \int_a^b g(x)\mathrm{d}x,$$

$$\int_a^b cf(x)\mathrm{d}x = c\int_a^b f(x)\mathrm{d}x.$$

(2) 若 $f(x)$ 于 $[a,b]$ 上可积, $a < c < b$, 则 $f(x)$ 在 $[a,c]$ 与 $[c,b]$ 上都可积; 反之, 若 $f(x)$ 在 $[a,c]$ 与 $[c,b]$ 上可积, 则它在 $[a,b]$ 上可积. 此外, 有

$$\int_a^b f(x)\mathrm{d}x = \int_a^c f(x)\mathrm{d}x + \int_c^b f(x)\mathrm{d}x.$$

(3) 若 $f(x)$ 在 $[a,b]$ 上可积, 则 $|f(x)|$ 亦在 $[a,b]$ 上可积, 而且

$$\int_a^b f(x)\mathrm{d}x \leqslant \int_a^b |f(x)|\mathrm{d}x.$$

由 $\left|f(x)\right|$ 的可积性, 不一定可以推得 $f(x)$ 的可积性. 例如, $[0,1]$ 上所定义的 Dirichlet 函数

$$D(x)=\begin{cases}1, & x\ \text{为有理数},\\ -1, & x\ \text{为无理数}\end{cases}$$

就是一例.

(4) 若 $f(x)$ 与 $g(x)$ 在 $[a,b]$ 上可积, 而且

$$f(x)\leqslant g(x),\quad x\in[a,b], \tag{4.1.3}$$

则

$$\int_a^b f(x)\mathrm{d}x\leqslant\int_a^b g(x)\mathrm{d}x. \tag{4.1.4}$$

此外, 若 (4.1.3) 式中等号不成立, 那么 (4.1.4) 式中的等号亦可去掉. 由此性质可知, 若 $f(x)$ 在 $[a,b]$ 上可积且 $m\leqslant f(x)\leqslant M, x\in[a,b]$, 则

$$m(b-a)\leqslant\int_a^b f(x)\mathrm{d}x\leqslant M(b-a).$$

(5) (积分第一中值定理) 设 $f(x)$ 与 $g(x)$ 在 $[a,b]$ 上可积, 并且 $g(x)$ 在 $[a,b]$ 上不变号, 则存在数 $\mu: m\leqslant\mu\leqslant M$, 其中

$$m=\inf_{x\in[a,b]}f(x),\quad M=\sup_{x\in[a,b]}f(x),$$

使得

$$\int_a^b f(x)g(x)\mathrm{d}x=\mu\int_a^b g(x)\mathrm{d}x.$$

此外, 若 $f(x)$ 在 $[a,b]$ 上连续, 那么必存在 $\xi\in[a,b]$, 使得

$$\int_a^b f(x)g(x)\mathrm{d}x=f(\xi)\int_a^b g(x)\mathrm{d}x.$$

(6) (积分第二中值定理) 设 $f(x)$ 在 $[a,b]$ 上可积, $g(x)$ 在 $[a,b]$ 上单调有界, 则必有 $\xi\in[a,b]$, 使得

$$\int_a^b f(x)g(x)\mathrm{d}x=g(a)\int_a^\xi f(x)\mathrm{d}x+g(b)\int_\xi^b f(x)\mathrm{d}x.$$

特别地, 当 $g(x)$ 单调增加且 $g(a)\geqslant 0$ 时, 有 $\xi\in[a,b]$, 使得

$$\int_a^b f(x)g(x)\mathrm{d}x=g(b-0)\int_\xi^b f(x)\mathrm{d}x;$$

当 $g(x)$ 单调减少且 $g(b) \geqslant 0$ 时, 有 $\xi \in [a,b]$, 使得

$$\int_a^b f(x)g(x)\mathrm{d}x = g(a+0)\int_a^\xi f(x)\mathrm{d}x.$$

5. 微积分基本定理.

(1) 设 $f(x)$ 在 $[a,b]$ 上可积, 记 $F(x)=\int_a^x f(t)\mathrm{d}t, x\in[a,b]$, 则称 $F(x)$ 为 $f(x)$ 的变上限积分函数. 显然, $F(x)$ 是连续的. 又若 $f(x)$ 在 $[a,b]$ 上连续, 则 $F(x)$ 在 $[a,b]$ 上可积, 且有 $F'(x)=f(x)$. 从前面的讨论可以看出, 变上限积分起到了改进函数光滑性的作用.

(2) (微积分基本定理) 设 $f(x)$ 在 $[a,b]$ 上可积, $F(x)$ 是 $f(x)$ 在 $[a,b]$ 上的一个原函数, 则

$$\int_a^b f(x)\mathrm{d}x = F(b)-F(a). \tag{4.1.5}$$

注 (4.1.5) 式就是所谓的 Newton-Leibniz (牛顿-莱布尼茨) 公式. 微积分基本定理的意义: ① 它把求定积分转化为求原函数在 a 和 b 的差, 从而把定积分和不定积分统一起来; ② 在计算上, 它把求黎曼和的极限转化为求不定积分, 使定积分的计算成为可能, 而且可以机械化地进行.

6. 换元法与分部积分法.

(1) 设 $\varphi'(t)$ 在 $[\alpha,\beta]$ 上连续, $f(x)$ 在 $[a,b]$ 上连续, 而且

$$\varphi(\alpha)=a, \quad \varphi(\beta)=b, \quad a\leqslant\varphi(t)\leqslant b, \quad \alpha\leqslant t\leqslant\beta,$$

则

$$\int_a^b f(x)\mathrm{d}x = \int_\alpha^\beta f(\varphi(t))\varphi'(t)\mathrm{d}t.$$

(2) 设 $f(x)$ 与 $g(x)$ 在 $[a,b]$ 上连续, $g(x)$ 严格增加, 以 $h(x)$ 表示 $g(x)$ 的反函数, 且记 $c=g(a), d=g(b)$, 则

$$\int_a^b f(x)\mathrm{d}x = \int_c^d f(h(t))\mathrm{d}h(t).$$

(3) 设 $f(x)$ 与 $g(x)$ 在 $[a,b]$ 上有连续导函数, 则

$$\int_a^b f(x)g'(x)\mathrm{d}x = f(x)g(x)\Big|_a^b - \int_a^b f'(x)g(x)\mathrm{d}x.$$

利用简单的换元和计算可以得到下面一些有用的结论.

(4) 设 $f(x)$ 在 $[a,b]$ 上可积, 则下式成立:

$$\int_a^b f(x)\mathrm{d}x = \int_a^b f(a+b-x)\mathrm{d}x,$$

特别地, $\int_0^a f(x)\mathrm{d}x = \int_0^a f(a-x)\mathrm{d}x$.

(5) 若 $f(x)$ 在 $[-a,a]$ 上可积, 且为奇函数 (或偶函数), 则

$$\int_{-a}^a f(x)\mathrm{d}x = \begin{cases} 0, & f(x)\text{为奇函数}, \\ 2\int_0^a f(x)\mathrm{d}x, & f(x)\text{为偶函数}. \end{cases}$$

(6) 若 $f(x)$ 为 $(-\infty,+\infty)$ 上以 T 为周期的周期函数, 且在任何有限区间 $[a,a+T]$ 上可积, 则

$$\int_a^{a+T} f(x)\mathrm{d}x = \int_0^T f(x)\mathrm{d}x.$$

(7) 设 $f(x)$ 在 $[0,1]$ 上连续, 则

$$\int_0^{\frac{\pi}{2}} f(\sin x)\mathrm{d}x = \int_0^{\frac{\pi}{2}} f(\cos x)\mathrm{d}x,$$

$$\int_0^{\pi} xf(\sin x)\mathrm{d}x = \frac{\pi}{2}\int_0^{\pi} f(\sin x)\mathrm{d}x.$$

由此结论可得

$$\int_0^{\pi} \frac{x\sin x}{1+\cos^2 x}\mathrm{d}x = \frac{\pi}{2}\int_0^{\pi} \frac{\sin x}{1+\cos^2 x}\mathrm{d}x = \frac{\pi}{2}\Big[-\arctan(\cos x)\Big]_0^{\pi} = \frac{\pi^2}{4}.$$

7. 定积分的应用.

(1) 求平面图形的面积.

(2) 弧长公式. 若曲线段 l 的方程是 $x=x(t), y=y(t), \alpha \leqslant t \leqslant \beta$, 其中 $x'(t)$ 与 $y'(t)$ 都是连续函数, 则 l 的弧长为

$$s = \int_{\alpha}^{\beta} \sqrt{x'^2(t)+y'^2(t)}\mathrm{d}t.$$

特别地, 若 l 的方程是 $y=f(x), a\leqslant x\leqslant b$, 其中 $f(x)$ 在 $[a,b]$ 上有连续的导函数, 则弧长

$$s=\int_a^b\sqrt{1+f'(x)^2}\mathrm{d}x;$$

若曲线 l 的方程是极坐标形式

$$r=r(\theta),\quad \alpha\leqslant\theta\leqslant\beta,$$

且 $r(\theta)$ 在 $[\alpha,\beta]$ 上有连续的导函数, 则弧长

$$s=\int_\alpha^\beta\sqrt{r^2+r'^2}\mathrm{d}\theta.$$

(3) 旋转体的体积与侧面积. 设 $f(x)$ 在 $[a,b]$ 上连续, 则由曲线绕 x 轴旋转所得到的旋转体的体积是

$$V=\pi\int_a^b f^2(x)\mathrm{d}x.$$

如果 $f'(x)$ 在 $[a,b]$ 上连续, 那么这一旋转体的侧面积是

$$S=2\pi\int_a^b f(x)\sqrt{1+(f'(x))^2}\mathrm{d}x.$$

4.1.3 几个重要的逼近定理与不等式

1. (Weierstrass (魏尔斯特拉斯) 定理) 设 $f(x)$ 在 $[a,b]$ 上连续, 则对任意的 $\varepsilon>0$, 存在多项式 $p(x)$, 使得

$$|f(x)-p(x)|<\varepsilon,\quad x\in[a,b].$$

2. 设 $f(x)$ 在 $[a,b]$ 上可积, 则对任意的 $\varepsilon>0$, 存在阶梯函数 $\varphi(x)$ 与 $\psi(x)$, 使得

$$\varphi(x)\leqslant f(x)\leqslant\psi(x),\quad x\in[a,b],$$

并且

$$\int_a^b(\psi(x)-\varphi(x))\mathrm{d}x<\varepsilon.$$

3. 设 $f(x)$ 在 $[a,b]$ 上可积, 则对任意的 $\varepsilon>0$, 存在多项式 $p(x)$ 与 $P(x)$, 使得

$$p(x)\leqslant f(x)\leqslant P(x),\quad x\in[a,b],$$

并且,

$$\int_a^b (P(x)-p(x))\mathrm{d}x<\varepsilon.$$

4. (Cauchy 不等式) 若 $f(x)$ 与 $g(x)$ 都在 $[a,b]$ 上可积, 则

$$\left(\int_a^b f(x)g(x)\mathrm{d}x\right)^2 \leqslant \int_a^b f^2(x)\mathrm{d}x\int_a^b g^2(x)\mathrm{d}x.$$

5. (Hölder (赫尔德) 不等式) 若 $f(x)$ 与 $g(x)$ 都在 $[a,b]$ 上可积, $p>1,q>1,\dfrac{1}{p}+\dfrac{1}{q}=1$, 则

$$\left|\int_a^b f(x)g(x)\mathrm{d}x\right| \leqslant \left(\int_a^b |f(x)|^p\mathrm{d}x\right)^{\frac{1}{p}}\left(\int_a^b |f(x)|^q\mathrm{d}x\right)^{\frac{1}{q}}.$$

取 $p=q=2$, Hölder 不等式即为 Cauchy 不等式.

6. (Minkowski (闵可夫斯基) 不等式) 设 $p>1, f(x)$ 与 $g(x)$ 在 $[a,b]$ 上可积, 则

$$\left(\int_a^b |f(x)+g(x)|^p\right)^{\frac{1}{p}} \leqslant \left(\int_a^b |f(x)|^p\mathrm{d}x\right)^{\frac{1}{p}}+\left(\int_a^b |g(x)|^p\mathrm{d}x\right)^{\frac{1}{p}}.$$

注 Hölder 不等式和 Minkowski 不等式是建立 L^p 空间诸多重要结论的基本工具. 对于离散情形也有相应的结论成立.

4.2 积分中的极限问题

4.2.1 求 $\int_a^b f^n(x)\mathrm{d}x$ 的极限

例 4.1 证明 $\lim\limits_{n\to\infty}\int_0^{\frac{\pi}{2}}\sin^n x\mathrm{d}x=0$.

证明 **(方法一)** 对于任意取定的 $\varepsilon>0$, 将所考查的积分作如下分解:

$$\int_0^{\frac{\pi}{2}}\sin^n x\mathrm{d}x=\int_0^{\frac{\pi-\varepsilon}{2}}\sin^n x\mathrm{d}x+\int_{\frac{\pi-\varepsilon}{2}}^{\frac{\pi}{2}}\sin^n x\mathrm{d}x=:I_1+I_2.$$

对于 I_2, 因为 $0<\sin x\leqslant 1$, 所以有

$$0<I_2\leqslant\frac{\varepsilon}{2}.$$

对于 I_1, 因为 $0\leqslant\sin x\leqslant\sin^n\left(\dfrac{\pi-\varepsilon}{2}\right), x\in\left[0,\dfrac{\pi-\varepsilon}{2}\right]$, 所以

$$0 < I_2 < \frac{\pi}{2}\sin^n\left(\frac{\pi-\varepsilon}{2}\right) \to 0, \quad n\to\infty.$$

因而, $\lim\limits_{n\to\infty} I_2 = 0$. 这样, 对于前面取定的 $\varepsilon > 0$, 存在 $N \in \mathbf{Z}^+$, 当 $n > N$ 时, 有 $|I_2| < \dfrac{\varepsilon}{2}$.

综合起来讲, 对于任意取定的 $\varepsilon > 0$, 存在 $N \in \mathbf{Z}^+$, 当 $n > N$ 时, 有

$$0 \leqslant \int_0^{\frac{\pi}{2}} \sin^n x\mathrm{d}x = I_1 + I_2 \leqslant \frac{\varepsilon}{2} + \frac{\varepsilon}{2} = \varepsilon.$$

这就证明了例 4.1.

(方法二) 我们也可以将积分作下面的分解:

$$\int_0^{\frac{\pi}{2}} \sin^n x\mathrm{d}x = \int_0^{\frac{\pi}{2}-n^{-1/3}} \sin^n x\mathrm{d}x + \int_{\frac{\pi}{2}-n^{-1/3}}^{\frac{\pi}{2}} \sin^n x\mathrm{d}x =: J_1 + J_2.$$

对于 J_2, 有

$$|J_2| \leqslant n^{-1/3} \to 0, \quad n\to\infty.$$

对于 J_1, 有

$$\begin{aligned}|J_1| &\leqslant \frac{\pi}{2}\sin^n\left(\frac{\pi}{2} - n^{-1/3}\right) = \frac{\pi}{2}\cos^n n^{-1/3}\\ &= \frac{\pi}{2}\mathrm{e}^{n\ln\cos n^{-1/3}} = \frac{\pi}{2}\mathrm{e}^{n\ln\left(1-\frac{1}{2}n^{-2/3}+O(n^{-4/3})\right)}\\ &= \frac{\pi}{2}\mathrm{e}^{-\frac{1}{2}n^{1/3}+O(n^{-1/3})} \to 0, \quad n\to\infty.\end{aligned}$$

综上即得例 3.1 的结论.

后一解法更为直接, 避免了烦琐的 ε-N 语言的讨论. 本例中的积分分解的技巧以及对分解后的两个积分估计的技巧是非常重要的, 在后面将会多次用到.

注 我们还可以有如下第三种方法. 利用分部积分公式不难得到递推式:

$$\int_0^{\frac{\pi}{2}} \sin^n x\mathrm{d}x = \begin{cases}\dfrac{(n-1)!!}{n!!}, & n\text{ 为奇数},\\[2ex] \dfrac{(n-1)!!}{n!!}\dfrac{\pi}{2}, & n\text{ 为偶数}.\end{cases}$$

因此, 只要证明: $\dfrac{(n-1)!!}{n!!} \to 0,\ n\to\infty$.

事实上, 因为几何平均数小于算术平均数, 故有

$$2 = \frac{1+3}{2} > \sqrt{1\cdot 3}, \quad 4 = \frac{3+5}{2} > \sqrt{3\cdot 5}, \ \cdots,$$

$$2n=\frac{(2n-1)+(2n+1)}{2}>\sqrt{(2n-1)(2n+1)}.$$

因此

$$0<\frac{1\cdot3\cdot5\cdot\cdots\cdot(2n-1)}{2\cdot4\cdot\cdots\cdot(2n)}=\frac{(2n-1)!!}{(2n)!!}<\frac{1}{\sqrt{2n+1}}\to0,\ n\to\infty.$$

同理有

$$0\leqslant\frac{(2n)!!}{(2n+1)!!}<\frac{1}{\sqrt{2n+1}}\to0,\ n\to\infty.$$

综上, 我们证明了所需结论.

此题结论还可以作如下推广.

例 4.2 设 $f(x)$ 在 $[a,b]$ 上连续, 且 $0\leqslant f(x)<1$, $x\in[a,b)$. 证明:

$$\lim_{n\to\infty}\int_a^b f^n(x)\mathrm{d}x=0.$$

证明 任取 $\varepsilon\in(0,b-a)$, 先将积分分解如下:

$$\int_a^b f^n(x)\mathrm{d}x=\int_a^{b-\frac{\varepsilon}{2}} f^n(x)\mathrm{d}x+\int_{b-\frac{\varepsilon}{2}}^b f^n(x)\mathrm{d}x.$$

因为 $0\leqslant f(x)<1$, $x\in[a,b)$, 所以对于第二个积分, 显然有

$$0\leqslant\int_{b-\frac{\varepsilon}{2}}^b f^n(x)\mathrm{d}x\leqslant\frac{\varepsilon}{2}.$$

因为 $f(x)$ 在 $\left[a,b-\frac{\varepsilon}{2}\right]$ 连续, 所以存在 $x_0\in\left[a,b-\frac{\varepsilon}{2}\right]$ 使得

$$f(x_0)=\max_{x\in\left[a,b-\frac{\varepsilon}{2}\right]}f(x)=:M_0\in[0,1).$$

于是对第一个积分有

$$0\leqslant\int_a^{b-\frac{\varepsilon}{2}} f^n(x)\mathrm{d}x<M_0^n\to0,\quad n\to\infty.$$

综合上述两个积分的讨论不难得到所需结论.

注 请读者考虑 $\lim\limits_{n\to\infty}\int_0^{\frac{\pi}{2}}\sin x^n\mathrm{d}x$.

4.2.2 求 $\int_a^b f(x)\varphi_n(x)\mathrm{d}x$ 的极限

例 4.3 设 $f(x)$ 在 $[a,b]$ 上连续, 证明:

$$\lim_{n\to+\infty}\frac{n+1}{(b-a)^{n+1}}\int_a^b(x-a)^nf(x)\mathrm{d}x=f(b).$$

证明　因为 $\frac{n+1}{(b-a)^{n+1}}\int_a^b (x-a)^n\mathrm{d}x=1$, 所以只要证明

$$\lim_{n\to+\infty}\frac{n+1}{(b-a)^{n+1}}\int_a^b (x-a)^n(f(x)-f(b))\mathrm{d}x=0.$$

因为 $f(x)$ 在 $x=b$ 连续, 所以对任意 $\varepsilon>0$, 存在 $\eta>0$ 使得, 当 $0\leqslant b-x<\eta$ 时, 有 $|f(x)-f(b)|<\varepsilon$. 现在将积分分解如下:

$$\begin{aligned}&\frac{n+1}{(b-a)^{n+1}}\int_a^b (x-a)^n(f(x)-f(b))\mathrm{d}x\\=&\frac{n+1}{(b-a)^{n+1}}\left(\int_a^{b-\eta}(x-a)^n(f(x)-f(b))\,\mathrm{d}x\right.\\&\left.+\int_{b-\eta}^b (x-a)^n(f(x)-f(b))\,\mathrm{d}x\right)=:I+J.\end{aligned}$$

对于 J, 显然有

$$|J|\leqslant\varepsilon\frac{n+1}{(b-a)^{n+1}}\int_{b-\eta}^b (x-a)^n\mathrm{d}x<\varepsilon.$$

记 $M=\max\limits_{a\leqslant x\leqslant b}|f(x)|$, 则

$$|I|\leqslant 2M\frac{n+1}{(b-a)^{n+1}}\int_a^{b-\eta}(x-a)^n\mathrm{d}x=2M\left(\frac{b-a-\eta}{b-a}\right)^{n+1}\to 0,\quad n\to\infty.$$

这样就有 $\lim\limits_{n\to\infty}I=0$. 于是, 对于前面取定的 $\varepsilon>0$, 存在 $N\in\mathbf{Z}^+$, 当 $n>N$ 时, 有 $|I|<\varepsilon$.

综合以上讨论, 对于任意 $\varepsilon>0$, 存在 $N\in\mathbf{Z}^+$, 当 $n>N$ 时, 有

$$\left|\frac{n+1}{(b-a)^{n+1}}\int_a^b (x-a)^n(f(x)-f(b))\mathrm{d}x\right|\leqslant|I|+|J|<2\varepsilon.$$

这就证明了结论.

注　也可以用上例中的第二种方法证明.

例 4.4　设 $f(x)$ 在 $[0,1]$ 上连续, 证明:

$$\lim_{n\to+\infty}\sqrt{n}\int_0^1 \mathrm{e}^{-nx^2}f(x)\mathrm{d}x=\frac{\sqrt{\pi}}{2}f(0).$$

证明　将积分 $\sqrt{n}\int_0^1 \mathrm{e}^{-nx^2}f(x)\mathrm{d}x$ 分解如下:

$$\sqrt{n}\int_0^1 \mathrm{e}^{-nx^2}f(x)\mathrm{d}x = \sqrt{n}\int_0^{n^{-\frac{1}{3}}} \mathrm{e}^{-nx^2}f(x)\mathrm{d}x + \sqrt{n}\int_{n^{-\frac{1}{3}}}^1 \mathrm{e}^{-nx^2}f(x)\mathrm{d}x$$
$$=: I + J.$$

由积分中值定理知道, 存在 $\xi \in \left(0, n^{-\frac{1}{3}}\right)$, 使得

$$\begin{aligned} I &= \sqrt{n}f(\xi)\int_0^{n^{-\frac{1}{3}}} \mathrm{e}^{-nx^2}\mathrm{d}x = f(\xi)\int_0^{n^{\frac{1}{6}}} \mathrm{e}^{-t^2}\mathrm{d}t \\ &\to f(0)\int_0^{+\infty} \mathrm{e}^{-t^2}\mathrm{d}t \\ &= \frac{\sqrt{\pi}}{2}f(0). \end{aligned}$$

记 $M = \max\limits_{0\leqslant x\leqslant 1} |f(x)|$, 则

$$\begin{aligned} |J| &\leqslant M\sqrt{n}\int_{n^{-\frac{1}{3}}}^1 \mathrm{e}^{-nx^2}\mathrm{d}x \\ &\leqslant M\sqrt{n}\mathrm{e}^{-n^{\frac{1}{3}}} \to 0, \quad n\to\infty. \end{aligned}$$

综上, 结论得证.

注 从上面的结论我们可以得到下面的一般性结论: 设 $\varphi_n(x)$ 是 $[a,b]$ 上的非负可积函数, 且满足条件: ① $\lim\limits_{n\to\infty}\int_a^b \varphi_n(x)\mathrm{d}x = A$ (常数); ② 对于任意 $0<\delta<b-a$, 有 $\lim\limits_{n\to\infty}\int_a^{b-\delta} \varphi_n(x)\mathrm{d}x = 0$. 设 $f(x)$ 在 $[a,b]$ 上可积且在 $x=b$ 连续, 那么有

$$\lim_{n\to\infty}\int_a^b \varphi_n(x)f(x)\mathrm{d}x = Af(b).$$

例 4.5 设 $f(x)$ 在 $[0,1]$ 上连续, 证明:

$$\lim_{n\to\infty}\frac{\displaystyle\int_0^1 (1-x^2)^n f(x)\mathrm{d}x}{\displaystyle\int_0^1 (1-x^2)^n \mathrm{d}x} = f(0).$$

证明 令

$$\varphi_n(x) = \frac{(1-x^2)^n}{\displaystyle\int_0^1 (1-x^2)^n\mathrm{d}x}, \quad 0\leqslant x\leqslant 1,$$

则 $\varphi_n(x) \geqslant 0$, 且对任意 $\delta \in (0,1)$, 由

$$0 < \int_\delta^1 (1-x^2)^n \mathrm{d}x \leqslant \int_\delta^1 (1-\delta^2)^n \mathrm{d}x = (1-\delta)(1-\delta^2)^n$$

可得

$$\lim_{n\to\infty} \int_\delta^1 (1-x^2)^n \mathrm{d}x = 0.$$

因此

$$\lim_{n\to\infty} \int_0^\delta \varphi_n(x)\mathrm{d}x = \lim_{n\to\infty} \frac{\displaystyle\int_0^\delta (1-x^2)^n \mathrm{d}x}{\displaystyle\int_0^1 (1-x^2)^n \mathrm{d}x} = \lim_{n\to\infty} \frac{\displaystyle\int_0^1 (1-x^2)^n \mathrm{d}x}{\displaystyle\int_0^1 (1-x^2)^n \mathrm{d}x} = 1.$$

另一方面, 因为

$$\int_0^1 (1-x^2)^n \mathrm{d}x \geqslant \int_0^{\frac{\delta}{2}} (1-x^2)^n \mathrm{d}x \geqslant \frac{\delta}{2}\left(1-\frac{\delta^2}{4}\right)^n,$$

所以

$$0 < \frac{\displaystyle\int_\delta^1 (1-x^2)^n \mathrm{d}x}{\displaystyle\int_0^1 (1-x^2)^n} \mathrm{d}x \leqslant \frac{(1-\delta^2)^n(1-\delta)}{\dfrac{\delta}{2}\left(1-\dfrac{\delta^2}{4}\right)^n} = \frac{2(1-\delta)}{\delta}\left(\frac{4-4\delta^2}{4-\delta^2}\right)^n \to 0, \quad n\to\infty,$$

而

$$\lim_{n\to\infty} \int_\delta^1 \varphi_n(x)\mathrm{d}x = \lim_{n\to\infty} \frac{\displaystyle\int_\delta^1 (1-x^2)^n \mathrm{d}x}{\displaystyle\int_0^1 (1-x^2)^n \mathrm{d}x} = 0.$$

根据以上注记的结论易得

$$\lim_{n\to\infty} \int_0^1 \varphi_n(x) f(x)\mathrm{d}x = f(0).$$

例 4.6 设 $f(x)$ 在 $[0,1]$ 上连续, 求证:

$$\lim_{h\to 0^+}\int_0^1 \frac{h}{h^2+x^2}f(x)\mathrm{d}x=\frac{\pi}{2}f(0).$$

证明 首先注意到

$$\lim_{h\to 0^+}\int_0^1 \frac{h}{h^2+x^2}\mathrm{d}x=\lim_{h\to 0^+}\arctan\frac{1}{h}=\frac{\pi}{2},$$

因此, 我们只需要证明

$$\lim_{h\to 0^+}\int_0^1 \frac{h}{h^2+x^2}(f(x)-f(0))\mathrm{d}x=0.$$

因为 $f(x)$ 在 $x=0$ 连续, 即有 $\lim\limits_{x\to 0^+}f(x)=f(0)$, 所以对任意 $\varepsilon>0$, 存在 $\eta>0$ 使得, 当 $0\leqslant x<\eta$ 时, 有 $|f(x)-f(0)|<\varepsilon$. 现在将积分分解如下:

$$\begin{aligned}\int_0^1 \frac{h}{h^2+x^2}(f(x)-f(0))\mathrm{d}x&=\int_0^\eta \frac{h}{h^2+x^2}(f(x)-f(0))\mathrm{d}x\\&\quad+\int_\eta^1 \frac{h}{h^2+x^2}(f(x)-f(0))\mathrm{d}x=:I+J.\end{aligned}$$

对于 I, 显然有

$$|I|\leqslant\int_0^\eta \frac{h}{h^2+x^2}|f(x)-f(0)|\mathrm{d}x\leqslant\varepsilon\int_0^1 \frac{h}{h^2+x^2}\mathrm{d}x\leqslant\frac{\pi}{2}\varepsilon.$$

记 $M=\max\limits_{0\leqslant x\leqslant 1}|f(x)|$, 则

$$|J|\leqslant 2M\int_\eta^1 \frac{h}{h^2+x^2}\mathrm{d}x=2M\left(\arctan\frac{1}{h}-\arctan\frac{\eta}{h}\right)\to 0,\quad h\to 0^+.$$

这样就有 $\lim\limits_{h\to 0^+}J=0$. 于是, 对于前面取定的 $\varepsilon>0$, 存在 $\delta>0$, 当 $0<h<\delta$ 时, 有 $|J|<\varepsilon$.

综合以上讨论, 对于任意 $\varepsilon>0$, 存在 $\delta>0$, 当 $0<h<\delta$ 时, 有

$$\left|\int_0^1 \frac{h}{h^2+x^2}(f(x)-f(0))\mathrm{d}x\right|\leqslant|I|+|J|<\left(1+\frac{\pi}{2}\right)\varepsilon.$$

这就证明了结论.

另证 将积分直接分解如下:

$$\int_0^1 \frac{h}{h^2+x^2}f(x)\mathrm{d}x = \int_0^{h^{1/4}} \frac{h}{h^2+x^2}f(x)\mathrm{d}x + \int_{h^{1/4}}^1 \frac{h}{h^2+x^2}f(x)\mathrm{d}x =: I+J.$$

根据积分中值定理知道, 存在 $\xi \in (0, h^{1/4})$ 使得

$$I = f(\xi)\int_0^{h^{1/4}} \frac{h}{h^2+x^2}\mathrm{d}x = f(\xi)\arctan\frac{1}{h^{3/4}} \to \frac{\pi}{2}f(0), \quad h\to 0^+.$$

另一方面,

$$|J| \leqslant 2M\int_{h^{1/4}}^1 \frac{h}{h^2+x^2}f(x)\mathrm{d}x = 2M\left(\arctan\frac{1}{h} - \arctan\frac{1}{h^{3/4}}\right) \to 0, \quad h\to 0^+.$$

例 4.7 设 $f(x)\geqslant 0$ 在 $(-\infty,+\infty)$ 内连续, $\displaystyle\int_{-\infty}^{+\infty} f(x)\mathrm{d}x = 1$. 令 $f_\sigma(x) = \dfrac{1}{\sigma}f\left(\dfrac{x}{\sigma}\right)$. 试证明: 对每一个有界连续函数 $\varphi(x)$, 有

$$\lim_{\sigma\to 0^+}\int_{-\infty}^{+\infty} \varphi(x)f_\sigma(x)\mathrm{d}x = \varphi(0).$$

证明 因为 $\displaystyle\int_{-\infty}^{+\infty} f(x)\mathrm{d}x = 1$, 所以

$$\int_{-\infty}^{+\infty} f_\sigma(x)\mathrm{d}x = \int_{-\infty}^{+\infty} f\left(x\right)\mathrm{d}x = 1.$$

由于 $\varphi(x)$ 在 $x=0$ 连续, 故对任意 $\varepsilon>0$, 存在 $\delta>0$, 当 $|x|<\delta$ 时, $|\varphi(x)-\varphi(0)|<\varepsilon$. 于是

$$\begin{aligned}
&\left|\int_{-\infty}^{+\infty} \varphi(x)f_\sigma(x)\mathrm{d}x - \varphi(0)\right| \\
\leqslant& \int_{-\infty}^{+\infty} |\varphi(x)-\varphi(0)|f_\sigma(x)\mathrm{d}x \\
=& \int_{-\infty}^{-\delta} |\varphi(x)-\varphi(0)|f_\sigma(x)\mathrm{d}x + \int_{-\delta}^{\delta} |\varphi(x)-\varphi(0)|f_\sigma(x)\mathrm{d}x
\end{aligned}$$

$$+\int_{\delta}^{+\infty}|\varphi(x)-\varphi(0)|f_{\sigma}(x)\mathrm{d}x$$

$$=: I_1+I_2+I_3.$$

对于 I_2, 显然有

$$|I_2|<\varepsilon\int_{-\delta}^{\delta}f_{\sigma}(x)\mathrm{d}x<\varepsilon\int_{-\infty}^{+\infty}f_{\sigma}(x)\mathrm{d}x=\varepsilon.$$

因为 $\varphi(x)$ 有界, 可设 $|\varphi(x)|\leqslant M$(常数), 故

$$|I_3|\leqslant 2M\int_{\delta}^{+\infty}f_{\sigma}(x)\mathrm{d}x=2M\int_{\frac{\delta}{\sigma}}^{+\infty}f(x)\mathrm{d}x\to 0,\quad \sigma\to 0^+.$$

同理

$$I_1\leqslant 2M\int_{-\infty}^{-\frac{\delta}{\sigma}}f(x)\mathrm{d}x\to 0,\quad \sigma\to 0^+.$$

于是, 存在 δ_1, 当 $0<\sigma<\delta$ 时, 有

$$|I_1|<\varepsilon,\quad |I_3|<\varepsilon.$$

因此

$$\left|\int_{-\infty}^{+\infty}\varphi(x)f_{\sigma}(x)\mathrm{d}x-\varphi(0)\right|\leqslant|I_1|+|I_2|+|I_3|<3\varepsilon.$$

这就证明了结论.

4.2.3 求 $\int_a^b f(x)g(nx)\mathrm{d}x$ 的极限

另外一种积分求极限的重要工具就是所谓的 Riemann (黎曼) 引理. 它适用于 $\int_a^b f(x)g(nx)\mathrm{d}x$ 类型的求极限问题, 但要求 $g(x)$ 具有可积性和周期性.

Riemann 引理 设 $f(x)$ 在 $[a,b]$ 上可积, 则

$$\lim_{n\to+\infty}\int_a^b f(x)\sin nx\mathrm{d}x=0,$$

$$\lim_{n\to+\infty}\int_a^b f(x)\cos nx\mathrm{d}x=0.$$

推广的 Riemann 引理 设 $f(x)$ 在 $[a,b]$ 上可积并绝对可积, $g(x)$ 以 T 为周期, 且在 $[0,T]$ 上可积, 则

$$\lim_{n\to+\infty}\int_a^b f(x)g(nx)\mathrm{d}x=\frac{1}{T}\int_0^T g(x)\mathrm{d}x\int_a^b f(x)\mathrm{d}x.$$

证明 先考虑 $g(x)\geqslant 0$ 的情形. 因为 $g(x)$ 以 T 为周期, 故 $g(nx)$ 以 $\dfrac{T}{n}$ 为周期. 当 n 充分大时, $[a,b]$ 内含有 $g(nx)$ 的多个周期. 取充分大的 m 使得 $[a,b]\subset[-mT,mT]=[A,B]$, 则 $[A,B]$ 的长度恰好为 $2mn$ 个周期. 将 $f(x)$ 进行以下延拓:

$$F(x):=\begin{cases} f(x), & x\in[a,b],\\ 0, & x\notin[a,b].\end{cases}$$

将 $[A,B]$ 进行 $2mn$ 等分, 其分点为 $A=x_0<x_1<\cdots<x_{2mn}=b$. 显然 $F(x)$ 在 $[a,b]$ 上可积. 于是, 利用积分中值定理知道

$$\begin{aligned}\int_a^b f(x)g(nx)\mathrm{d}x&=\int_A^B F(x)g(nx)\mathrm{d}x=\sum_{i=1}^{2mn}\int_{x_{i-1}}^{x_i}F(x)g(nx)\mathrm{d}x\\&=\sum_{i=1}^{2mn}c_i\int_{x_{i-1}}^{x_i}g(nx)\mathrm{d}x\\&=\sum_{i=1}^{2mn}c_i\frac{1}{n}\int_0^T g(t)\mathrm{d}t\\&=\frac{1}{T}\int_0^T g(t)\mathrm{d}t\sum_{i=1}^{2mn}c_i\frac{T}{n},\end{aligned}$$

其中 $m_i=\inf\limits_{x\in[x_{i-1},x_i]}F(x)\leqslant c_i\leqslant\sup\limits_{x\in[x_{i-1},x_i]}F(x)=M_i$. 由 $F(x)$ 在 $[a,b]$ 上的可积性, 知

$$\lim_{n\to+\infty}\int_a^b f(x)g(nx)\mathrm{d}x=\frac{1}{T}\int_0^T g(t)\mathrm{d}t\lim_{n\to+\infty}\sum_{i=1}^{2mn}c_i\frac{T}{n}$$

$$=\frac{1}{T}\int_0^T g(x)\mathrm{d}x\int_A^B F(x)\mathrm{d}x=\frac{1}{T}\int_0^T g(x)\mathrm{d}x\int_a^b f(x)\mathrm{d}x.$$

现在考虑去掉 $g(x)\geqslant 0$ 这一限制条件的情形. 令

$$g^+(x)=\begin{cases} g(x), & g(x)\geqslant 0,\\ 0, & g(x)<0,\end{cases}\quad g^-(x)=\begin{cases} -g(x), & g(x)\leqslant 0,\\ 0, & g(x)>0.\end{cases}$$

显然 $g^+(x)$ 和 $g^-(x)$ 都非负、可积, 且以 T 为周期. 由于 $g(x)=g^+(x)-g^-(x)$, 故

$$\begin{aligned}\lim_{n\to+\infty}\int_a^b f(x)g(nx)\mathrm{d}x &= \lim_{n\to+\infty}\int_a^b f(x)(g^+(nx)-g^-(nx))\mathrm{d}x\\ &= \lim_{n\to+\infty}\int_a^b f(x)g^+(nx)\mathrm{d}x-\lim_{n\to+\infty}\int_a^b f(x)g^-(nx)\mathrm{d}x\\ &= \frac{1}{T}\int_0^T g^+(x)\mathrm{d}x\int_a^b f(x)\mathrm{d}x-\frac{1}{T}\int_0^T g^-(x)\mathrm{d}x\int_a^b f(x)\mathrm{d}x\\ &= \frac{1}{T}\int_0^T g(x)\mathrm{d}x\int_a^b f(x)\mathrm{d}x.\end{aligned}$$

例 4.8 设 $f(x)$ 在 $[a,b]$ 上可积, 则

$$\lim_{n\to+\infty}\int_a^b f(x)|\sin nx|\mathrm{d}x=\frac{2}{\pi}\int_a^b f(x)\mathrm{d}x.$$

证明 因为 $g(x)=|\sin x|$ 是以 $T=\pi$ 为周期的可积函数, 所以由推广的 Riemann 引理, 得

$$\lim_{n\to+\infty}\int_a^b f(x)|\sin nx|\mathrm{d}x=\int_0^\pi \sin x\mathrm{d}x\int_a^b f(x)\mathrm{d}x=\frac{2}{\pi}\int_a^b f(x)\mathrm{d}x.$$

例 4.9 设 $f(x)$ 在 $[0,+\infty)$ 上连续, 广义积分 $\displaystyle\int_0^{+\infty} f(x)\mathrm{d}x$ 绝对收敛, 试证:

$$\lim_{n\to+\infty}\int_0^{+\infty} f(x)\sin^4 nx\mathrm{d}x=0\Leftrightarrow\int_0^{+\infty} f(x)\mathrm{d}x=0.$$

解 利用

$$\sin^4 nx=\frac{3}{8}-\frac{1}{2}\cos 2nx+\frac{1}{8}\cos 4nx$$

及 Riemann 引理立得.

例 4.10 证明:

$$\lim_{n\to+\infty}\int_0^1\frac{\sin^2 nx}{1+x^2}\mathrm{d}x=\frac{\pi}{8}.$$

证明 由推广的 Riemann 引理, 得

$$\lim_{n\to+\infty}\int_0^1\frac{\sin^2 nx}{1+x^2}\mathrm{d}x=\frac{1}{2\pi}\int_0^{2\pi}\sin^2 x\mathrm{d}x\int_0^1\frac{1}{1+x^2}\mathrm{d}x=\frac{\pi}{8}.$$

例 4.11　设 $g(x)=\sum\limits_{k=1}^{m}a_k[kx]$, 且 $\sum\limits_{k=1}^{m}ka_k=0$, 这里 $[x]$ 表示不超过 x 的最大整数又 $f(x)$ 在 $[a,b]$ 上可积, 求 $\lim\limits_{n\to+\infty}\int_a^b f(x)g(nx)\mathrm{d}x$.

解　因为

$$g(x+1)=\sum_{k=1}^{m}a_k\left[k(x+1)\right]=\sum_{k=1}^{m}a_k[kx]+\sum_{k=1}^{m}ka_k=g(x),$$

所以 $g(x)$ 以 1 为周期, 于是

$$\lim_{n\to+\infty}\int_a^b f(x)g(nx)\mathrm{d}x=\int_0^1 g(x)\mathrm{d}x\int_a^b f(x)\mathrm{d}x.$$

因为

$$\begin{aligned}\int_0^1[kx]\mathrm{d}x&=\int_0^{\frac{1}{k}}0\mathrm{d}x+\int_{\frac{1}{k}}^{\frac{2}{k}}1\mathrm{d}x+\cdots+\int_{1-\frac{1}{k}}^{1}(k-1)\mathrm{d}x\\&=\frac{1}{2}k(k-1)\frac{1}{k}=\frac{1}{2}(k-1),\end{aligned}$$

所以

$$\begin{aligned}\lim_{n\to+\infty}\int_a^b f(x)g(nx)\mathrm{d}x&=\sum_{k=1}^{m}\int_0^1 a_k[kx]\mathrm{d}x\int_a^b f(x)\mathrm{d}x\\&=\frac{1}{2}\sum_{k=1}^{m}a_k(k-1)\int_a^b f(x)\mathrm{d}x\\&=-\frac{1}{2}\sum_{k=1}^{m}a_k\int_a^b f(x)\mathrm{d}x.\end{aligned}$$

例 4.12　设 $f(x)$ 在 $[0,a]$ 上非负且单调增加, 则

$$\lim_{p\to+\infty}\int_0^a f(x)\frac{\sin px}{x}\mathrm{d}x=\frac{\pi}{2}f(0^+).$$

证明　我们有

$$\begin{aligned}&\frac{1}{\pi}\int_0^a f(x)\frac{\sin px}{x}\mathrm{d}x\\=&\frac{1}{\pi}\int_0^a(f(x)-f(0^+))\frac{\sin px}{x}\mathrm{d}x+\frac{f(0^+)}{\pi}\int_0^a\frac{\sin px}{x}\mathrm{d}x\\=:&I_1+I_2,\end{aligned}$$

其中

$$I_2 = \frac{f(0^+)}{\pi}\int_0^a \frac{\sin px}{x}\mathrm{d}x = \frac{f(0^+)}{\pi}\int_0^{ap}\frac{\sin t}{t}\mathrm{d}t \to \frac{1}{2}f(0^+), \quad p \to +\infty.$$

于是, 只要证明当 $p \to +\infty$ 时 $I_1 \to 0$ 即可. 记 $g(x) = f(x) - f(0^+)$, 则 $g(x)$ 亦为单调增加函数, 且 $g(0^+) = 0$. 对任何给定的 $\varepsilon > 0$, 可以取定 $\eta, 0 < \eta < a$, 使得当 $0 \leqslant x \leqslant \eta$ 时有 $0 \leqslant g(x) < \varepsilon$. 此时

$$I_1 = \frac{1}{\pi}\int_0^a g(x)\frac{\sin px}{x}\mathrm{d}x = \frac{1}{\pi}\int_\eta^a g(x)\frac{\sin px}{x}\mathrm{d}x + \frac{1}{\pi}\int_0^\eta g(x)\frac{\sin px}{x}\mathrm{d}x.$$

由 Riemann 引理可知, 当 $p \to +\infty$ 时, 右端第一个积分的极限为 0. 对于第二个积分, 利用积分第二中值定理, 有

$$\frac{1}{\pi}\int_0^\eta g(x)\frac{\sin px}{x}\mathrm{d}x = \frac{1}{\pi}g(\eta)\int_\xi^\eta \frac{\sin px}{x}\mathrm{d}x,$$

而

$$\left|\int_\xi^\eta \frac{\sin px}{x}\mathrm{d}x\right| = \left|\int_{p\xi}^{p\eta}\frac{\sin t}{t}\mathrm{d}t\right| \leqslant A\pi,$$

其中 A 为一个绝对正常数. 从而

$$\left|\frac{1}{\pi}g(\eta)\int_\xi^\eta \frac{\sin px}{x}\mathrm{d}x\right| \leqslant \frac{\varepsilon}{\pi}\cdot A\pi = A\varepsilon.$$

所以当 $p \to +\infty$ 时, 第二个积分的极限也为 0. 综上, 结论得证.

另证 下面只证明, 当 $p \to +\infty$ 时, $I_1 \to 0$. 记 $g(x) = f(x) - f(0^+)$. 取 $0 < \alpha < 1$. 由积分中值定理, 我们知道, 存在 $\xi, \eta, p^{-\alpha} < \xi < a, 0 < \eta < p^{-\alpha}$, 使得

$$\begin{aligned}\int_0^a g(x)\frac{\sin px}{x}\mathrm{d}x &= \int_{p^{-\alpha}}^a g(x)\frac{\sin px}{x}\mathrm{d}x + \int_0^{p^{-\alpha}} g(x)\frac{\sin px}{x}\mathrm{d}x \\ &= g(a)\int_\xi^a \frac{\sin px}{x}\mathrm{d}x + g(p^{-\alpha})\int_\eta^{p^{-\alpha}}\frac{\sin px}{x}\mathrm{d}x \\ &= g(a)\int_{p\xi}^{pa}\frac{\sin x}{x}\mathrm{d}x + g(p^{-\alpha})\int_{p\eta}^{p^{1-\alpha}}\frac{\sin x}{x}\mathrm{d}x. \qquad (4.2.6)\end{aligned}$$

由于

$$p\xi > p^{1-\alpha} \to \infty, \quad g(p^{-\alpha}) = o(1), \quad \int_{p\eta}^{p^{1-\alpha}}\frac{\sin x}{x}\mathrm{d}x = O(1),$$

所以, (4.2.6) 式成为

$$\int_0^a g(x)\frac{\sin px}{x}\mathrm{d}x = g(a)o(1)+o(1)O(1)=o(1).$$

4.2.4　求 $\left(\int_a^b |f(x)|^n \mathrm{d}x\right)^{1/n}$ 的极限

例 4.13　设 $f(x)\geqslant 0,\ g(x)>0$, 两个函数在 $[a,b]$ 上连续, 求证:

$$\lim_{n\to+\infty}\left(\int_a^b (f(x))^n g(x)\mathrm{d}x\right)^{1/n} = \max_{a\leqslant x\leqslant b} f(x).$$

证明　设 $f(x)$ 在 $[a,b]$ 上的最大值为 M, 则 $M\geqslant 0$.

如果 $M=0$, 那么 $f(x)\equiv 0,\ x\in[a,b]$. 此时结论显然成立.

现在考虑 $M>0$ 的情形. 因为 $f(x)$ 在 $[a,b]$ 上连续, 所以存在点 $\xi\in[a,b]$ 使得 $f(\xi)=M$. 对任意 $\varepsilon>0$ (不妨设 $\varepsilon<\min(1,M/2)$), 存在 $\delta>0$, 使得对所有 $x\in[\xi-\delta,\xi+\delta]\bigcap[a,b]=[\alpha,\beta]$ 有

$$M-\varepsilon=f(\xi)-\varepsilon<f(x)\leqslant M.$$

两边 n 次方, 并乘以 $g(x)$ 有

$$[M-\varepsilon]^n g(x)<[f(x)]^n g(x)\leqslant M^n g(x).$$

因此

$$(M-\varepsilon)\left(\int_\alpha^\beta g(x)\mathrm{d}x\right)^{\frac{1}{n}}<\left(\int_\alpha^\beta [f(x)]^n g(x)\mathrm{d}x\right)^{\frac{1}{n}}\leqslant M\left(\int_\alpha^\beta g(x)\mathrm{d}x\right)^{\frac{1}{n}}.$$

进而, 有

$$(M-\varepsilon)\left(\int_\alpha^\beta g(x)\mathrm{d}x\right)^{\frac{1}{n}}<\left(\int_a^b [f(x)]^n g(x)\mathrm{d}x\right)^{\frac{1}{n}}\leqslant M\left(\int_a^b g(x)\mathrm{d}x\right)^{\frac{1}{n}}.$$

因为

$$\lim_{n\to\infty}\left(\int_\alpha^\beta g(x)\mathrm{d}x\right)^{\frac{1}{n}}=\lim_{n\to\infty}\left(\int_a^b g(x)\mathrm{d}x\right)^{\frac{1}{n}}=1,$$

所以当 n 充分大以后, 有

$$(M-\varepsilon)(1-\varepsilon)\leqslant\left(\int_a^b [f(x)]^n g(x)\mathrm{d}x\right)^{\frac{1}{n}}\leqslant M(1+\varepsilon).$$

不难推得, 当 n 充分大以后, 有

$$\left|\left(\int_a^b [f(x)]^n g(x)\mathrm{d}x\right)^{\frac{1}{n}} - M\right| < (M+1)\varepsilon.$$

由 $\varepsilon > 0$ 的任意性, 可知结论成立.

例 4.14 设 $f(x) \geqslant 0$, $f(x)$ 在 $[a,b]$ 上连续, 求证:

$$\lim_{n\to+\infty}\left(\int_a^b (f(x))^n \mathrm{d}x\right)^{1/n} = \max_{a\leqslant x\leqslant b} f(x). \tag{4.2.7}$$

例 4.15 设 $f(x)$ 在 $[a,b]$ 上连续, $\min\limits_{x\in[a,b]} f(x) = 1$, 求证:

$$\lim_{n\to+\infty}\left(\int_a^b \left(\frac{1}{f(x)}\right)^n g(x)\mathrm{d}x\right)^{1/n} = 1.$$

上述两个例子为例 4.13 的推论.

例 4.16 设 $x_n \in \left[0, \dfrac{\pi}{2}\right]$ 满足 $\dfrac{2}{\pi}\displaystyle\int_0^{\frac{\pi}{2}} \sin^n x\mathrm{d}x = \sin^n x_n$, 求 $\lim\limits_{n\to\infty} x_n$.

解 由积分中值定理知道 x_n 的存在性. 由 (4.2.7), 得

$$\lim_{n\to\infty}\left(\int_0^{\frac{\pi}{2}} \sin^n x\mathrm{d}x\right)^{\frac{1}{n}} = 1,$$

于是

$$\lim_{n\to\infty}\left(\frac{\pi}{2}\right)^{\frac{1}{n}} \sin x_n = \lim_{n\to+\infty} \sin x_n = 1,$$

从而

$$\lim_{n\to\infty} x_n = \frac{\pi}{2}.$$

例 4.17 设 $f(x)$ 在 (a,b) 上连续, 求证: 对任意 c,d $(a<c<d<b)$, 有

$$\lim_{n\to\infty}\frac{n}{2}\int_c^d \left[f\left(x+\frac{1}{n}\right) - f\left(x-\frac{1}{n}\right)\right]\mathrm{d}x = f(d) - f(c).$$

证明 对任意 c,d $(a<c<d<b)$ 及 $n\in\mathbf{Z}^+$, 当 $n > \dfrac{1}{c-a} + \dfrac{1}{b-d}$ 时, 有

$$\int_c^d \left[f\left(x+\frac{1}{n}\right)-f\left(x-\frac{1}{n}\right)\right]\mathrm{d}x=\int_c^d f\left(x+\frac{1}{n}\right)\mathrm{d}x-\int_c^d f\left(x-\frac{1}{n}\right)\mathrm{d}x$$
$$=\int_{c+\frac{1}{n}}^{d+\frac{1}{n}} f(t)\mathrm{d}t-\int_{c-\frac{1}{n}}^{d-\frac{1}{n}} f(t)\mathrm{d}t$$
$$=\int_{d-\frac{1}{n}}^{d+\frac{1}{n}} f(t)\mathrm{d}t-\int_{c-\frac{1}{n}}^{c+\frac{1}{n}} f(t)\mathrm{d}t,$$

由 $f(x)$ 连续可知, 存在 $\xi_n\in\left(c-\frac{1}{n},c+\frac{1}{n}\right),\eta_n\in\left(d-\frac{1}{n},d+\frac{1}{n}\right)$, 使得

$$\int_c^d \left[f\left(x+\frac{1}{n}\right)-f\left(x-\frac{1}{n}\right)\right]\mathrm{d}x=\frac{2}{n}f(\eta_n)-\frac{2}{n}f(\xi_n),$$

且

$$\lim_{n\to\infty}\xi_n=c,\quad \lim_{n\to\infty}\eta_n=d,$$

于是由 $f(x)$ 连续可得

$$\lim_{n\to\infty}\frac{n}{2}\int_c^d \left[f\left(x+\frac{1}{n}\right)-f\left(x-\frac{1}{n}\right)\right]\mathrm{d}x=f(d)-f(c).$$

4.2.5 含有积分上限函数的求极限问题

下面我们考察以下含有积分上限函数的求极限问题, 除了洛必达法则之外, 我们经常可以借助阶的估计的方法和积分中值定理.

例 4.18 设 $p<3$, 求 $\lim\limits_{n\to\infty}\int_{\frac{1}{n}}^1 \frac{1}{x^p}\sin\frac{n}{x}\mathrm{d}x$.

解 (利用积分中值定理) 令 $t=\frac{n}{x}$, 则由积分第二中值定理可知, 对所有 $n\in\mathbf{Z}^+$, 有

$$\left|\int_{\frac{1}{n}}^1 \frac{1}{x^p}\sin\frac{n}{x}\mathrm{d}x\right|=\left|\frac{1}{n^{p-1}}\int_n^{n^2} t^{p-2}\sin t\mathrm{d}t\right|$$
$$=\left|\frac{1}{n^{p-1}}\left(n^{p-2}\int_n^{\xi}\sin t\mathrm{d}t+n^{2p-4}\int_{\xi}^{n^2}\sin t\mathrm{d}t\right)\right|$$
$$\leqslant\frac{1}{n}\left|\int_n^{\xi}\sin t\mathrm{d}t\right|+\frac{1}{n^{3-p}}\left|\int_{\xi}^{n^2}\sin t\mathrm{d}t\right|$$
$$\leqslant\frac{2}{n}+\frac{2}{n^{3-p}}.$$

上式中, 令 $n \to \infty$, 并由 $p<3$ 可得

$$\lim_{n\to\infty}\int_{\frac{1}{n}}^{1}\frac{1}{x^p}\sin\frac{n}{x}\mathrm{d}x=0.$$

例 4.19 求 $\lim\limits_{x\to 0}\dfrac{1}{x^m}\displaystyle\int_0^x\cos\frac{1}{t}\mathrm{d}t,\ m<2.$

解 作变换 $u=\dfrac{1}{t}$, 则当 $x\to 0^+$ 时, 有

$$\begin{aligned}\int_0^x\cos\frac{1}{t}\mathrm{d}t&=\int_{\frac{1}{x}}^{+\infty}\frac{1}{u^2}\cos u\mathrm{d}u\\&=\frac{1}{u^2}\sin u\Big|_{\frac{1}{x}}^{+\infty}+2\int_{\frac{1}{x}}^{+\infty}\frac{1}{u^3}\sin u\mathrm{d}u\\&=-x^2\sin\frac{1}{x}+O\left(\int_{\frac{1}{x}}^{+\infty}\frac{1}{u^3}\mathrm{d}u\right)=O(x^2).\end{aligned}$$

于是, 当 $m<2$ 时, 有

$$\lim_{x\to 0^+}\frac{1}{x^m}\int_0^x\cos\frac{1}{t}\mathrm{d}t=0.$$

对于 $x\to 0^-$, 只需作个变换就可以转化为 $x\to 0^+$.

另解 此题也可以利用积分第二中值定理求解. 事实上, 因为 $\dfrac{1}{u^2}$ 为非负单调递减函数, 所以, 对任意 $A>\dfrac{1}{x}$,

$$\int_{\frac{1}{x}}^{A}\frac{1}{u^2}\cos u\mathrm{d}u=x^2\int_{\frac{1}{x}}^{\xi}\sin u\mathrm{d}u=x^2\left(\cos\frac{1}{x}-\cos\xi\right),\quad \xi\in\left(\frac{1}{x},A\right),$$

于是

$$\frac{1}{x^m}\left|\int_{\frac{1}{x}}^{A}\frac{1}{u^2}\cos u\mathrm{d}u\right|\leqslant 2x^{2-m}.$$

由此即得

$$\lim_{x\to 0^+}\frac{1}{x^m}\int_0^x\cos\frac{1}{t}\mathrm{d}t=0.$$

例 4.20 求极限 $\lim\limits_{n\to\infty}\sqrt{n}\displaystyle\int_0^{\frac{1}{\sqrt[3]{n}}}\frac{\cos x}{(1+x^2)^n}\mathrm{d}x.$

解 对任意正整数 n, 由 Taylor 公式可得

$$\frac{1}{(1+x^2)^n}=\mathrm{e}^{-n\ln(1+x^2)}=\mathrm{e}^{-n[x^2+o(x^3)]}=\mathrm{e}^{-nx^2}\cdot\mathrm{e}^{-no(x^3)}.$$

记 $\alpha(x)=-no(x^3)$, 则 $\alpha(x)$ 在 $\left[0,\dfrac{1}{\sqrt[3]{n}}\right]$ 上连续, 并且当 $x\in\left[0,\dfrac{1}{\sqrt[3]{n}}\right]$ 时, 由

$$nx^3\leqslant n\cdot n^{-1}=1,$$

可知

$$\alpha(x)=o(1),\quad x\to 0,$$

故由积分第一中值定理可知

$$\begin{aligned}\int_0^{\frac{1}{\sqrt[3]{n}}}\frac{\cos x}{(1+x^2)^n}\mathrm{d}x&=\int_0^{\frac{1}{\sqrt[3]{n}}}\cos x\cdot\mathrm{e}^{\alpha(x)}\cdot\mathrm{e}^{-nx^2}\mathrm{d}x\\&=\mathrm{e}^{\alpha(\xi_n)}\cos\xi_n\int_0^{\frac{1}{\sqrt[3]{n}}}\mathrm{e}^{-nx^2}\mathrm{d}x,\end{aligned}$$

于是由

$$0\leqslant\xi_n\leqslant\frac{1}{\sqrt[3]{n}},\quad\lim_{n\to\infty}\alpha(\xi_n)=0,\quad\lim_{n\to\infty}\cos\xi_n=1,$$

可得

$$\begin{aligned}\lim_{n\to\infty}\sqrt{n}\int_0^{\frac{1}{\sqrt[3]{n}}}\frac{\cos x}{(1+x^2)^n}\mathrm{d}x&=\lim_{n\to\infty}\sqrt{n}\int_0^{\frac{1}{\sqrt[3]{n}}}\mathrm{e}^{-nx^2}\mathrm{d}x\\&=\lim_{n\to\infty}\int_0^{\sqrt[6]{n}}\mathrm{e}^{-t^2}\mathrm{d}t\\&=\int_0^{+\infty}\mathrm{e}^{-t^2}\mathrm{d}t=\frac{\sqrt{\pi}}{2}.\end{aligned}$$

例 4.21 求极限 $\displaystyle\lim_{x\to 0}\frac{1}{x}\int_0^x t\left[\frac{1}{t}\right]\mathrm{d}t$, 这里 $[t]$ 表示不超过 t 的最大整数.

解 记 $\left\{\dfrac{1}{t}\right\}=\dfrac{1}{t}-\left[\dfrac{1}{t}\right]$, 则

$$t\left[\frac{1}{t}\right]=t\left(\frac{1}{t}-\left\{\frac{1}{t}\right\}\right)=1+O(t),$$

于是,

$$\int_0^x t\left[\frac{1}{t}\right]\mathrm{d}t=\int_0^x(1+O(t))\mathrm{d}t=x+O(x^2).$$

因此

$$\lim_{x\to 0}\frac{1}{x}\int_0^x t\left[\frac{1}{t}\right]\mathrm{d}t=\lim_{x\to 0}\frac{x+O(x^2)}{x}=1.$$

例 4.22 求极限 $\lim\limits_{x\to+\infty}\dfrac{1}{x}\displaystyle\int_0^x|\sin t|\mathrm{d}t$.

解 对任意取定的 $x>0$, 存在正整数 n 使得 $n\pi\leqslant x<(n+1)\pi$, 于是

$$\begin{aligned}\int_0^x|\sin t|\mathrm{d}t&=\sum_{k=1}^{n}\int_{(k-1)\pi}^{k\pi}|\sin t|\mathrm{d}t+\int_{n\pi}^{x}|\sin t|\mathrm{d}t\\&=2n+\int_{n\pi}^{x}|\sin t|\mathrm{d}t.\end{aligned}$$

因此

$$2n\leqslant\int_0^x|\sin t|\mathrm{d}t\leqslant 2n+2,$$

从而

$$\frac{2n}{(n+1)\pi}\leqslant\frac{1}{x}\int_0^x|\sin t|\mathrm{d}t\leqslant\frac{2n+2}{n\pi}.$$

由夹敛性原理知道

$$\lim_{x\to+\infty}\frac{1}{x}\int_0^x|\sin t|\mathrm{d}t=\frac{2}{\pi}.$$

例 4.23 设函数 $f(x)$ 在任何有限区间上可积, 且 $\lim\limits_{x\to+\infty}f(x)=l$. 证明:

$$\lim_{x\to+\infty}\frac{1}{x}\int_0^x f(t)\mathrm{d}t=l.$$

证明 因为 $\lim\limits_{x\to+\infty}f(x)=l$, 所以对于任意 $\varepsilon>0$, 存在 $M>0$, 当 $x>M$ 时, 有

$$|f(x)-l|<\frac{\varepsilon}{2}.$$

于是

$$\begin{aligned}\left|\frac{1}{x}\int_0^x f(t)\mathrm{d}t-l\right|&=\left|\frac{1}{x}\int_0^x(f(t)-l)\mathrm{d}t\right|\\&\leqslant\frac{1}{x}\int_0^M|f(t)-l|\mathrm{d}t+\frac{1}{x}\int_M^x|f(t)-l|\mathrm{d}t\end{aligned}$$

$$\leqslant \frac{1}{x}\int_0^M |f(t)-l|\mathrm{d}t + \frac{\varepsilon}{2}\frac{x-M}{x}$$
$$\leqslant \frac{1}{x}\int_0^M |f(t)-l|\mathrm{d}t + \frac{\varepsilon}{2}.$$

由于

$$\lim_{x\to+\infty}\frac{1}{x}\int_0^M |f(t)-l|\mathrm{d}t = 0,$$

故存在 M', 当 $x > M'$ 时,

$$\frac{1}{x}\int_0^M |f(t)-l|\mathrm{d}t < \frac{\varepsilon}{2}.$$

于是, 当 $x > M^* := \max(M', M)$ 时, 有

$$\left|\frac{1}{x}\int_0^x f(t)\mathrm{d}t - l\right| < \varepsilon.$$

这就证明了 $\lim\limits_{x\to+\infty}\frac{1}{x}\int_0^x f(t)\mathrm{d}t = l$.

4.3　积分的不等式

Cauchy 不等式　设 $f(x)$ 和 $g(x)$ 在 $[a,b]$ 上可积, 那么

$$\left(\int_a^b f(x)g(x)\mathrm{d}x\right)^2 \leqslant \int_a^b f^2(x)\mathrm{d}x \int_a^b g^2(x)\mathrm{d}x.$$

Hölder 不等式　设 $f(x)$ 和 $g(x)$ 在 $[a,b]$ 上可积, $p>1$, $\frac{1}{p}+\frac{1}{q}=1$, 则

$$\left|\int_a^b f(x)g(x)\mathrm{d}x\right| \leqslant \left(\int_a^b |f(x)|^p\mathrm{d}x\right)^{1/p}\left(\int_a^b |g(x)|^q\mathrm{d}x\right)^{1/q}.$$

这两个不等式非常基础, 我们不给出证明.

例 4.24　设函数 $f(x)$ 在 $[0,1]$ 上连续可微且至少有一个零点, 证明:

$$\int_0^1 |f(x)|\mathrm{d}x \leqslant \int_0^1 |f'(x)|\mathrm{d}x.$$

证明　设 $c\in[0,1]$ 为函数 $f(x)$ 的零点, 则

$$f(x) = f(x) - f(c) = \int_c^x f'(t)\mathrm{d}t.$$

当 $x \geqslant c$ 时, 得

$$|f(x)| = \left|\int_c^x f'(t)\mathrm{d}t\right| \leqslant \int_c^x |f'(t)|\mathrm{d}t \leqslant \int_0^1 |f'(x)|\mathrm{d}x.$$

当 $x < c$ 时, 同样有 $|f(x)| \leqslant \int_0^1 |f'(x)|\mathrm{d}x$. 两边取 $[0,1]$ 上的积分, 即得结论.

例 4.25 设 $f \in C^1[0,1]$, $f(0) = f(1) = 0$, 证明:

$$\int_0^1 [f(x)]^2\mathrm{d}x \leqslant \frac{1}{8}\int_0^1 [f'(x)]^2\mathrm{d}x.$$

证明 当 $x \in \left[0, \frac{1}{2}\right]$ 时, 由 Newton-Leibniz 公式, 有

$$|f(x)| = |f(x) - f(0)| = \left|\int_0^x f'(t)\mathrm{d}t\right| \leqslant \int_0^x |f'(t)|\mathrm{d}t.$$

由 Cauchy 不等式, 有

$$[f(x)]^2 \leqslant \left[\int_0^x |f'(t)|\mathrm{d}t\right]^2 \leqslant \int_0^x 1^2\mathrm{d}t \cdot \int_0^x [f'(t)]^2\mathrm{d}t \leqslant x\int_0^{\frac{1}{2}} [f'(t)]^2\mathrm{d}t,$$

两边积分, 得

$$\int_0^{\frac{1}{2}} [f(x)]^2\mathrm{d}x \leqslant \frac{1}{8}\int_0^{\frac{1}{2}} [f'(t)]^2\mathrm{d}t.$$

同理可得

$$\int_{\frac{1}{2}}^1 [f(x)]^2\mathrm{d}x \leqslant \frac{1}{8}\int_{\frac{1}{2}}^1 [f'(t)]^2\mathrm{d}t,$$

于是

$$\int_0^1 [f(x)]^2\mathrm{d}x = \int_0^{\frac{1}{2}} [f(x)]^2\mathrm{d}x + \int_{\frac{1}{2}}^1 [f(x)]^2\mathrm{d}x \leqslant \frac{1}{8}\int_0^1 [f'(x)]^2\mathrm{d}x.$$

注 这里我们给出了 $\int_0^1 [f(x)]^2\mathrm{d}x$ 和 $\int_0^1 [f'(x)]^2\mathrm{d}x$ 之间的大小关系. 有兴趣的读者可以考虑 $\int_0^1 [f(x)]^p\mathrm{d}x$ 和 $\int_0^1 [f'(x)]^p\mathrm{d}x$ $(p \geqslant 1)$ 之间的大小关系.

例 4.26 设 $a>0$, $f'(x)$ 在 $[0,a]$ 上连续, 则

$$|f(0)|\leqslant\frac{1}{a}\int_0^a|f(x)|\mathrm{d}x+\int_0^a|f'(x)|\mathrm{d}x.$$

证明 设 x 为 $[0,a]$ 上任一点, 则有

$$f(x)-f(0)=\int_0^x f'(t)\mathrm{d}t,$$

$$|f(0)|\leqslant|f(x)|+\left|\int_0^x f'(t)\mathrm{d}t\right|.$$

由于 $|f(x)|$ 在 $[0,a]$ 上连续, 故存在 $c\in[0,a]$, 使得

$$|f(c)|=\frac{1}{a}\int_0^a|f(x)|\mathrm{d}x.$$

在前式中令 $x=c$, 则有

$$\begin{aligned}|f(0)|&\leqslant|f(c)|+\left|\int_0^c f'(t)\mathrm{d}t\right|\\&\leqslant\frac{1}{a}\int_0^a|f(x)|\mathrm{d}x+\int_0^a|f'(t)|\mathrm{d}t\\&=\frac{1}{a}\int_0^a|f(x)|\mathrm{d}x+\int_0^a|f'(x)|\mathrm{d}x.\end{aligned}$$

例 4.27 设 $f(x)$ 在 $[0,1]$ 上连续可导, 则当 $0\leqslant x\leqslant 1$ 时, 有

(1) $|f(x)|\leqslant\int_0^1|f(t)|\mathrm{d}t+\int_0^1|f'(t)|\mathrm{d}t$;

(2) $\left|f\left(\frac{1}{2}\right)\right|\leqslant\int_0^1|f(t)|\mathrm{d}t+\frac{1}{2}\int_0^1|f'(t)|\mathrm{d}t$.

证明 (1) 由等式

$$f(x)=\int_0^1 f(t)\mathrm{d}t+\int_0^x tf'(t)\mathrm{d}t+\int_x^1(t-1)f'(t)\mathrm{d}t,$$

得到

$$|f(x)|\leqslant\int_0^1|f(t)|\mathrm{d}t+\int_0^x t|f'(t)|\mathrm{d}t+\int_x^1(1-t)|f'(t)|\mathrm{d}t$$

$$\leqslant \int_0^1 |f(t)|\mathrm{d}t + \int_0^1 t|f'(t)|\mathrm{d}t + \int_0^1 (1-t)|f'(t)|\mathrm{d}t$$
$$= \int_0^1 |f(t)|\mathrm{d}t + \int_0^1 |f'(t)|\mathrm{d}t.$$

(2) 在上面第一个不等式中取 $x = \frac{1}{2}$, 得到

$$\left|f\left(\frac{1}{2}\right)\right| \leqslant \int_0^1 |f(t)|\mathrm{d}t + \int_0^{\frac{1}{2}} t|f'(t)|\mathrm{d}t + \int_{\frac{1}{2}}^1 (1-t)|f'(t)|\mathrm{d}t$$
$$\leqslant \int_0^1 |f(t)|\mathrm{d}t + \frac{1}{2}\left(\int_0^{\frac{1}{2}} |f'(t)|\mathrm{d}t + \int_{\frac{1}{2}}^1 |f'(t)|\mathrm{d}t\right)$$
$$= \int_0^1 |f(t)|\mathrm{d}t + \frac{1}{2}\int_0^1 |f'(t)|\mathrm{d}t.$$

例 4.28 设 $f'(x)$ 在 $[a,b]$ 上是连续的, 且 $f(a)=0$, 则

$$\int_a^b f^2(x)\mathrm{d}x \leqslant \frac{(b-a)^2}{2}\int_a^b [f'(x)]^2\mathrm{d}x.$$

证明 由 $f'(x)$ 的连续性及 $f(a)=0$ 得

$$f(x) = \int_a^x f'(t)\mathrm{d}t, \quad a \leqslant x \leqslant b,$$

由 Cauchy 不等式我们知道, 对于 $a \leqslant x \leqslant b$, 有

$$f^2(x) = \left(\int_a^x f'(t)\mathrm{d}t\right)^2 \leqslant \int_a^x (f'(t))^2\mathrm{d}t \cdot \int_a^x \mathrm{d}t = (x-a)\int_a^x (f'(t))^2\mathrm{d}t.$$

将此不等式两端从 a 到 b 积分得

$$\int_a^b f^2(x)\mathrm{d}x \leqslant \frac{(b-a)^2}{2}\int_a^b [f'(t)]^2\mathrm{d}t.$$

例 4.29 设 $f(x)$ 在 $[a,b]$ 上有连续的导函数, $f(a)=0$, 证明:

$$\int_a^b |f(x)f'(x)|\,\mathrm{d}x \leqslant \frac{b-a}{2}\int_a^b (f'(x))^2\mathrm{d}x.$$

证明　令 $g(x)=\int_a^x |f'(t)|\mathrm{d}t\ (a\leqslant x\leqslant b)$, 则 $g'(x)=|f'(x)|$. 由 $f(a)=0$ 可知,

$$|f(x)|=|f(x)-f(a)|=\left|\int_a^x f'(t)\mathrm{d}t\right|\leqslant\int_a^x |f'(t)|\mathrm{d}t=g(x).$$

于是有

$$\begin{aligned}\int_a^b |f(x)f'(x)|\mathrm{d}x&\leqslant\int_a^b g(x)g'(x)\mathrm{d}x=\int_a^b g(x)\mathrm{d}g(x)\\&=\frac{1}{2}g^2(x)\Big|_a^b=\frac{1}{2}\left(\int_a^b |f'(t)|\mathrm{d}t\right)^2\\&=\frac{1}{2}\left(\int_a^b 1\cdot|f'(t)|\mathrm{d}t\right)^2\\&\leqslant\frac{1}{2}\int_a^b 1^2\mathrm{d}t\int_a^b |f'(t)|^2\mathrm{d}t\\&=\frac{b-a}{2}\int_a^b (f'(t))^2\mathrm{d}t.\end{aligned}$$

例 4.30　设 $f(x)$ 在 $[a,b]$ 上具有连续导数, 记 $A=\frac{1}{b-a}\int_a^b f(x)\mathrm{d}x$. 证明:

$$\int_a^b (f(x)-A)^2\,\mathrm{d}x\leqslant(b-a)^2\int_a^b (f'(x))^2\mathrm{d}x.$$

证明　(**方法一**) 由积分中值定理知道, 存在 $\xi\in(a,b)$ 使得 $f(\xi)=A$. 于是

$$\begin{aligned}(f(x)-A)^2=(f(x)-f(\xi))^2&=\left(\int_x^\xi f'(t)\mathrm{d}t\right)^2\\&\leqslant(b-a)\int_a^b (f'(x))^2\mathrm{d}x.\end{aligned}$$

两边在 $[a,b]$ 上积分得

$$\int_a^b (f(x)-A)^2\,\mathrm{d}x\leqslant(b-a)^2\int_a^b (f'(x))^2\mathrm{d}x.$$

(方法二) 由定积分的性质知道

$$
\begin{aligned}
|f(x)-A| &= \left|f(x)-\frac{1}{b-a}\int_a^b f(x)\mathrm{d}x\right| \\
&= \left|\frac{1}{b-a}\int_a^b (f(x)-f(t))\mathrm{d}t\right| \\
&= \frac{1}{b-a}\left|\int_a^b\int_t^x f'(u)\mathrm{d}u\mathrm{d}t\right| \\
&\leqslant \frac{1}{b-a}\int_a^b\int_a^b |f'(u)|\mathrm{d}u\mathrm{d}t \\
&= \int_a^b |f'(x)|\mathrm{d}x.
\end{aligned}
$$

利用 Cauchy 不等式即得

$$(f(x)-A)^2 \leqslant (b-a)\int_a^b (f'(x))^2\mathrm{d}x.$$

两边在 $[a,b]$ 上积分即得结论.

例 4.31 设 $f(x)$ 在 $[0,1]$ 上连续, 且 $f(x)>0$, 则

$$\ln\int_0^1 f(x)\mathrm{d}x \geqslant \int_0^1 \ln f(x)\mathrm{d}x.$$

证明 令 $\int_0^1 f(x)\mathrm{d}x = c$. 因为

$$\frac{f(x)}{c}-1>-1,$$

所以

$$\ln\left(1+\left(\frac{f(x)}{c}-1\right)\right) \leqslant \frac{f(x)}{c}-1,$$

$$\ln f(x)-\ln c \leqslant \frac{f(x)}{c}-1.$$

上式两边积分得

$$\int_0^1 \ln f(x)\mathrm{d}x-\ln c \leqslant \frac{\int_0^1 f(x)\mathrm{d}x}{c}-1=0,$$

即有

$$\ln \int_0^1 f(x)\mathrm{d}x \geqslant \int_0^1 \ln f(x)\mathrm{d}x.$$

例 4.32 设 $f(x)$ 在 $[0,1]$ 上单调减少, 则对任何 $a \in (0,1)$, 有

$$a\int_0^1 f(x)\mathrm{d}x \leqslant \int_0^a f(x)\mathrm{d}x.$$

证明 因为 $f(x)$ 在 $[0,1]$ 上单调减少, 所以对任何 $a \in (0,1)$, 有

$$\frac{1}{a}\int_0^a f(x)\mathrm{d}x \geqslant f(a) = \frac{1}{1-a}\int_a^1 f(a)\mathrm{d}x \geqslant \frac{1}{1-a}\int_a^1 f(x)\mathrm{d}x,$$

于是

$$(1-a)\int_0^a f(x)\mathrm{d}x \geqslant a\int_a^1 f(x)\mathrm{d}x.$$

从而

$$\int_0^a f(x)\mathrm{d}x \geqslant a\int_0^a f(x)\mathrm{d}x + a\int_a^1 f(x)\mathrm{d}x = a\int_0^1 f(x)\mathrm{d}x,$$

即有

$$a\int_0^1 f(x)\mathrm{d}x \leqslant \int_0^a f(x)\mathrm{d}x.$$

例 4.33 设函数 $f(x)$ 在 $[0,1]$ 上有二阶连续导数, $f(0)=f(1)=0$, 且对任意 $x \in (0,1)$, $f(x) \neq 0$. 证明: $\displaystyle\int_0^1 \left|\frac{f''(x)}{f(x)}\right| \mathrm{d}x > 4$.

证明 由于 $f(x) \neq 0$, $x \in (0,1)$, $f(0)=f(1)=0$, 且 $f(x)$ 在 $[0,1]$ 上连续, 故存在 $x_0 \in (0,1)$, 使 $|f(x_0)| = \max\limits_{x\in[0,1]} |f(x)| > 0$. 不妨设 $f(x_0) > 0$, 则有

$$\int_0^1 \left|\frac{f''(x)}{f(x)}\right| \mathrm{d}x \geqslant \frac{1}{f(x_0)}\int_0^1 |f''(x)|\,\mathrm{d}x.$$

因 $f(0)=f(1)=0$, 由 Lagrange 中值定理, 存在 $\alpha \in (0,x_0)$, $\beta \in (x_0,1)$, 使得

$$f'(\alpha) = \frac{f(x_0)}{x_0}, \quad f'(\beta) = \frac{f(x_0)}{x_0 - 1}.$$

因此

$$\int_0^1 |f''(x)|\mathrm{d}x > \int_\alpha^\beta |f''(x)|\mathrm{d}x \geqslant \left|\int_\alpha^\beta f''(x)\mathrm{d}x\right|$$
$$= |f'(\beta) - f'(\alpha)| = \left|\frac{f(x_0)}{x_0} - \frac{f(x_0)}{x_0 - 1}\right|$$
$$= \frac{f(x_0)}{x_0(1-x_0)} \geqslant 4f(x_0).$$

于是

$$\int_0^1 \left|\frac{f''(x)}{f(x)}\right| \mathrm{d}x > 4.$$

例 4.34 设函数 $f(x)$ 在 $[a,b]$ 上有连续导数, $f(a)=0$, 且对任意 $x \in [a,b]$, 有 $0 \leqslant f'(x) \leqslant 1$. 证明:

$$\int_a^b f^3(x)\mathrm{d}x \leqslant \left(\int_a^b f(x)\mathrm{d}x\right)^2.$$

证明 令

$$\phi(t) := \int_a^t f^3(x)\mathrm{d}x - \left(\int_a^t f(x)\mathrm{d}x\right)^2, \quad t \in [a,b].$$

则 $\phi'(t)$ 在 $[a,b]$ 上连续, 且

$$\phi'(t) = f^3(t) - 2f(t)\int_a^t f(x)\mathrm{d}x = f(t)\left(f^2(t) - 2\int_a^t f(x)\mathrm{d}x\right).$$

记 $\psi(t) := f^2(t) - 2\int_a^t f(x)\mathrm{d}x$. 则由 $f(a)=0$, $0 \leqslant f'(x) \leqslant 1$, 得

$$\psi'(t) = 2f(t)f'(t) - 2f(t) = 2(f'(t)-1)\int_a^t f'(x)\mathrm{d}x \leqslant 0.$$

于是, $\psi(t)$ 在 $[a,b]$ 上单调递减, 从而

$$\psi(t) \leqslant \psi(a) = f^2(a) - 2\int_a^a f(x)\mathrm{d}x = 0.$$

因此

$$\phi'(t) = \psi(t)f(t) = \psi(t)\int_a^t f'(x)\mathrm{d}x \leqslant 0.$$

这就证明了 $\phi(t)$ 在 $[a,b]$ 上单调递减, 从而 $\phi(b)\leqslant\phi(a)=0$, 即

$$\int_a^b f^3(x)\mathrm{d}x\leqslant\left(\int_a^b f(x)\mathrm{d}x\right)^2.$$

例 4.35 设函数 $f(x)$ 在 $[a,b]$ 上连续且单调递增, 证明:

$$\int_a^b xf(x)\mathrm{d}x\geqslant\frac{a+b}{2}\int_a^b f(x)\mathrm{d}x.$$

证明 令

$$F(x)=\int_a^x tf(t)\mathrm{d}t-\frac{a+x}{2}\int_a^x f(t)\mathrm{d}t,$$

则 $F(a)=0$. 因为 $f(x)$ 单调递增, 所以

$$\begin{aligned}F'(x)&=\frac{x-a}{2}f(x)-\frac{1}{2}\int_a^x f(t)\mathrm{d}t\\&=\frac{1}{2}\int_a^x(f(x)-f(t))\mathrm{d}t\geqslant 0.\end{aligned}$$

于是, $F(x)$ 单调递增, 故 $F(b)\geqslant F(a)=0$, 即

$$\int_a^b xf(x)\mathrm{d}x\geqslant\frac{a+b}{2}\int_a^b f(x)\mathrm{d}x=F(b).$$

另证 因为 $f(x)$ 单调递增, 所以

$$\left(x-\frac{a+b}{2}\right)\left(f(x)-f\left(\frac{a+b}{2}\right)\right)\geqslant 0.$$

将上式从 a 到 b 积分得

$$\int_a^b\left(x-\frac{a+b}{2}\right)\left(f(x)-f\left(\frac{a+b}{2}\right)\right)\mathrm{d}x\geqslant 0,$$

即

$$\int_a^b xf(x)\mathrm{d}x-\frac{a+b}{2}\int_a^b f(x)\mathrm{d}x\geqslant f\left(\frac{a+b}{2}\right)\int_a^b\left(x-\frac{a+b}{2}\right)\mathrm{d}x=0,$$

由此即得所需不等式.

注 在本节有关积分不等式的证明中, 我们多次利用了变上限积分函数. 变上限积分的一个非常重要的性质是把函数用导数的积分表示, 在此基础上, 我们可以利用 Cauchy 不等式、Hölder 不等式等工具建立函数的幂的积分与导数的幂的积分之间的关系. 另外, 还可以利用变上限积分提高函数光滑性的重要性质, 对变上限积分求导, 借助函数的单调性、凸性等性质, 建立一些重要的不等式.

4.4 积分的计算和估计

例 4.36 设 $I_n := \int_0^{\frac{\pi}{4}} \tan^n x \mathrm{d}x,\ n = 1, 2, \cdots$.

(1) 求 $I_n + I_{n-2}$ 的值;

(2) 证明: $\dfrac{1}{2(n+1)} < I_n < \dfrac{1}{2(n-1)}$.

(1) **解**

$$I_n + I_{n-2} = \int_0^{\frac{\pi}{4}} \tan^{n-2} x(1+\tan^2 x)\mathrm{d}x$$

$$= \int_0^{\frac{\pi}{4}} \tan^{n-2} x \mathrm{d}\tan x = \frac{1}{n-1}.$$

(2) **证明** 显然, $\tan^n x$ 在 $\left[0, \dfrac{\pi}{4}\right]$ 上关于 n 是单调递减的函数列, 因此, $I_n < I_{n-2}$, 且有

$$2I_n < I_n + I_{n-2} = \frac{1}{n-1},$$

即

$$I_n < \frac{1}{2(n-1)}.$$

同理

$$2I_n > I_n + I_{n+2} = \frac{1}{n+1},$$

即

$$I_n > \frac{1}{2(n+1)}.$$

例 4.37 在区间 $(0, \pi)$ 上定义

$$D_n(x) := \frac{\sin \dfrac{2n+1}{2} x}{2\sin \dfrac{x}{2}}, \quad n = 1, 2, \cdots,$$

计算 $\int_0^{\pi} D_n(x)\mathrm{d}x$ 的值.

解 **(方法一)** 利用三角恒等式:

$$2\sin\frac{x}{2}\left(\frac{1}{2}+\sum_{k=1}^{n}\cos kx\right)=\sin\frac{2n+1}{2}x,$$

可知 $D_n(x)=\frac{1}{2}+\sum\limits_{k=1}^{n}\cos kx$, 于是

$$\begin{aligned}\int_0^{\pi} D_n(x)\mathrm{d}x&=\int_0^{\pi}\left(\frac{1}{2}+\sum_{k=1}^{n}\cos kx\right)\mathrm{d}x\\&=\frac{\pi}{2}+\sum_{k=1}^{n}\int_0^{\pi}\cos kx\mathrm{d}x=\frac{\pi}{2}.\end{aligned}$$

(方法二) 记 $I_n=\int_0^{\pi} D_n(x)\mathrm{d}x$. 则有

$$I_n-I_{n-1}=\int_0^{\pi}\frac{\sin\frac{(2n+1)}{2}x-\sin\frac{(2n-1)}{2}x}{2\sin\frac{x}{2}}\mathrm{d}x=\int_0^{\pi}2\cos nx\mathrm{d}x=0.$$

于是

$$I_n=I_{n-1}=\cdots=I_0=\frac{\pi}{2}.$$

例 4.38 设 $f(x)=\frac{1}{x}-\left[\frac{1}{x}\right]$ $(0<x\leqslant 1)$, $f(0)=0$. 证明 $f(x)$ 在 $[0,1]$ 上可积, 并求 $\int_0^1 f(x)\mathrm{d}x$ 的值.

解 (1) 由于 $f(x)=\left\{\frac{1}{x}\right\}$ 表示 $\frac{1}{x}$ 的小数部分, 所以有界并有间断点 $\frac{1}{n}(n=1,2,\cdots)$. 对任意的 $0<\varepsilon<1$, 将 $[0,1]$ 分成 $\left[0,\frac{\varepsilon}{3}\right]$ 和 $\left[\frac{\varepsilon}{3},1\right]$ 两个部分. 因为 $f(x)$ 在 $\left[\frac{\varepsilon}{3},1\right]$ 上有界且只有有限个间断点, 所以 $f(x)$ 在 $\left[\frac{\varepsilon}{3},1\right]$ 上可积. 于是, 存在 $\delta_1>0$, 对 $\left[\frac{\varepsilon}{3},1\right]$ 的任一划分 T_1, 只要 $d(T_1)<\delta_1$, 其对应的和 $\sum''\omega_i\Delta x_i<\frac{\varepsilon}{3}$.

若取 $\delta=\min\left(\frac{\varepsilon}{3},\delta_1\right)$, 则对 $[0,1]$ 的任意划分 T, 只要 $d(T)<\delta$, 就有 $\sum\omega_i\Delta x_i<\varepsilon$. 事实上, 当 $\frac{\varepsilon}{3}$ 为 T 的一个分点时, 显然有 $\sum\omega_i\Delta x_i<\varepsilon$. 而当

$\dfrac{\varepsilon}{3}$ 不是 T 的分点时, 有

$$\sum \omega_i \Delta x_i = \sum{}' \omega_i \Delta x_i + \sum{}'' \omega_i \Delta x_i + \omega_{i0} \Delta x_{i0},$$

其中 $\sum'$ 为包含在 $\left[0, \dfrac{\varepsilon}{3}\right]$ 内的所有子区间对应的和, $\sum''$ 为包含在 $\left[\dfrac{\varepsilon}{3}, 1\right]$ 内的所有子区间对应的和, 而 ω_{i0} 与 Δx_{i0} 为包含分点 $\dfrac{\varepsilon}{3}$ 的子区间上的振幅和该子空间的长度. 由于所有 $\omega_i \leqslant 1$, 故有 $\sum' \omega_i \Delta x_i < \dfrac{\varepsilon}{3}$, $\omega_{i0} \Delta x_i < \dfrac{\varepsilon}{3}$. 再将 $\dfrac{\varepsilon}{3}$ 补充为分点后, 显然也有 $\sum'' \omega_i \Delta x_i < \dfrac{\varepsilon}{3}$. 因而, $\sum \omega_i \Delta x_i < \varepsilon$, 这就证明了 $f(x)$ 在 $[0,1]$ 上可积.

(2)

$$\begin{aligned}
\int_0^1 f(x)\mathrm{d}x &= \sum_{m=1}^{\infty} \int_{\frac{1}{m+1}}^{\frac{1}{m}} \left(\frac{1}{x} - \left[\frac{1}{x}\right]\right) \mathrm{d}x \\
&= \sum_{m=1}^{\infty} \int_{\frac{1}{m+1}}^{\frac{1}{m}} \left(\frac{1}{x} - m\right) \mathrm{d}x \\
&= \sum_{m=1}^{\infty} \left(\ln \frac{m+1}{m} - \frac{1}{m+1}\right) \\
&= \lim_{n\to\infty} \sum_{m=1}^{n-1} \left(\ln \frac{m+1}{m} - \frac{1}{m+1}\right) \\
&= \lim_{n\to\infty} \left(\ln n - \frac{1}{2} - \cdots - \frac{1}{n}\right) \\
&= 1 - \lim_{n\to\infty} \left(1 + \frac{1}{2} + \frac{1}{3} + \cdots + \frac{1}{n} - \ln n\right) = 1 - \gamma,
\end{aligned}$$

其中 γ 为 Euler 常数.

例 4.39 计算定积分

$$I = \int_0^{\pi} \frac{x \sin x\,|\cos x|}{1+\cos^2 x} \mathrm{d}x.$$

解 我们有

$$I = \int_0^{\frac{\pi}{2}} \frac{x \sin x\,|\cos x|}{1+\cos^2 x} \mathrm{d}x + \int_{\frac{\pi}{2}}^{\pi} \frac{x \sin x\,|\cos x|}{1+\cos^2 x} \mathrm{d}x,$$

其中

$$\int_{\frac{\pi}{2}}^{\pi} \frac{x\sin x\,|\cos x|}{1+\cos^2 x}\mathrm{d}x = -\int_{\frac{\pi}{2}}^{0} \frac{(\pi - x)\sin x\,|\cos x|}{1+\cos^2 x}\mathrm{d}x$$

$$= \int_{0}^{\frac{\pi}{2}} \frac{(\pi - x)\sin x \cos x}{1+\cos^2 x}\mathrm{d}x,$$

因此

$$I = \pi\int_{0}^{\frac{\pi}{2}} \frac{\sin x\cos x}{1+\cos^2 x}\mathrm{d}x = \frac{\pi}{2}\ln 2.$$

例 4.40　设 $f(x)=\int_{x}^{x+1}\sin t^2\mathrm{d}t$, 则当 $x>0$ 时, $|f(x)|\leqslant \frac{1}{x}$.

证明　令 $t=\sqrt{u}$, 则由积分第二中值定理得

$$|f(x)| = \left|\int_{x^2}^{(x+1)^2}\sin u\frac{\mathrm{d}u}{2\sqrt{u}}\right| = \left|\frac{1}{2\sqrt{x^2}}\int_{x^2}^{\xi}\sin u\mathrm{d}u\right| \leqslant \frac{1}{x}.$$

注　题中的不等式可以改进为 $|f(x)|<\frac{1}{x},\ x>0$. 事实上, 有

$$f(x) = \int_{x^2}^{(x+1)^2}\sin u\frac{\mathrm{d}u}{2\sqrt{u}} = -\frac{1}{2}\left(\frac{1}{\sqrt{u}}\cos u\Big|_{x^2}^{(x+1)^2} + \int_{x^2}^{(x+1)^2}\frac{\cos u}{u^{3/2}}\mathrm{d}u\right)$$

$$= \frac{1}{2x}\cos x^2 - \frac{1}{2(x+1)}\cos(x+1)^2 - \frac{1}{4}\int_{x^2}^{(x+1)^2}\frac{\cos u\mathrm{d}u}{u^{3/2}}.$$

于是

$$|f(x)| \leqslant \frac{1}{2x} + \frac{1}{2(x+1)} + \frac{1}{4}\left|\int_{x^2}^{(x+1)^2}\frac{\cos u\mathrm{d}u}{u^{3/2}}\right|$$

$$< \frac{1}{2x} + \frac{1}{2(x+1)} - \frac{1}{2}\left(\frac{1}{x+1} - \frac{1}{x}\right) = \frac{1}{x}.$$

例 4.41　证明: $I=\int_{0}^{\sqrt{2\pi}}\sin x^2\mathrm{d}x>0$.

证明　令 $y=x^2$, 得

$$I = \frac{1}{2}\int_{0}^{2\pi}\sin y\frac{1}{\sqrt{y}}\mathrm{d}y = \frac{1}{2}\left(\int_{0}^{\pi}\sin y\frac{1}{\sqrt{y}}\mathrm{d}y + \int_{\pi}^{2\pi}\sin y\frac{1}{\sqrt{y}}\mathrm{d}y\right).$$

令 $y=t+\pi$, 得

$$\int_{\pi}^{2\pi}\sin y\frac{1}{\sqrt{y}}\mathrm{d}y=-\int_{0}^{\pi}\sin t\frac{1}{\sqrt{t+\pi}}\mathrm{d}t.$$

于是

$$I=\frac{1}{2}\int_{0}^{\pi}\left(\frac{\sin y}{\sqrt{y}}-\frac{\sin y}{\sqrt{y+\pi}}\right)\mathrm{d}y=\frac{1}{2}\int_{0}^{\pi}\sin y\left(\frac{1}{\sqrt{y}}-\frac{1}{\sqrt{y+\pi}}\right)\mathrm{d}y>0.$$

例 4.42 设 $f'(x)$ 在 $[a,b]$ 上连续, 且 $f(a)=f(b)=0$, 则

$$\max_{a\leqslant x\leqslant b}|f'(x)|\geqslant\frac{4}{(b-a)^2}\int_{a}^{b}|f(x)|\mathrm{d}x.$$

证明 设 $M=\max\limits_{a\leqslant x\leqslant b}|f'(x)|$, 则由 Lagrange 中值定理知道, 当 $x\in(a,b)$ 时, 有

$$f(x)=f(a)+f'(\xi_1)(x-a)=f'(\xi_1)(x-a),$$

$$f(x)=f(b)+f'(\xi_2)(x-b)=f'(\xi_2)(x-b),$$

其中, $\xi_1\in(a,x)$, $\xi_2\in(x,b)$. 于是

$$|f(x)|\leqslant M(x-a)\quad 及\quad |f(x)|\leqslant M(b-x),$$

而

$$\begin{aligned}\int_{a}^{b}|f(x)|\mathrm{d}x&=\int_{a}^{\frac{1}{2}(a+b)}|f(x)|\mathrm{d}x+\int_{\frac{1}{2}(a+b)}^{b}|f(x)|\mathrm{d}x\\&\leqslant\int_{a}^{\frac{1}{2}(a+b)}M(x-a)\mathrm{d}x+\int_{\frac{1}{2}(a+b)}^{b}M(b-x)\mathrm{d}x\\&=\frac{M(b-a)^2}{4},\end{aligned}$$

结论得证.

例 4.43 设 $f(x)$ 在 $[a,b]$ 上有二阶连续导数, 且 $f\left(\dfrac{a+b}{2}\right)=0$, 则

$$\max_{a\leqslant x\leqslant b}|f''(x)|\geqslant\frac{24}{(b-a)^3}\left|\int_{a}^{b}f(x)\mathrm{d}x\right|.$$

证明 设 $M=\max\limits_{a\leqslant x\leqslant b}|f''(x)|$, 将 $f(x)$ 在 $x=\dfrac{a+b}{2}$ 展开得

$$f(x)=f'\left(\frac{a+b}{2}\right)\left(x-\frac{a+b}{2}\right)+\frac{1}{2}f''(\xi)\left(x-\frac{a+b}{2}\right)^2,$$

其中 ξ 介于 x 和 $\dfrac{a+b}{2}$ 之间. 于是

$$
\begin{aligned}
\left|\int_a^b f(x)\mathrm{d}x\right| &\leqslant \left|f'\left(\frac{a+b}{2}\right)\int_a^b\left(x-\frac{a+b}{2}\right)\mathrm{d}x\right|+\frac{1}{2}\left|\int_a^b f''(\xi)\left(x-\frac{a+b}{2}\right)^2\mathrm{d}x\right|\\
&=\frac{1}{2}\left|\int_a^b f''(\xi)\left(x-\frac{a+b}{2}\right)^2\mathrm{d}x\right|\\
&\leqslant \frac{M}{2}\int_a^b\left(x-\frac{a+b}{2}\right)^2\mathrm{d}x\\
&=\frac{M(b-a)^3}{24}.
\end{aligned}
$$

例 4.44 设 $f(x)$ 在 $[a,b]$ 上有二阶连续导数, 且 $f(a)=f(b)=0$, 证明

$$
\max_{a\leqslant x\leqslant b}|f''(x)|\geqslant \frac{12}{(b-a)^3}\left|\int_a^b f(x)\mathrm{d}x\right|.
$$

证明 设 $M=\max\limits_{a\leqslant x\leqslant b}|f''(x)|$, 将 $f(a)$ 在 x 展开得

$$
0=f(a)=f(x)+f'(x)(a-x)+\frac{1}{2}f''(\xi)\,(a-x)^2,\quad \xi\in(a,x),
$$

即

$$
f(x)=f'(x)(x-a)-\frac{1}{2}f''(\xi)\,(a-x)^2.
$$

因此

$$
\begin{aligned}
\int_a^b f(x)\mathrm{d}x &= \int_a^b f'(x)(x-a)\mathrm{d}x-\frac{1}{2}\int_a^b f''(\xi)\,(a-x)^2\,\mathrm{d}x\\
&=f(x)(x-a)\,\Big|_a^b-\int_a^b f(x)\mathrm{d}x-\frac{1}{2}\int_a^b f''(\xi)\,(a-x)^2\,\mathrm{d}x,
\end{aligned}
$$

从而

$$
\int_a^b f(x)\mathrm{d}x=-\frac{1}{4}\int_a^b f''(\xi)\,(a-x)^2\,\mathrm{d}x.
$$

不难得到

$$
\left|\int_a^b f(x)\mathrm{d}x\right|\leqslant \frac{M}{4}\int_a^b (a-x)^2\,\mathrm{d}x=\frac{M}{12}(b-a)^3.
$$

例 4.45 设 $f(x)$ 在 $[a,b]$ 连续可微, 且 $f(a)=0$, 证明

$$M^2 \leqslant (b-a)\int_a^b (f'(x))^2 \mathrm{d}x,$$

其中 $M=\sup\limits_{a\leqslant x\leqslant b}|f(x)|$.

证明 因为 $f(x)\in C[a,b]$, 故存在 $\xi\in[a,b]$, 使得 $M=|f(\xi)|$. 又

$$M^2=|f^2(\xi)|=\left(\int_a^{\xi}(f'(x))\mathrm{d}x\right)^2\leqslant\left(\int_a^b|f'(x)|\mathrm{d}x\right)^2.$$

再由 Cauchy 不等式, 得到

$$M^2\leqslant\left(\int_a^b|f'(x)|\mathrm{d}x\right)^2\leqslant(b-a)\int_a^b|f'(x)|^2\mathrm{d}x.$$

例 4.46 设 $x>0$, 证明: 存在 $\theta\in(0,1)$, 使得

$$\int_0^x \mathrm{e}^t\mathrm{d}t=x\mathrm{e}^{\theta x},\quad \lim_{x\to 0^+}\theta=\frac{1}{2},$$

并且有

$$\lim_{x\to+\infty}\theta=1.$$

证明 令 $F(x)=\displaystyle\int_0^x \mathrm{e}^t\mathrm{d}t$. 由 e^x 的连续性知, $F(x)$ 在 $[0,+\infty)$ 上可导. 当 $x>0$ 时, 由中值定理知, 存在 $\theta\in(0,1)$, 使得

$$\int_0^x \mathrm{e}^t\mathrm{d}t=x\mathrm{e}^{\theta x}.$$

注意到 $F(0)=0$, $F'(0)=F''(0)=1$, 由 Taylor 公式得

$$\int_0^x \mathrm{e}^t\mathrm{d}t=x+\frac{x^2}{2}+o(x^2),\quad x\to 0^+.$$

因此,

$$x\mathrm{e}^{\theta x}=x+\frac{x^2}{2}+o(x^2),\quad \mathrm{e}^{\theta x}-1=\frac{x}{2}+o(x),\quad x\to 0^+.$$

对函数 $g(x)=\mathrm{e}^x$ 在 $(0,\theta x)$ 上使用 Lagrange 中值定理知, 存在 $\xi\in(0,\theta x)$, 使得

$$\mathrm{e}^{\xi}\theta x=\frac{x}{2}+o(x),\quad \mathrm{e}^{\xi}\theta=\frac{1}{2}+\frac{o(x)}{x},\quad x\to 0^+.$$

令 $x \to 0^+$ 即得 $\lim\limits_{x\to 0^+} \theta = \dfrac{1}{2}$.

由 $\displaystyle\int_0^x \mathrm{e}^t \mathrm{d}t = x\mathrm{e}^{\theta x}$ 得

$$\theta = \frac{1}{x} \ln \left(\frac{1}{x} \int_0^x \mathrm{e}^t \mathrm{d}t \right) = \frac{1}{x} \ln \frac{\mathrm{e}^x - 1}{x},$$

故

$$\begin{aligned} \lim_{x\to+\infty} \theta &= \lim_{x\to+\infty} \frac{1}{x} \ln \frac{\mathrm{e}^x - 1}{x} \\ &= \lim_{x\to+\infty} \frac{\ln(\mathrm{e}^x - 1)}{x} - \lim_{x\to+\infty} \frac{\ln x}{x} = 1. \end{aligned}$$

例 4.47　设 $f(x)$ 在 $[a,b]$ 上有 $2n$ 阶连续导数, 且 $\left|f^{(2n)}(x)\right| \leqslant M$, $f^{(m)}(a) = f^{(m)}(b) = 0$, $m = 0, 1, \cdots, n-1$, 则

$$\left| \int_a^b f(x) \mathrm{d}x \right| \leqslant \frac{M(n!)^2}{(2n!)(2n+1)!} (b-a)^{2n+1}.$$

解　令 $g(x) = (x-a)^n (b-x)^n$, 则 $g^{(m)}(a) = g^{(m)}(b) = 0$, $m = 0, 1, \cdots, n-1$. 于是逐次运用分部积分法, 得到

$$\begin{aligned} \int_a^b f^{(2n)}(x) g(x) \mathrm{d}x &= -\int_a^b f^{(2n-1)}(x) g'(x) \mathrm{d}x \\ &= \int_a^b f^{(2n-2)}(x) g''(x) \mathrm{d}x \\ &= \cdots = (-1)^n \int_a^b f^{(n)}(x) g^{(n)}(x) \mathrm{d}x. \end{aligned}$$

现在利用 $f^{(m)}(a) = f^{(m)}(b) = 0$, $m = 0, 1, \cdots, n-1$, 逐次运用分部积分法, 得到

$$\begin{aligned} \int_a^b f^{(2n)}(x) g(x) \mathrm{d}x &= (-1)^{n+1} \int_a^b f^{(n)}(x) g^{(n+1)}(x) \mathrm{d}x = \cdots \\ &= \int_a^b f(x) g^{(2n)}(x) \mathrm{d}x = \int_a^b f(x) (2n)! \mathrm{d}x. \end{aligned}$$

于是

$$\left| \int_a^b f(x) \mathrm{d}x \right| = \left| \frac{1}{(2n)!} \int_a^b f^{(2n)}(x) g(x) \mathrm{d}x \right|$$

$$\leqslant \frac{M}{(2n)!}\int_a^b (x-a)^n(b-x)^n\mathrm{d}x$$

$$=\frac{M}{(2n)!}(b-a)^{2n+1}\int_0^1 x^n(1-x)^n\mathrm{d}x$$

$$=\frac{M}{(2n)!}(b-a)^{2n+1}\frac{(n!)^2}{(2n+1)!}.$$

例 4.48 设 $f(x)$ 在 $[0,1]$ 上有二阶连续导数, 则

$$\int_0^1 x^n f(x)\mathrm{d}x=\frac{f(1)}{n}-\frac{f(1)+f'(1)}{n^2}+o\left(\frac{1}{n^2}\right).$$

证明 **(方法一)** 利用分部积分得

$$\begin{aligned}
&\int_0^1 x^n f(x)\mathrm{d}x\\
=&\frac{x^{n+1}}{n+1}f(x)\Big|_0^1-\frac{1}{n+1}\int_0^1 x^{n+1}f'(x)\mathrm{d}x\\
=&\frac{f(1)}{n+1}-\frac{1}{n+1}\frac{x^{n+2}}{n+2}f'(x)\Big|_0^1+\frac{1}{(n+1)(n+2)}\int_0^1 x^{n+2}f''(x)\mathrm{d}x\\
=&\frac{f(1)}{n+1}-\frac{f'(1)}{(n+1)(n+2)}+\frac{1}{(n+1)(n+2)}\int_0^1 x^{n+2}f''(x)\mathrm{d}x\\
=&\frac{f(1)}{n}-\frac{f(1)+f'(1)}{n^2}+\frac{f(1)}{n^2(n+1)}+\frac{(3n+2)f'(1)}{n^2(n+1)(n+2)}\\
&+\frac{1}{(n+1)(n+2)}\int_0^1 x^{n+2}f''(x)\mathrm{d}x\\
=&\frac{f(1)}{n}-\frac{f(1)+f'(1)}{n^2}+\frac{1}{(n+1)(n+2)}\int_0^1 x^{n+2}f''(x)\mathrm{d}x+o\left(\frac{1}{n^2}\right),\quad n\to\infty.
\end{aligned}$$

接下来只要证明

$$\frac{1}{(n+1)(n+2)}\int_0^1 x^{n+2}f''(x)\mathrm{d}x=o\left(\frac{1}{n^2}\right),\quad n\to\infty.$$

记 $M=\max\limits_{x\in[0,1]}|f''(x)|$, 则

$$\left|\frac{1}{(n+1)(n+2)}\int_0^1 x^{n+2}f''(x)\mathrm{d}x\right|\leqslant\frac{M}{(n+1)(n+2)}\int_0^1 x^{n+2}\mathrm{d}x$$

$$= \frac{M}{(n+1)(n+2)(n+3)} = o\left(\frac{1}{n^2}\right), \quad n \to \infty.$$

(方法二) 首先, 将积分作如下分解:

$$\int_0^1 x^n f(x)\mathrm{d}x = \int_0^{1-n^{-\frac{3}{4}}} x^n f(x)\mathrm{d}x + \int_{1-n^{-\frac{3}{4}}}^1 x^n f(x)\mathrm{d}x =: I + J. \tag{4.4.8}$$

记 $M^* = \max\limits_{x\in[0,1]} |f(x)|$, 则

$$|I| \leqslant M^* \int_0^{1-n^{-\frac{3}{4}}} x^n \mathrm{d}x = M^* \frac{\left(1-n^{-\frac{3}{4}}\right)^{n+1}}{n+1}.$$

因为

$$\begin{aligned}
\left(1-n^{-\frac{3}{4}}\right)^{n+1} &= \mathrm{e}^{(n+1)\ln\left(1-n^{-\frac{3}{4}}\right)} \\
&= \mathrm{e}^{(n+1)\left(-n^{-\frac{3}{4}}+O\left(\frac{1}{n^{\frac{3}{2}}}\right)\right)} \\
&= \mathrm{e}^{-n^{-\frac{3}{4}}(n+1)+o(1)} = o\left(\frac{1}{n^2}\right),
\end{aligned} \tag{4.4.9}$$

所以

$$I = o\left(\frac{1}{n^2}\right), \quad n \to \infty. \tag{4.4.10}$$

对于 J, 利用

$$\begin{aligned}
f(x) &= f(1) + f'(1)(x-1) + O\left((x-1)^2\right) \\
&= f(1) + f'(1)(x-1) + O\left(\frac{1}{n^{\frac{3}{2}}}\right), \quad x \in \left(1-n^{-\frac{3}{4}}, 1\right),
\end{aligned}$$

得

$$\begin{aligned}
J &= \int_{1-n^{-\frac{3}{4}}}^1 x^n \left(f(1) + f'(1)(x-1) + O\left(\frac{1}{n^{\frac{3}{2}}}\right)\right)\mathrm{d}x \\
&= \frac{1-\left(1-n^{-\frac{3}{4}}\right)^{n+1}}{n+1} f(1) + \frac{1-\left(1-n^{-\frac{3}{4}}\right)^{n+2}}{n+2} f'(1)
\end{aligned}$$

$$-\frac{1-\left(1-n^{-\frac{3}{4}}\right)^{n+1}}{n+1}f'(1)+O\left(\frac{1}{n^{\frac{3}{2}}}\right)\frac{1-\left(1-n^{-\frac{3}{4}}\right)^{n+1}}{n+1}.$$

利用 (4.4.9), 得

$$\begin{aligned}\frac{1-\left(1-n^{-\frac{3}{4}}\right)^{n+1}}{n+1}f(1)&=\frac{f(1)}{n}-\frac{f(1)}{n^2}+\left(\frac{1-n}{n^2}+\frac{1}{n+1}\right)f(1)+o\left(\frac{1}{n^2}\right)\\&=\frac{f(1)}{n}-\frac{f(1)}{n^2}+o\left(\frac{1}{n^2}\right),\ n\to\infty.\end{aligned}$$

$$\begin{aligned}&\frac{1-\left(1-n^{-\frac{3}{4}}\right)^{n+2}}{n+2}f'(1)-\frac{1-\left(1-n^{-\frac{3}{4}}\right)^{n+1}}{n+1}f'(1)\\&=\frac{1}{n+2}f'(1)-\frac{1}{n+1}f'(1)+o\left(\frac{1}{n^2}\right)\\&=-\frac{f'(1)}{n^2}+\left(\frac{1}{n^2}+\frac{1}{n+2}-\frac{1}{n+1}\right)f'(1)+o\left(\frac{1}{n^2}\right)\\&=-\frac{f'(1)}{n^2}+o\left(\frac{1}{n^2}\right),\quad n\to\infty.\end{aligned}$$

$$O\left(\frac{1}{n^{\frac{3}{2}}}\right)\frac{1-\left(1-n^{-\frac{3}{4}}\right)^{n+1}}{n+1}=o\left(\frac{1}{n^2}\right),\quad n\to\infty.$$

综上所述, 得

$$J=\frac{f(1)}{n}-\frac{f(1)+f'(1)}{n^2}+o\left(\frac{1}{n^2}\right).\tag{4.4.11}$$

综合 (4.4.8), (4.4.10) 和 (4.4.11), 结论得证.

第 5 章 级 数

5.1 级数内容概述

5.1.1 数项级数的基本概念

对给定的级数

$$\sum_{n=0}^{\infty} a_n = a_0 + a_1 + a_2 + \cdots, \tag{5.1.1}$$

若 $\lim\limits_{n\to\infty} s_n = \lim\limits_{n\to\infty} (a_0 + a_1 + \cdots + a_n)$ 存在且有限, 则称级数 (5.1.1) 收敛.

由于级数的收敛性是由部分和数列的收敛性来定义的, 所以很多数列的性质可以简单地推广到级数上去.

Cauchy 收敛准则 级数 $\sum a_n$ 收敛的充分必要条件是: 对任意给定的 $\varepsilon > 0$, 存在正整数 $N > 0$, 使得当 $n > N$ 时, 对于任意的自然数 m, 都有

$$\left|\sum_{k=n}^{n+m} a_k\right| < \varepsilon. \tag{5.1.2}$$

由此可得级数 (5.1.1) 收敛的必要条件: $\lim\limits_{n\to\infty} a_n = 0$. 但这并非充分条件, 例如 $\sum\limits_{n=1}^{\infty} \dfrac{1}{n}$ 是发散的.

Cauchy 收敛准则是处理级数收敛性问题的基本工具. 例如, 若 $a_n \downarrow 0$, 则由级数 $\sum a_n$ 的收敛性, 可知 $na_n \to 0$. 事实上, 若 $\sum a_n$ 收敛, 则由 a_n 的单调性, 有

$$o(1) = \sum_{k=[\frac{n}{2}]+1}^{n} a_n \geqslant \left(n - \left[\frac{n}{2}\right]\right) a_n \geqslant \frac{n}{3} a_n,$$

$$na_n \to 0, \quad n \to \infty.$$

若去掉 a_n 的单调性条件, 则上述结论不成立, 例如, 可以取下面的数列作为例子:

$$a_n = \begin{cases} \dfrac{1}{n}, & n = 2^k, \\ \dfrac{1}{n^2}, & n \neq 2^k, \end{cases} \qquad k = 0, 1, 2, \cdots.$$

5.1.2 正项级数收敛性判别法

1. 比较判别法.

若当 $n \geqslant n_0$ 时, $0 \leqslant a_n \leqslant b_n$, 则当 $\sum b_n$ 收敛时, $\sum a_n$ 也收敛; 而若 $\sum a_n$ 发散, 则 $\sum b_n$ 也发散.

由此, 如果 $\lim\limits_{b\to\infty}\dfrac{a_n}{b_n} = A\ (\neq 0)$, 则级数 $\sum a_n$ 与 $\sum b_n$ 有相同的敛散性.

比较判别法只适用于正项级数. 例如取 $a_n = \dfrac{(-1)^n}{\sqrt{n}}$, $b_n = \dfrac{(-1)^n}{\sqrt{n}} + \dfrac{1}{n}$, 则虽然有 $\lim\limits_{n\to\infty}\dfrac{a_n}{b_n} = 1$, 但是 $\sum a_n$ 收敛, 而 $\sum b_n$ 却是发散的.

2. Cauchy 积分判别法.

若 $a(x)$ 是 $[1,+\infty)$ 上定义的单调减少正值函数, 则级数 $\sum\limits_{n=1}^{\infty} a(n)$ 与无穷积分 $\displaystyle\int_1^{\infty} a(x)\mathrm{d}x$ 有相同的敛散性. 由此, 记 $\ln_p x = \underbrace{\ln\ln\cdots\ln}_{p个} x$, 则级数

$$\sum\frac{1}{n^{\alpha}}, \sum\frac{1}{n(\ln n)^{\alpha}}, \cdots, \sum\frac{1}{n\ln n\ln\ln n\cdots(\ln_p n)^{\alpha}},$$

当 $\alpha > 1$ 时收敛, 当 $\alpha \leqslant 1$ 时发散, 这些级数可以作为判定正项级数敛散性的 "尺度", 用它们与比较判别法结合起来, 可以得到许多常用的判别法.

3. 常用判别法.

(1) **Cauchy 根值判别法** 若 $\overline{\lim}\sqrt[n]{a_n} < 1$ $(\underline{\lim}\sqrt[n]{a_n} > 1)$, 则级数 $\sum a_n$ 收敛 (发散).

(2) **D'Alembert** (达朗贝尔) **判别法** 若 $\overline{\lim}\dfrac{a_{n+1}}{a_n} < 1$ $\left(\underline{\lim}\dfrac{a_{n+1}}{a_n} > 1\right)$, 则级数 $\sum a_n$ 收敛 (发散).

(3) **Raabe** (拉贝) **判别法** 若 $\underline{\lim}\, n\left(1-\dfrac{a_{n+1}}{a_n}\right)>1$ $\left(\overline{\lim}\, n\left(1-\dfrac{a_{n+1}}{a_n}\right)<1\right)$, 则级数 $\sum a_n$ 收敛 (发散).

(4) **Gauss** (高斯) **判别法** 若 $\dfrac{a_n}{a_{n+1}} = 1 + \dfrac{\mu}{n} + O\left(\dfrac{1}{n^{1+\varepsilon}}\right)$, $\varepsilon > 0$, 则当 $\mu > 1$ $(\mu \leqslant 1)$ 时, 级数 $\sum a_n$ 收敛 (发散).

5.1.3 任意项级数收敛性判别法

1. 若 $|a_n| \leqslant b_n\ (n \geqslant n_0)$, 则当 $\sum b_n$ 收敛时, $\sum a_n$ 也收敛.

此处实际上得到了 $\sum |a_n|$ 的收敛性. 这一判别法的叙述固然简单, 但它没有顾及变号项之间 "相互抵消" 作用对级数收敛性的影响, 所以其使用范围有一定的局限性.

2. Leibniz 判别法.

若 $a_n \downarrow 0$, 则级数 $\sum (-1)^n a_n$ 收敛.

这里 $\{a_n\}$ 的单调性是不可少的. 例如, 取

$$a_n = \begin{cases} \dfrac{1}{n}, & n = 2k, k = 1, 2, \cdots, \\ \dfrac{1}{n^2}, & n = 2k-1, k = 1, 2, \cdots, \end{cases}$$

则 $\sum\limits_{n=1}^{\infty} (-1)^n a_n$ 是发散的.

3. Abel (阿贝尔) 判别法.

若 $\sum b_n$ 收敛, 数列 a_n 单调有界, 则 $\sum a_n b_n$ 收敛.

这里 a_n 的单调性不可去掉. 例如, 取 $b_n = a_n = \dfrac{(-1)^n}{\sqrt{n}}$, 则 $\sum\limits_{n=1}^{\infty} a_n b_n$ 发散.

4. Dirichlet 判别法.

若 $\sum\limits_{n=1}^{\infty} b_n$ 的部分和有界, 数列 $\{a_n\}$ 单调趋于零, 则 $\sum a_n b_n$ 收敛.

关于 $\{a_n\}$ "单调性" 及 "趋于零" 的条件, 缺一不可. 例如, 取 $b_n = (-1)^n, a_n = \dfrac{(-1)^n}{n}$(单调性破坏), 或 $b_n = (-1)^n,\ a_n = \dfrac{n}{n+1}$($a_n$ 不趋于 0), 则 $\sum a_n b_n$ 发散.

注 Abel 判别法和 Dirichlet 判别法都是基于 Abel 变换得到的.

5.1.4 绝对收敛级数的性质

1. 如果 $\sum\limits_{k=1}^{\infty} a_k$ 收敛但不绝对收敛, 令 $P_n = \sum\limits_{k=1}^{n} \max(0, a_k), N_n = -\sum\limits_{k=1}^{n} \min(0, a_k)$, 则由于 $\sum\limits_{k=1}^{\infty} a_k$ 不绝对收敛, 可知 $\lim\limits_{n\to\infty} P_n = +\infty, \lim\limits_{n\to\infty} N_n = +\infty$. 由 $\sum\limits_{k=1}^{\infty} a_k$ 的收敛性, 又有 $\lim\limits_{n\to\infty} (P_n - N_n) = S < \infty$, 因此

$$\lim_{n\to\infty} \left(\frac{P_n}{N_n} - 1 \right) = \lim_{n\to\infty} \left(\frac{P_n - N_n}{N_n} \right) = 0,$$

即 $\lim_{n\to\infty}\frac{P_n}{N_n}=1$.

2. 若 $\sum a_n$ 绝对收敛, 则将它的任意项改变次序后, 其和不变.

若 $\sum a_n$ 收敛而不绝对收敛, 则对任意数值 A, 总可适当调动 a_n 的位置, 使得新级数的和等于 A.

3. 设 $\sum a_n$ 与 $\sum b_n$ 分别收敛于 A 和 B, 而且它们都绝对收敛. 记

$$c_n = a_1b_n + a_2b_{n-1} + \cdots + a_nb_1,$$

则 $\sum\limits_{n=1}^{\infty} c_n$ 收敛于 AB.

4. 若级数 $\sum\limits_{m=1}^{\infty}\sum\limits_{n=1}^{\infty}|a_{mn}|$ 收敛, 则 $\sum\limits_{m=1}^{\infty}\sum\limits_{n=1}^{\infty}a_{mn}=\sum\limits_{n=1}^{\infty}\sum\limits_{m=1}^{\infty}a_{mn}$.

5.1.5 一致收敛性的判别法

函数项级数无论在理论上还是在实际应用中都有着非常重要的作用, 为研究函数的性质提供了重要的工具. 例如, Weierstrass 用函数项级数构造了一个处处连续处处不可导的函数, 这就是所谓的 Weierstrass 函数. 利用函数项级数可以构造出一些具有特殊性质的和函数. 在研究函数项级数的和函数的分析性质 (如连续性、可微性和可积性等) 时, 函数项级数的一致收敛性起着非常重要的作用.

1. 设 $a_n(x)(n=1,2,\cdots)$ 是定义在数集 I 上的函数, 对每一个 $x\in I$, 级数 $\sum a_n(x)$ 收敛于 $f(x)(<\infty)$. 如果对任意的 $\varepsilon>0$, 存在与 $x\in I$ 无关的正整数 N, 使得当 $n>N$ 时, 不等式 $\left|f(x)-\sum\limits_{k=1}^{n}a_k(x)\right|<\varepsilon$ 对一切 $x\in I$ 都成立, 则称 $\sum a_n(x)$ 在 I 上一致收敛于 $f(x)$.

因此, 如果存在 $\varepsilon_0>0$, 对于任意的自然数 n, 都有 $x_n\in I$ (注意, 一般来说, 它是关于 n 的函数), 使得 $\left|f(x_n)-\sum\limits_{k=1}^{n}a_k(x_n)\right|\geqslant\varepsilon_0$, 则 $\sum a_n(x)$ 在 I 上不一致收敛于 $f(x)$.

对于函数列 $\{f_n(x)\}$, 可以类似地给出 $\{f_n(x)\}$ 在 I 上一致收敛于 $f(x)$ 的定义.

2. 一致收敛的充分必要条件: 函数列 $\{f_n(x)\}$ 在 I 上一致收敛于 $f(x)$ 的充分必要条件是 $\lim\limits_{n\to\infty}\sup\limits_{x\in I}|f_n(x)-f(x)|=0$.

这样, 为了判定 $f_n(x)\to f(x)$ 的一致性, 需要研究函数 $r_n(x)=|f_n(x)-f(x)|$ 在 I 上的函数值的上界. 一般地, 可借助微分中值求极值的方法.

3. 常用的一致收敛性判别法

判断函数项级数一致收敛的常用判别法有

(1) 利用一致收敛的定义.

(2) **一致收敛的 Cauchy 准则** $\sum\limits_{n=1}^{\infty} u_n(x)$ 在 I 上一致收敛的充要条件是: 对任意 $\varepsilon > 0$, 存在一个仅与 ε 有关的正整数 $N(\varepsilon)$, 当 $n > N$ 时, 对任意正整数 p 和 $x \in I$, 有

$$\left|\sum_{k=n}^{n+p} u_k(x)\right| < \varepsilon.$$

(3) **上确界判别法** $\sum\limits_{n=1}^{\infty} u_n(x)$ 在 I 上一致收敛于 $S(x)$ 的充要条件是

$$\lim_{n\to\infty} \sup_{x\in I}\left|S(x) - \sum_{k=1}^{n} u_k(x)\right| = 0.$$

(4) **Weierstrass 判别法** (优级数判别法) 若对任何 $x \in I$, 有 $|u_n(x)| \leqslant c_n (n \geqslant n_0)$, 则当 $\sum\limits_{n=1}^{\infty} c_n$ 收敛时, $\sum\limits_{n=1}^{\infty} u_n(x)$ 在 I 上一致收敛.

(5) **Dirichlet 判别法** 若存在常数 M, 使得对所有 $n \geqslant n_0$ 和 $x \in I$, 有 $\left|\sum\limits_{k=1}^{n} b_k(x)\right| \leqslant M$, 函数列 $\{u_n(x)\}$ 对每一个 $x \in I$ 关于 n 单调且关于 x 一致收敛于零, 则 $\sum\limits_{n=1}^{\infty} a_n(x)b_n(x)$ 在 I 上一致收敛.

(6) **Abel 判别法** 若 $\sum\limits_{n=1}^{\infty} b_n(x)$ 在 I 上一致收敛, 函数列 $\{a_n(x)\}$ 对每一个 $x \in I$ 关于 n 单调且关于 x 一致有界, 则级数 $\sum\limits_{n=1}^{\infty} a_n(x)b_n(x)$ 在 I 上一致收敛.

(7) **Dini 定理** 设函数项级数 $\sum\limits_{n=1}^{\infty} u_n(x)$ 的每一项为有界闭区间 $[a,b]$ 上的非负连续函数, 又已知级数的和函数 $S(x)$ 也在 $[a,b]$ 上连续, 那么 $\sum\limits_{n=1}^{\infty} u_n(x)$ 在 $[a,b]$ 上一致收敛于 $S(x)$.

要注意 Dini 定理对于非有界闭区间不成立. 例如, 对于函数列来说, $\{x^n\}$ 处处单调收敛于 0, 但不一致收敛.

判别函数项级数不一致收敛常用的方法:

(1) **Cauchy 准则** 以函数项级数 $\sum\limits_{n=1}^{\infty} u_n(x)$ 为例是: 存在 $\varepsilon_0 > 0$, 对所有正整数 N, 都有 $n' > N$, $p' \in \mathbf{Z}^+$ 及 $x' \in I$, 使得

$$|u_{n'+1}(x') + u_{n'+2}(x') + \cdots + u_{n'+p'}(x')| \geqslant \varepsilon_0;$$

(2) **子列极限 (对角线判别法)** 即存在所考虑区间中的数列 $\{x_n\}$, 使得 $\lim\limits_{n\to\infty}|S_n(x_n)-S(x_n)|\neq 0$;

(3) **连续性定理的逆命题** 若函数列 $\{S_n(x)\}$ (或函数项级数 $\sum\limits_{n=1}^{\infty}u_n(x)$ 的各项在区间 I 上连续), 但极限函数 (或和函数) 不连续, 则函数列 $\{S_n(x)\}$ $\left(\text{或函数项级数 } \sum\limits_{n=1}^{\infty}u_n(x)\right)$ 在 I 上不一致收敛;

(4) **通项法** 若 $u_n(x)$ 不一致收敛于 0, 则函数项级数 $\sum\limits_{n=1}^{\infty}u_n(x)$ 在区间 I 上不一致收敛.

5.1.6 一致收敛级数的性质

1. 设 $a_n(x)(n=1,2,3,\cdots)$ 是 $[a,b]$ 上的连续函数, $\sum a_n(x)$ 在 $[a,b]$ 上一致收敛于 $f(x)$, 则 $f(x)$ 也在 $[a,b]$ 上连续, 即对 $x_0\in[a,b]$, 有

$$\lim_{x\to x_0}f(x)=\sum\lim_{x\to x_0}a_n(x).$$

若 "在 $[a,b]$ 上一致收敛" 改为 "在 (a,b) 上内闭一致收敛", 则 $f(x)$ 在 (a,b) 上连续.

注 一致收敛并非必要条件, 例如, 取

$$a_n(x)=nx\mathrm{e}^{-nx}-(n-1)x\mathrm{e}^{-(n-1)x},\quad x\in[0,1];\quad f(x)\equiv 0,$$

则 $\sum\limits_{n=1}^{\infty}a_n(x)$ 在 $[0,1]$ 上收敛于连续函数 $f(x)$, 但不是一致收敛, 因为对于任意的 n, 若取 $x_n=\dfrac{1}{n}$, 则

$$\left|\sum_{k=1}^{n}a_n(x_n)-f(x_n)\right|=|nx_n\mathrm{e}^{-nx_n}-0|=n\cdot\frac{1}{n}\cdot\mathrm{e}^{-n\cdot\frac{1}{n}}=\frac{1}{\mathrm{e}}.$$

2. 设 $a_n(x)$ 在 $[a,b]$ 上连续, $\sum a_n(x)$ 在 $[a,b]$ 上一致收敛于 $f(x)$, 则

$$\int_a^b f(x)\mathrm{d}x=\sum\int_a^b a_n(x)\mathrm{d}x.$$

此处, 一致收敛也非必要条件, 例如, 取

$$a_1(x)=x\mathrm{e}^{-x^2},\quad a_n(x)=nx\mathrm{e}^{-nx^2}-(n-1)x\mathrm{e}^{-(n-1)x^2},$$

$$f(x)\equiv 0,\quad x\in[-1,1],$$

则

$$\int_{-1}^{1} f(x)\mathrm{d}x = 0 = \int_{-1}^{1} a_1(x)\mathrm{d}x + \sum_{n=2}^{\infty}\int_{-1}^{1} a_n(x)\mathrm{d}x,$$

但 $\sum\limits_{n=1}^{\infty} a_n(x)$ 不一致收敛于 $f(x)$. 事实上, 对于任意的 n, 若取 $x_n = \dfrac{1}{\sqrt{n}}$, 则

$$\left|\sum_{k=1}^{n}(a_k(x_n) - f(x_n))\right| = \sqrt{n}\mathrm{e}^{-1} \to \infty, \quad n \to \infty.$$

3. 设 $a_n(x)$ $(n \geqslant 1)$ 在 $[a,b]$ 上有连续的导函数, 如果级数 $\sum a_n(x)$ 在 $[a,b]$ 上收敛于 $f(x)$, $\sum a_n'(x)$ 在 $[a,b]$ 上一致收敛, 则

$$f'(x) = \left(\sum a_n(x)\right)' = \sum a_n'(x).$$

若 "$\sum a_n'(x)$ 在 $[a,b]$ 上一致收敛" 改为 "$\sum a_n'(x)$ 在 (a,b) 上内闭一致收敛", 则逐项微分可在 (a,b) 内进行.

关于 $\sum a_n'(x)$ 一致收敛的条件, 仍非必要的, 例如, 取

$$a_n(x) = nx^2(1-x)^n - (n-1)x^2(1-x)^{n-1}, \quad x \in [0,1],$$

$$f(x) \equiv 0,$$

则

$$f'(x) = 0 = \sum_{n=1}^{\infty} a_n'(x) = \lim_{n\to\infty}(nx(1-x)^{n-1})(2-2x-nx), \quad x \in [0,1],$$

但是对于任意的自然数 n, 取 $x_n = \dfrac{1}{n}$, 则

$$\begin{aligned}\left|\sum_{k=1}^{n} a_k'(x_n) - f'(x_n)\right| &= \left|n\frac{1}{n}\left(1-\frac{1}{n}\right)^{n-1}\left(2-\frac{2}{n}-1\right) - 0\right| \\ &= \left(1-\frac{1}{n}\right)^{n-1}\left(1-\frac{2}{n}\right) \to \frac{1}{\mathrm{e}}, \quad n \to \infty.\end{aligned}$$

因此, $\sum a_n'(x)$ 在 $[0,1]$ 上不一致收敛.

4. 设 ① $a_n(x) \geqslant 0$ $(n \geqslant 1, x \geqslant a)$; ② 对任意的 $c < b$ (或对任何 $c < +\infty$), 都有

$$\int_a^c \left(\sum_{n=1}^{\infty} a_n(x)\right)\mathrm{d}x = \sum_{n=1}^{\infty}\int_a^c a_n(x)\mathrm{d}x, \tag{5.1.3}$$

则有等式

$$\int_a^b\left(\sum_{n=1}^{\infty}a_n(x)\right)\mathrm{d}x=\sum_{n=1}^{\infty}\int_a^b a_n(x)\mathrm{d}x$$

或

$$\int_a^{+\infty}\left(\sum_{n=1}^{\infty}a_n(x)\right)\mathrm{d}x=\sum_{n=1}^{\infty}\int_a^{+\infty}a_n(x)\mathrm{d}x.$$

条件 ① 一般不能成立, 此时, 若将条件 ② 中的等式改为关于 $|a_n(x)|$ 的等式, 则结论仍然可成立. 但是, 一般情况下, 验证条件 ② 会遇到困难, 这时, 可以从等式

$$\int_a^b\left(\sum_{n=1}^{N}a_n(x)\right)\mathrm{d}x=\sum_{n=1}^{N}\int_a^b a_n(x)\mathrm{d}x$$

出发, 再借助阶的估计方法, 证明

$$\lim_{N\to\infty}\int_a^b\left(\sum_{n+N+1}^{\infty}a_n(x)\right)\mathrm{d}x=0,$$

从而得到 (5.1.3) 式. 对于 $\displaystyle\int_a^{+\infty}\left(\sum_{n=1}^{\infty}a_n(x)\right)\mathrm{d}x$ 的积分与求和次序的交换, 可用同样的处理方法.

5.1.7 幂级数

1. 幂级数的收敛半径.

令

$$R=\begin{cases}\dfrac{1}{\overline{\lim\limits_{n\to\infty}}\sqrt[n]{|a_n|}}, & 0<\overline{\lim\limits_{n\to\infty}}\sqrt[n]{|a_n|}<+\infty,\\ 0, & \overline{\lim\limits_{n\to\infty}}\sqrt[n]{|a_n|}=+\infty,\\ +\infty, & \overline{\lim\limits_{n\to\infty}}\sqrt[n]{|a_n|}=0,\end{cases}$$

则幂级数 $\sum\limits_{n=0}^{\infty}a_n(x-x_0)^n$ 在 $|x-x_0|<R$ 内绝对收敛, 在 $|x-x_0|>R$ 内发散.

需要注意的是, 在式 $\overline{\lim\limits_{n\to\infty}}\sqrt[n]{|a_n|}$ 中, a_n 是 $(x-x_0)^n$ 的系数, 而不是第 n 个非零系数. 例如, 在 $\sum\limits_{n=1}^{\infty}nx^{n^2}$ 中,

$$a_n=\begin{cases}k, & n=k^2,\\ 0, & \text{其他}.\end{cases}$$

因此, $\overline{\lim}\ \sqrt[n]{|a_n|} = \lim\ \sqrt[n^2]{n} = 1.$

2. 幂级数的性质.

(1) 若 $\sum\limits_{n=0}^{\infty} a_n(x-x_0)^n$ 在 $x=\xi$ 收敛, 则它在 $|x-x_0|<|\xi-x_0|$ 中绝对收敛; 若在 $x=\xi$ 发散, 则在 $|x-x_0|>|\xi-x_0|$ 中亦发散.

(2) 设 $\sum\limits_{n=0}^{\infty} a_n(x-x_0)^n$ 的收敛半径是 R, 和函数为 $f(x)$, 则对任意的 $x \in (x_0-R, x_0+R)$, 有

$$f'(x) = \sum_{n=0}^{\infty} na_n(x-x_0)^{n-1},$$

$$\int_{x_0}^{x} f(t)\mathrm{d}t = \sum_{n=0}^{\infty} a_n \int_{x_0}^{x} (t-x_0)^n \mathrm{d}t = \sum_{n=0}^{\infty} \frac{a_n}{n+1}(x-x_0)^{n+1},$$

而且微分与积分后的幂级数收敛半径仍然是 R.

(3) **Abel 引理** 设 $\sum a_n x^n$ 的收敛半径为 R, 和函数为 $f(x)$, 若 $\sum a_n R^n$ 收敛, 则

$$\lim_{x\to R-0} f(x) = \sum a_n R^n.$$

3. 函数的幂级数展开.

(1) 设 $f(x)$ 在 $(x_0-\delta, x_0+\delta)(\delta>0)$ 中有任意阶导数, 则

$$f(x) = \sum_{k=0}^{n} \frac{f^{(k)}(x_0)}{k!}(x-x_0)^k + R_n(x), \quad x \in (x_0-\delta, x_0+\delta),$$

其中

$$R_n(x) = \frac{f^{(n+1)}(\xi)}{(n+1)!}(x-x_0)^{n+1},$$

或

$$R_n(x) = \frac{1}{n!}\int_{x_0}^{x} f^{(n+1)}(t)(x-t)^n \mathrm{d}t,$$

如果对于任意的 $x \in (x_0-\delta, x_0+\delta)$, 有

$$R_n(x) \to 0, \quad n \to \infty,$$

则 $f(x)$ 有幂级数展开式

$$f(x) = \sum_{k=0}^{\infty} \frac{f^{(k)}(x_0)}{k!}(x-x_0)^k,$$

如果仅是在某点有任意阶导数, 那么, 上述幂级数展开式不一定成立. 例如函数

$$f(x)=\begin{cases} \mathrm{e}^{-\frac{1}{x^2}}, & x\neq 0,\\ 0, & x=0. \end{cases}$$

(2) 常用的几个幂级数.

(i) $\dfrac{1}{1-x}=\sum\limits_{n=0}^{\infty}x^n, |x|<1$;

(ii) $\mathrm{e}^x=\sum\limits_{n=0}^{\infty}\dfrac{x^n}{n!}, |x|<\infty$;

(iii) $\ln(1+x)=\sum\limits_{n=1}^{\infty}\dfrac{(-1)^n}{n}x^n, |x|<1$;

(iv) $(1+x)^\alpha=1+\sum\limits_{n=1}^{\infty}\dfrac{\alpha(\alpha-1)\cdots(\alpha-n+1)}{n!}x^n$,

其中 α 为不等于非负整数的任何实数; 展开式成立的范围为: 当 $\alpha\leqslant -1$ 时为 $(-1,1)$; 当 $-1<\alpha<0$ 时为 $(-1,1]$; 当 $\alpha>0$ 时为 $[-1,1]$;

(v) $\sin x=\sum\limits_{n=1}^{\infty}\dfrac{(-1)^{n-1}}{(2n-1)!}x^{2n-1}, |x|<\infty$.

(3) 求函数的幂级数展开式, 除直接展开外, 更多的和更常用的方法, 是利用对幂级数的四则运算以及微分、积分的运算, 但这需要熟练的技巧.

(4) 幂级数展开式可用于函数值的近似计算. 此时, 要注意对精确度的估计.

例如, 计算 $\int_0^1 \mathrm{e}^{-x^2}$, 精确到 0.0001. 我们利用

$$I=\int_0^1 \mathrm{e}^{-x^2}\mathrm{d}x=\int_0^1\sum_{n=0}^{\infty}\frac{(-x^2)^n}{n!}\mathrm{d}x=\sum_{n=0}^{\infty}\frac{(-1)^n}{n!(2n+1)}.$$

这是一个交错的级数, 由级数的前 n 项部分和逼近 I 的误差绝对值小于第 $n+1$ 项的绝对值, 解不等式

$$\frac{1}{n!(2n+1)}<0.0001,$$

得到 $n\geqslant 8$. 故在所规定的精确度下, 可取前七项之和作为 I 的近似, 计算得到 $I\approx 0.7486$.

5.1.8 Fourier 级数

1. 设 $f(x)$ 在 $[-\pi,\pi]$ 上可积, 称

$$a_n=\frac{1}{\pi}\int_{-\pi}^{\pi}f(x)\cos nx\mathrm{d}x,\quad n=0,1,2,\cdots,$$

$$b_n = \frac{1}{\pi}\int_{-\pi}^{\pi} f(x)\sin nx \mathrm{d}x, \quad n = 1, 2, 3, \cdots$$

为 $f(x)$ 的 Fourier 系数; 称级数

$$\frac{1}{2}a_0 + \sum_{n=1}^{\infty}(a_n \cos nx + b_n \sin nx)$$

为 $f(x)$ 的 Fourier 级数.

2. 两个常用的判别法.

(1) (Dini (迪尼) 判别法) 设 $f(x)$ 是以 2π 为周期的可积函数, 如果对于某个 $\delta > 0$ 及数 A, 积分

$$\int_0^{\delta} \frac{|f(x+a) + f(x-a) - 2A|}{x}\mathrm{d}x$$

存在, 则 $f(x)$ 的 Fourier 级数在点 $x = a$ 收敛于 A.

(2) (Dirichlet-Jordan 判别法) 设 $f(x)$ 是以 2π 为周期的可积函数, 若有 $\delta > 0$, 在 $[a-\delta, a+\delta]$ 上 $f(x)$ 是两个单调增加的函数之差, 则 $f(x)$ 的 Fourier 级数在点 $x = a$ 收敛于 $\frac{1}{2}(f(a+0) + f(a-0))$.

函数

$$f(x) = \begin{cases} \dfrac{1}{\log \dfrac{|x|}{2\pi}}, & x \neq 0, \\ 0, & x = 0 \end{cases}$$

在 $[-\pi, \pi]$ 上可表示为两个增函数之差, 因此, 由 Dirichlet-Jordan 判别法, $f(x)$ 的 Fourier 级数在每一点收敛; 特别地, 在 $x = 0$ 收敛于 $f(0) = 0$. 但是, 在点 $x = 0$, Dini 定理的条件并不满足, 因此, Dirichlet-Jordan 判别法不包括 Dini 判别法.

函数

$$f(x) = \begin{cases} x\cos\dfrac{\pi}{2x}, & x \neq 0, \\ 0, & x = 0 \end{cases}$$

在 $[-\pi, \pi]$ 上有定义, 在点 $x = 0$ 有

$$|f(x) - f(0)| \leqslant |x|.$$

因而可以利用 Dini 判别法知道 $f(x)$ 的 Fourier 级数在 $x=0$ 收敛于 $f(0)=0$. 但是, 在点 $x=0$ 的任一邻域内, $f(x)$ 不满足 Dirichlet-Jordan 判别法的条件, 因此, Dini 判别法亦不包含 Dirichlet-Jordan 判别法.

3. Fourier 级数的性质.

(1) 设 $f(x)$ 与 $f^2(x)$ 在 $[-\pi,\pi]$ 上可积, 对于三角多项式

$$\varphi_n(x)=\frac{1}{2}A_0+\sum_{k=1}^{n}(A_k\cos kx+B_k\sin kx),$$

积分

$$\frac{1}{2\pi}\int_{-\pi}^{\pi}(f(x)-\varphi_n(x))^2\mathrm{d}x$$

当且仅当 $\varphi_n(x)$ 是 $f(x)$ 的 Fourier 级数的第 n 个部分和时达到最小值

$$\frac{1}{2\pi}\int_{-\pi}^{\pi}f^2(x)\mathrm{d}x-\frac{1}{4}a_0^2-\frac{1}{2}\sum_{k=1}^{n}(a_k^2+b_k^2).$$

(2) 设 $f(x)$ 在 $[-\pi,\pi]$ 上只有有限个间断点, 且在每个间断点都存在左、右极限. 如果 $f(x)$ 的 Fourier 级数是

$$\frac{1}{2}a_0+\sum_{n=1}^{\infty}(a_n\cos nx+b_n\sin nx),$$

则对于任意的 $x_1,x\in[-\pi,\pi]$, 有

$$\int_{x_1}^{x}f(t)\mathrm{d}t=\frac{a_0}{2}(x-x_1)+\sum_{n=1}^{\infty}\int_{x_1}^{x}(a_n\cos nt+b_n\sin nt)\mathrm{d}t.$$

(3) 设 $f(x)$ 在 $[-\pi,\pi]$ 上连续, $f(-\pi)=f(\pi)$, 且除有限个点外, $f'(x)$ 存在, 又设 $f'(x)$ 在 $[-\pi,\pi]$ 上可积和绝对可积, 则 $f'(x)$ 的 Fourier 级数可以由 $f(x)$ 的 Fourier 级数逐项微分得到.

5.1.9 无穷乘积

(1) 无穷乘积 $\prod\limits_{n=1}^{\infty}p_n$ 收敛的必要条件是 $\lim\limits_{n\to\infty}p_n=1$, $\lim\limits_{n\to\infty}\prod\limits_{k=n+1}^{\infty}p_k=1$.

(2) $\prod\limits_{n=1}^{\infty}p_n(p_n>0)$ 收敛的充要条件是 $\sum\limits_{n=1}^{\infty}\log p_n$ 收敛, 并且有关系式

$$\prod_{n=1}^{\infty}p_n=\mathrm{e}^{\sum\limits_{n=1}^{\infty}\log p_n}.$$

(3) 若当 $n \geqslant n_0$ 时, a_n 不改变符号, 则无穷乘积 $\prod\limits_{n=1}^{\infty}(1+a_n)$ 与 $\sum\limits_{n=1}^{\infty} a_n$ 有相同的收敛性.

(4) 若级数 $\sum\limits_{n=1}^{\infty} a_n$ 与 $\sum\limits_{n=1}^{\infty} a_n^2$ 收敛, 则 $\prod\limits_{n=1}^{\infty}(1+a_n)$ 收敛.

5.2 Abel 变换及其应用

定理 5.1 记

$$S_n=\sum_{k=1}^{n} a_k, \quad n \geqslant 1,$$

则

$$\sum_{n=1}^{N} a_n b_n=\sum_{n=1}^{N-1} S_n(b_n-b_{n+1})+S_N b_N. \tag{5.2.4}$$

证明 记 $S_0=0$, 由 S_n 的定义, 有

$$a_n=S_n-S_{n-1}, \quad n=1,2,\cdots,$$

因此,

$$\begin{aligned}\sum_{n=1}^{N} a_n b_n &=\sum_{n=1}^{N}(S_n-S_{n-1}) b_n=\sum_{n=1}^{N} S_n b_n-\sum_{n=1}^{N} S_{n-1} b_n \\ &=\sum_{n=1}^{N} S_n b_n-\sum_{n=0}^{N-1} S_n b_{n+1}=\sum_{n=1}^{N-1} S_n(b_n-b_{n+1})+S_N b_N.\end{aligned}$$

式 (5.2.4) 就是著名的 Abel 变换, 它在处理级数的收敛性问题中起了非常重要的作用. Abel 变换实际上起了一个转换作用, 它把处理和式 $\sum\limits_{n=1}^{N} a_n b_n$ 转化为处理和式 $\sum\limits_{n=1}^{N-1} S_n(b_n-b_{n+1})$. Abel 变换在形式上和作用上与分部积分公式很类似, 因此常称之为分部求和公式.

下面的结论称为 Abel 引理, 在和式的估计中有广泛的应用.

设 $a_1 \geqslant a_2 \geqslant \cdots \geqslant a_m \geqslant 0, b_1, b_2, \cdots, b_m$ 是任意一组数, 记

$$B_k=\sum_{i=1}^{k} b_i \quad (k=1,2,\cdots,m),$$

若存在数 α 和 β, 满足 $\alpha \leqslant B_k \leqslant \beta,\ k=1,2,\cdots,m$, 则由 Abel 变换可得

$$\begin{aligned}\sum_{k=1}^{m} a_k b_k &= a_m B_m - \sum_{k=1}^{m-1} B_k \Delta a_k \\ &\leqslant a_m\beta + \beta\sum_{k=1}^{m-1}(a_k - a_{k+1}) = a_m\beta + \beta(a_1 - a_m) = a_1\beta.\end{aligned}$$

同理可证

$$\sum_{k=1}^{m} a_k b_k \geqslant a_1\alpha.$$

综上可得

$$a_1\alpha \leqslant \sum_{k=1}^{m} a_k b_k \leqslant a_1\beta.$$

在上述推导过程中, 若将条件 $\alpha \leqslant B_k \leqslant \beta$ 改为 $|B_k| \leqslant M\ (k=1,2,\cdots,m)$, 有不等式

$$\left|\sum_{k=1}^{m} a_k b_k\right| \leqslant a_1 M.$$

若将条件 $a_1 \geqslant a_2 \geqslant \cdots \geqslant a_m \geqslant 0$ 改为 $a_1 \geqslant a_2 \geqslant \cdots \geqslant a_m$ 或 $a_1 \leqslant a_2 \leqslant \cdots \leqslant a_m$, 而条件 $|B_k| \leqslant M(k=1,2,\cdots,m)$ 不变, 则可得

$$\left|\sum_{k=1}^{m} a_k b_k\right| \leqslant (|a_1| + 2|a_m|)M.$$

由分部求和公式容易得到

定理 5.2 记 $A_n = \sum\limits_{k=0}^{n} a_k$, 若 $\sum\limits_{k=0}^{\infty} A_k(b_k - b_{k+1}) < \infty$, 且极限 $\lim\limits_{n\to\infty} A_n b_n$ 存在有限, 则级数 $\sum\limits_{n=0}^{\infty} a_n b_n$ 收敛.

由定理 5.2, 可以得到下面的判别法:

(1) 若 $\sum\limits_{k=0}^{\infty}(b_k - b_{k+1})$ 绝对收敛, $\sum\limits_{k=0}^{\infty} a_k$ 收敛, 则 $\sum\limits_{n=0}^{\infty} a_n b_n$ 收敛.

(2) 若 $\sum\limits_{k=0}^{\infty}(b_k - b_{k+1})$ 绝对收敛, $\sum\limits_{k=0}^{n} a_k = O(1), n \geqslant 1$, 且 $b_n = o(1), n \to \infty$, 则 $\sum\limits_{n=0}^{\infty} a_n b_n$ 收敛.

(3) 若数列 $\{b_n\}$ 单调下降且趋于 0, 则级数 $\sum\limits_{n=0}^{\infty}(-1)^n b_n$ 收敛.

如果 $\{b_n\}$ 单调趋于零, 那么 $\sum\limits_{k=0}^{\infty}(b_k - b_{k+1})$ 显然是绝对收敛的. 因此, 从 (1) 和 (2) 可以推出众所周知的 Abel 判别法和 Dirichlet 判别法.

类似地, 对于函数项级数的一致收敛性, 有

定理 5.3 记 $A_n(x) = \sum\limits_{k=0}^{n} a_k(x)$, 若 $\sum\limits_{k=0}^{\infty} A_k(x)(b_k(x)-b_{k+1}(x))$ 和 $A_n(x)b_n(x)$ 在区间 I 上都一致收敛, 则级数 $\sum\limits_{n=0}^{\infty} a_n(x)b_n(x)$ 在区间 I 上也一致收敛.

由定理 5.3, 可以得到下面的判别法:

(1) 若 $\sum\limits_{k=0}^{\infty}|b_k(x) - b_{k+1}(x)|$ 和 $\sum\limits_{k=0}^{\infty} a_k(x)$ 在区间 I 上都一致收敛, 则级数 $\sum\limits_{n=0}^{\infty} a_n(x)b_n(x)$ 在区间 I 上也一致收敛.

(2) 若 $\sum\limits_{k=0}^{\infty}|b_k(x) - b_{k+1}(x)|$ 在区间 I 上一致收敛, $\sum\limits_{k=0}^{n} a_k(x)$ 在 I 上一致有界, 且 $b_n(x)$ 在区间 I 上一致收敛于零. 则级数 $\sum\limits_{n=0}^{\infty} a_n(x)b_n(x)$ 在区间 I 上也一致收敛.

从 (1) 和 (2) 可以推出函数项级数一致收敛的 Abel 判别法和 Dirichlet 判别法.

例 5.1 设数列 $\{na_n\}$ 收敛, 且级数 $\sum\limits_{n=1}^{\infty} n(a_{n+1} - a_n)$ 也收敛, 证明: 级数 $\sum\limits_{n=1}^{\infty} a_n$ 收敛.

证明 由 Abel 变换得

$$\sum_{k=1}^{n} a_k = \sum_{k=1}^{n}(k-(k-1))a_k = na_n - \sum_{k=1}^{n-1} k(a_k - a_{k+1}).$$

进一步由题设条件即知结论成立.

例 5.2 设级数 $\sum\limits_{n=1}^{\infty} a_n$ 收敛, 证明: $\lim\limits_{n\to\infty}\dfrac{1}{n}\sum\limits_{k=1}^{n} ka_k = 0$.

证明 记 $S_n = \sum\limits_{k=1}^{n} a_k$. 由 Abel 变换得

$$\sum_{k=1}^{n} ka_k = nS_n - \sum_{k=1}^{n-1} S_k.$$

利用 S_n 的收敛性以及数列算术平均的收敛性质得

$$\lim_{n\to\infty}\frac{1}{n}\sum_{k=1}^{n}ka_k=\lim_{n\to\infty}\left(S_n-\frac{S_1+S_2+\cdots+S_{n-1}}{n}\right)=0.$$

例 5.3 设 $\lim\limits_{n\to\infty}na_n$ 存在, 证明级数 $\sum\limits_{n=1}^{\infty}a_n$ 和 $\sum\limits_{n=1}^{\infty}n(a_n-a_{n+1})$ 具有相同的敛散性.

证明 由 Abel 变换得

$$\sum_{k=1}^{n}a_k=\sum_{k=1}^{n-1}k(a_k-a_{k+1})-na_n.$$

因而, 由 $\{na_n\}$ 的收敛性即知 $\sum\limits_{n=1}^{\infty}a_n$ 和 $\sum\limits_{n=1}^{\infty}n(a_n-a_{n+1})$ 具有相同的敛散性.

例5.4 设 $\{\lambda_n\}$ 是严格单调递增趋于无穷的正数数列. 证明: 若级数 $\sum\limits_{n=1}^{\infty}\lambda_na_n$ 收敛, 则级数 $\sum\limits_{n=1}^{\infty}a_n$ 也收敛.

证明 记

$$A_0=0,\quad A_n=\lambda_1a_1+\lambda_2a_2+\cdots+\lambda_na_n,\quad n=1,2,\cdots.$$

则

$$a_n=\frac{A_n-A_{n-1}}{\lambda_n},\quad n=1,2,\cdots.$$

于是, 对任何 $N\geqslant 1$, 有

$$\sum_{k=1}^{N}a_k=\sum_{k=1}^{N}\frac{A_k-A_{k-1}}{\lambda_k}+\frac{A_N}{\lambda_N}=\sum_{k=1}^{N-1}\left(\frac{1}{\lambda_k}-\frac{1}{\lambda_{k+1}}\right)A_k+\frac{A_N}{\lambda_N}.$$

因为 $\{\lambda_n\}$ 是严格单调递增趋于无穷, 所以级数

$$\sum_{k=1}^{+\infty}\left(\frac{1}{\lambda_k}-\frac{1}{\lambda_{k+1}}\right)$$

绝对收敛. 另一方面, 由于 $\sum\limits_{n=1}^{\infty}\lambda_na_n$ 收敛, 故 $\{A_n\}$ 有界. 于是

$$\lim_{N\to\infty}\frac{A_N}{\lambda_N}=0,$$

而利用比较判别法知级数

$$\sum_{k=1}^{\infty}\left(\frac{1}{\lambda_k}-\frac{1}{\lambda_{k+1}}\right)A_k$$

绝对收敛. 结论得证.

例 5.5 设级数 $\sum\limits_{n=1}^{\infty}\frac{a_n}{n^2}$ 收敛, 证明: $\lim\limits_{n\to\infty}\frac{1}{n}\sum\limits_{k=1}^{n}\frac{a_k}{k}=0$.

证明 记

$$S_n=\sum_{k=1}^{n}\frac{a_k}{k^2},$$

并设 $\lim\limits_{n\to\infty}S_n=S$. 由 Abel 变换得

$$\begin{aligned}\frac{1}{n}\sum_{k=1}^{n}\frac{a_k}{k}&=\frac{1}{n}\sum_{k=1}^{n}k\frac{a_k}{k^2}=\frac{1}{n}\left(\sum_{k=2}^{n}k(S_k-S_{k-1})+S_1\right)\\&=\frac{1}{n}\left(-\sum_{k=1}^{n-1}S_k+nS_n\right)\\&=-\frac{1}{n}\sum_{k=1}^{n-1}S_k+S_n\to -S+S=0,\quad n\to\infty.\end{aligned}$$

例 5.6 设级数 $\sum\limits_{n=1}^{\infty}a_n$ 收敛, $\{b_n\}$ 是单调增加的正数列, 且 $\lim\limits_{n\to\infty}b_n=+\infty$, 证明:

$$\lim_{n\to\infty}\frac{a_1b_1+a_2b_2+\cdots+a_nb_n}{b_n}=0.$$

证明 令 $A_n=a_1+a_2+\cdots+a_n, A=\lim\limits_{n\to\infty}A_n$, 利用 Abel 变换得

$$\sum_{i=1}^{n}a_ib_i=\sum_{i=1}^{n-1}A_i(b_i-b_{i+1})+A_nb_n,$$

则

$$\lim_{n\to\infty}\frac{\sum\limits_{i=1}^{n}a_ib_i}{b_n}=\lim_{n\to\infty}\left[\frac{A_1(b_1-b_2)+\cdots+A_{n-1}(b_{n-1}-b_n)}{b_n}+A_n\right],$$

应用 Stolz 公式得

$$\begin{aligned}&\lim_{n\to\infty}\frac{A_1(b_1-b_2)+\cdots+A_{n-1}(b_{n-1}-b_n)}{b_n}\\=&\lim_{n\to\infty}\frac{A_{n-1}(b_{n-1}-b_n)}{b_n-b_{n-1}}=\lim_{n\to\infty}(-A_{n-1})=-A,\end{aligned}$$

于是

$$\lim_{n\to\infty}\frac{\sum\limits_{i=1}^{n}a_ib_i}{b_n}=0.$$

例 5.7 计算和式

$$S=\sin\theta+2\sin 2\theta+\cdots+n\sin n\theta \quad (0\leqslant\theta<2\pi).$$

解 当 $\theta=0$ 时, 显然有 $S=0$. 下面假定 $0<\theta<2\pi$. 记

$$B_k=\sin\theta+\sin 2\theta+\cdots+\sin k\theta=\frac{\cos\dfrac{\theta}{2}-\cos\left(k+\dfrac{1}{2}\right)\theta}{2\sin\dfrac{\theta}{2}},\quad k=1,2,\cdots,n.$$

由分部求和公式得

$$\begin{aligned}S&=\sum_{k=1}^{n}k\sin k\theta=\sum_{k=1}^{n}k\Delta B_{k-1}=nB_n-\sum_{k=1}^{n-1}B_k\\&=n\cdot\frac{\cos\dfrac{\theta}{2}-\cos\left(n+\dfrac{1}{2}\right)\theta}{2\sin\dfrac{\theta}{2}}-\sum_{k=1}^{n-1}\frac{\cos\dfrac{\theta}{2}-\cos\left(k+\dfrac{1}{2}\right)\theta}{2\sin\dfrac{\theta}{2}}\\&=\frac{\cos\dfrac{\theta}{2}-n\cos\left(n+\dfrac{1}{2}\right)\theta}{2\sin\dfrac{\theta}{2}}+\frac{1}{2\sin\dfrac{\theta}{2}}\sum_{k=1}^{n-1}\cos\left(k+\frac{1}{2}\right)\theta.\end{aligned}$$

另一方面,

$$\sum_{k=1}^{n-1}\cos\left(k+\frac{1}{2}\right)\theta$$

$$
\begin{aligned}
&= \cos\frac{\theta}{2}\sum_{k=1}^{n-1}\cos k\theta - \sin\frac{\theta}{2}\sum_{k=1}^{n-1}\sin k\theta \\
&= \cos\frac{\theta}{2}\left[\frac{\sin\left(n-\frac{1}{2}\right)\theta}{2\sin\frac{\theta}{2}} - \frac{1}{2}\right] - \sin\frac{\theta}{2}\left[\frac{\cos\frac{\theta}{2} - \cos\left(n-\frac{1}{2}\right)\theta}{2\sin\frac{\theta}{2}}\right] \\
&= \frac{\sin n\theta}{2\sin\frac{\theta}{2}} - \cos\frac{\theta}{2},
\end{aligned}
$$

将其代入 S 的表达式中, 化简得

$$
S = \frac{(n+1)\sin n\theta - n\sin(n+1)\theta}{4\sin^2\frac{\theta}{2}}.
$$

例 5.8　设 $\{a_n\}$ 单调趋于零, 求证: 级数 $\sum\limits_{n=1}^{\infty} a_n \sin n\theta$ 和 $\sum\limits_{n=1}^{\infty} a_n \cos n\theta$ 均收敛, 其中 $0 < \theta < 2\pi$.

证明　我们仅对正弦级数给出证明, 余弦级数的证明是类似的.

记 $b_n = \sin n\theta$, 根据恒等式

$$
\sin\theta + \sin 2\theta + \cdots + \sin n\theta = \frac{\cos\frac{\theta}{2} - \cos\left(n+\frac{1}{2}\right)\theta}{2\sin\frac{\theta}{2}},
$$

可得

$$
|B_n| = \left|\sum_{k=1}^{n} b_k\right| \leqslant \frac{2}{2\sin\frac{\theta}{2}} = \frac{1}{\sin\frac{\theta}{2}}, \quad 0 < \theta < 2\pi.
$$

利用 Dirichlet 判别法可知, 级数 $\sum\limits_{n=1}^{\infty} a_n \sin n\theta$ 收敛.

例 5.9　设正数数列 $\{b_n\}$ 单调递减, 证明: 级数 $\sum\limits_{n=1}^{\infty} b_n \sin nx$ 在任何区间上一致收敛的充要条件是 $\lim\limits_{n\to\infty} nb_n = 0$.

证明　**必要性**　取 $n = \left[\frac{m}{2}+1\right]$, 由一致收敛性可知

$$
\sum_{k=n}^{m} b_k \sin kx = o(1) \quad (m \to \infty)
$$

在任何区间上一致地成立. 取 $x=\dfrac{\pi}{2m}$, 则对于 $n\leqslant k\leqslant m$, 有 $\dfrac{\pi}{4}\leqslant kx\leqslant\dfrac{\pi}{2}$, 因此, 由 b_n 的单调性得到: 当 $m\geqslant 4, m\to\infty$ 时,

$$o(1)=\sum_{k=n}^{m} b_k\sin kx\geqslant b_m\sum_{k=n}^{m}\sin kx\geqslant b_m\left(\frac{m}{2}-1\right)\sin\frac{\pi}{4}\geqslant\frac{m}{4}b_m\sin\frac{\pi}{4},$$

即

$$mb_m=o(1)\quad(m\to\infty).$$

充分性 由于 $\sin kx$ 是以 2π 为周期的奇函数, 所以只需证明 $\sum\limits_{k=1}^{\infty} b_k\sin kx$ 在 $[0,\pi]$ 上的一致收敛性. 由 Cauchy 收敛原理, 要证明

$$S_{n,m}=\sum_{k=n}^{m} b_k\sin kx=o(1)\quad(n\to\infty)\tag{5.2.5}$$

关于 $x\in[0,\pi]$ 以及 $m\geqslant n$ 一致地成立. 根据已知条件, 有

$$r_n=\max_{m\geqslant n}(mb_m)=o(1),\quad n\to\infty.$$

我们将 $[0,\pi]$ 分成三部分, 并分别证明级数 $\sum\limits_{k=1}^{\infty} b_k\sin kx$ 在这些区间是一致收敛的, 即证明式 (5.2.5).

当 $0\leqslant x\leqslant\dfrac{\pi}{m}$ 时, 对于 $n\leqslant k\leqslant m$, 总有

$$0\leqslant kx\leqslant\pi,\quad \sin kx\geqslant 0,$$

因此, 由不等式 $|\sin x|\leqslant x$, 得到

$$S_{n,m}=\left|\sum_{k=n}^{m} b_k\sin kx\right|\leqslant\sum_{k=n}^{m} b_k\cdot kx=x\sum_{k=n}^{m} kb_k\leqslant x\cdot m\cdot r_n\leqslant\pi r_n=o(1)\quad(n\to\infty).$$

当 $x\geqslant\dfrac{\pi}{n}$ 时, 由于 b_n 单调减小, 利用不等式

$$|\sin nx+\cdots+\sin lx|\leqslant\frac{1}{\left|\sin\dfrac{x}{2}\right|}\leqslant\frac{\pi}{x},\quad 0<x\leqslant\pi,$$

以及 (关于部分求和的) Abel 引理, 得到

$$|S_{n,m}|=\left|\sum_{k=n}^{m} b_k\sin kx\right|\leqslant\frac{\pi}{x}b_n\leqslant\pi,\quad b_n\cdot\frac{n}{\pi}=nb_n=o(1),\quad n\to\infty.$$

当 $\dfrac{\pi}{m} \leqslant x \leqslant \dfrac{\pi}{n}$ 时, 取 $l = \left[\dfrac{\pi}{x}\right]$, 记

$$S_{n,l} = \sum_{k=n}^{l} b_k \sin kx, \quad S_{l+1,m} = \sum_{k=l+1}^{m} b_k \sin kx,$$

并且分别使用前面使用的方法对 $S_{n,l}$ 和 $S_{l+1,m}$ 进行估计, 就得到

$$|S_{n,m}| \leqslant |S_{n,l}| + |S_{l+1,m}| \leqslant l \cdot r_n \cdot x + b_{l+1}\frac{\pi}{x} \leqslant \pi r_n + (l+1)b_{l+1} = o(1) \quad (n \to \infty).$$

总之, (5.2.5) 式对于 $\left[0, \dfrac{\pi}{m}\right]$, $\left[\dfrac{\pi}{m}, \dfrac{\pi}{n}\right]$, $\left[\dfrac{\pi}{n}, \pi\right]$ 分别一致地成立, 从而在 $[0, \pi]$ 上一致地成立.

注 这是三角级数论中的一个非常著名的结论, 证明中 Abel 变换起了至关重要的作用. 实际上, 在处理三角级数的收敛性问题时, Abel 变换是最基本的工具之一.

5.3 单调性在收敛性判别中的应用

在 5.2 节最后两个例子中, 我们都对三角级数的系数加了单调递减这个条件. 单调性条件结合 Abel 变换可以得到 Leibniz 判别法、Dirichlet 判别法和 Abel 判别法等重要而有效的判别法. 事实上, 单调性条件在级数收敛性判别中起了很重要的作用. 有关单调性条件及其推广在级数中的应用可以参看文献 (周颂平, 2012).

例 5.10 (1) 举例说明正项级数 $\sum\limits_{n=1}^{\infty} a_n$ 收敛未必一定有 $\lim\limits_{n\to\infty} na_n = 0$.

(2) 如果 a_n 单调下降, 则正项级数 $\sum\limits_{n=1}^{\infty} a_n$ 收敛一定有 $\lim\limits_{n\to\infty} na_n = 0$.

解 (1) 令

$$a_n := \begin{cases} \dfrac{1}{n^2}, & n \neq k^2, \\ \dfrac{1}{n}, & n = k^2, \end{cases} \qquad k = 1, 2, \cdots.$$

则 $\sum\limits_{n=1}^{\infty} a_n$ 收敛, 但 $\lim\limits_{n\to\infty} na_n \neq 0$.

(2) 由于 a_n 单调下降, 故

$$0 \leqslant na_{2n} \leqslant \sum_{k=n+1}^{2n} a_k.$$

利用 Cauchy 收敛原理, 由正项级数 $\sum\limits_{n=1}^{\infty} a_n$ 收敛可知 $\lim\limits_{n\to\infty}\sum\limits_{k=n+1}^{2n} a_k = 0$. 这样利用夹敛性原理即知 $\lim\limits_{n\to\infty} na_{2n} = 0$, 亦即 $\lim\limits_{n\to\infty} 2na_{2n} = 0$. 同理可得 $\lim\limits_{n\to\infty}(2n+1)a_{2n+1} = 0$. 这就证明了 $\lim\limits_{n\to\infty} na_n = 0$.

例 5.11 设正项级数 $\sum\limits_{n=1}^{\infty} a_n$ 收敛, 数列 $\{na_n\}$ 单调递减, 则

$$a_n = o\left(\frac{1}{n\ln n}\right), \quad n\to\infty.$$

证明 以 $[x]$ 表示 x 的整数部分, 则由 $\sum\limits_{n=1}^{\infty} a_n$ 的收敛性和 Cauchy 收敛原理知道

$$\begin{aligned}
o(1) &= \sum_{k=[\ln n]}^{n} a_k = \sum_{k=[\ln n]}^{n} ka_k\frac{1}{k} \\
&\geqslant na_n\sum_{k=[\ln n]}^{n}\frac{1}{k} > na_n\int_{\ln n+1}^{n}\frac{\mathrm{d}x}{x} \\
&= na_n(\ln n - \ln(\ln n+1)) = na_n\ln n(1+o(1)).
\end{aligned}$$

因此

$$a_n = o\left(\frac{1}{n\ln n}\right), \quad n\to\infty.$$

类似可以得到:

例 5.12 设正项级数 $\sum\limits_{n=1}^{\infty}\frac{a_n}{\ln n}$ 收敛, 数列 $\{na_n\}$ 单调递减, 则

$$a_n = o\left(\frac{1}{n\ln\ln n}\right), \quad n\to\infty.$$

例 5.13 设正数数列 $\{a_n\}$ 单调递增, 且 $\lim\limits_{n\to\infty} a_n = +\infty$, 证明级数 $\sum\limits_{n=1}^{\infty}\left(1-\frac{a_n}{a_{n+1}}\right)$ 发散.

证明 对于任意的正整数 n 和 p, 由 a_n 的单调性得

$$\sum_{k=n}^{n+p}\left(1-\frac{a_k}{a_{k+1}}\right) \geqslant \frac{1}{a_{n+p}}(a_{n+p}-a_n) \to 1, \quad p\to+\infty.$$

由 Cauchy 收敛原理知道, 级数 $\sum\limits_{n=1}^{\infty}\left(1-\dfrac{a_n}{a_{n+1}}\right)$ 发散.

例 5.14 设 $\{a_n\}$ 为单调递减的正数数列, 证明: 级数 $\sum\limits_{n=1}^{\infty} a_n$ 收敛的充分必要条件是级数 $\sum\limits_{n=0}^{\infty} 2^n a_{2^n}$ 收敛.

证明 记 $S_n=\sum\limits_{k=1}^{n} a_k$, $A_n=\sum\limits_{k=0}^{n} 2^k a_{2^k}$.

必要性 因为正项级数 $\sum\limits_{n=1}^{\infty} a_n$ 收敛, 所以 $\{S_n\}$ 有界. 假设 $|S_n|\leqslant M$, $n=1,2,\cdots$, M 为正常数. 则由 $\{a_n\}$ 的单调性得

$$
\begin{aligned}
A_n &= \sum_{k=0}^{n} 2^k a_{2^k} = a_1+2a_2+4a_4+\cdots+2^n a_{2^n} \\
&= 2\left(\frac{1}{2}a_1+a_2+2a_4+\cdots+2^{n-1}a_{2^n}\right) \\
&\leqslant 2(a_1+a_2+(a_3+a_4)+\cdots+(a_{2^{n-1}+1}+a_{2^{n-1}+2}+\cdots+a_{2^n})) \\
&= 2S_{2^n}\leqslant 2M.
\end{aligned}
$$

因此, A_n 有界, 从而 $\sum\limits_{n=0}^{\infty} 2^n a_{2^n}$ 收敛.

充分性 因为 $\sum\limits_{n=0}^{\infty} 2^n a_{2^n}$ 收敛, 所以数列 $\{A_n\}$ 有上界, 假设 $A_n\leqslant M'$(正常数). 对任意正整数 n, 存在正整数 k 使得 $2^{k-1}\leqslant n<2^k$. 再次利用 $\{a_n\}$ 的单调性得

$$
\begin{aligned}
S_n &= a_1+a_2+\cdots+a_n \\
&\leqslant a_1+(a_2+a_3)+(a_4+a_5+\cdots+a_7)+\cdots+(a_{2^{k-1}}+\cdots+a_{2^k-1}+a_{2^k}) \\
&\leqslant a_1+2a_2+4a_4+\cdots+2^{k-1}a_{2^{k-1}}+a_{2^k}\leqslant A_k\leqslant A.
\end{aligned}
$$

因此, $\{S_n\}$ 有界, 从而 $\sum\limits_{n=0}^{\infty} a_n$ 收敛.

例 5.15 设 $f(x)$ 是单调减少的正值函数且 $\lim\limits_{x\to+\infty}\dfrac{\mathrm{e}^x f(\mathrm{e}^x)}{f(x)}=\lambda$, 则

(1) 当 $\lambda<1$ 时, 级数 $\sum\limits_{n=1}^{\infty} f(n)$ 收敛;

(2) 当 $\lambda>1$ 时, 级数 $\sum\limits_{n=1}^{\infty} f(n)$ 发散.

证明 (1) 由 Cauchy 积分判别法, 只要证明 $\int_1^{+\infty} f(x)\mathrm{d}x$ 收敛. 由于 $\lambda<1$, 故可取 q 满足 $\lambda<q<1$. 因为 $\lim\limits_{x\to+\infty}\dfrac{\mathrm{e}^x f(\mathrm{e}^x)}{f(x)}=\lambda$, 所以存在 $A>0$, 当 $x>A$ 时, 有

$$\frac{\mathrm{e}^x f(\mathrm{e}^x)}{f(x)}<q, \quad \mathrm{e}^x f(\mathrm{e}^x)<qf(x).$$

当 $n>\mathrm{e}^A>A$ 时, 有

$$\int_A^n \mathrm{e}^x f(\mathrm{e}^x)\mathrm{d}x<q\int_A^n f(x)\mathrm{d}x,$$

即

$$\int_{\mathrm{e}^A}^{\mathrm{e}^n} f(x)\mathrm{d}x<q\int_A^n f(x)\mathrm{d}x.$$

因此

$$\begin{aligned}(1-q)\int_{\mathrm{e}^A}^{\mathrm{e}^n} f(x)\mathrm{d}x &< q\left(\int_A^n f(x)\mathrm{d}x-\int_{\mathrm{e}^A}^{\mathrm{e}^n} f(x)\mathrm{d}x\right)\\ &= q\left(\int_A^{\mathrm{e}^A} f(x)\mathrm{d}x-\int_n^{\mathrm{e}^n} f(x)\mathrm{d}x\right),\end{aligned}$$

从而

$$\int_{\mathrm{e}^A}^{\mathrm{e}^n} f(x)\mathrm{d}x<\frac{q}{1-q}\int_A^{\mathrm{e}^A} f(x)\mathrm{d}x \quad (\text{常数}).$$

令 $n\to+\infty$, 得

$$\int_{\mathrm{e}^A}^{+\infty} f(x)\mathrm{d}x\leqslant\frac{q}{1-q}\int_A^{\mathrm{e}^A} f(x)\mathrm{d}x.$$

这就证明了 $\int_1^{+\infty} f(x)\mathrm{d}x$ 收敛.

(2) 只要证明 $\int_1^{+\infty} f(x)\mathrm{d}x$ 发散. 因为 $\lambda>1$, 所以可取到 r 满足 $\lambda>r>1$. 因为 $\lim\limits_{x\to+\infty}\dfrac{\mathrm{e}^x f(\mathrm{e}^x)}{f(x)}=\lambda$, 所以存在 $A>0$, 当 $x>A$ 时, 有

$$\frac{\mathrm{e}^x f(\mathrm{e}^x)}{f(x)}>r, \quad \mathrm{e}^x f(\mathrm{e}^x)>rf(x)>f(x).$$

于是, 当 $n > \mathrm{e}^A > A$ 时, 有

$$\int_A^n \mathrm{e}^x f(\mathrm{e}^x)\mathrm{d}x > \int_A^n f(x)\mathrm{d}x,$$

即

$$\int_{\mathrm{e}^A}^{\mathrm{e}^n} f(x)\mathrm{d}x > \int_A^n f(x)\mathrm{d}x.$$

于是

$$\begin{aligned}\int_{\mathrm{e}^A}^{\mathrm{e}^n} f(x)\mathrm{d}x &= \int_{\mathrm{e}^A}^{n} f(x)\mathrm{d}x + \int_{n}^{\mathrm{e}^n} f(x)\mathrm{d}x \\ &> \int_A^n f(x)\mathrm{d}x = \int_A^{\mathrm{e}^A} f(x)\mathrm{d}x + \int_{\mathrm{e}^A}^{n} f(x)\mathrm{d}x,\end{aligned}$$

从而

$$\int_n^{\mathrm{e}^n} f(x)\mathrm{d}x > \int_A^{\mathrm{e}^A} f(x)\mathrm{d}x.$$

这样

$$\lim_{n\to+\infty}\int_n^{\mathrm{e}^n} f(x)\mathrm{d}x \geqslant \int_A^{\mathrm{e}^A} f(x)\mathrm{d}x \neq 0.$$

由 Cauchy 收敛原理立知 $\displaystyle\int_1^{+\infty} f(x)\mathrm{d}x$ 发散.

例 5.16　设 $a_{n+1} > a_n > 0,\ n = 1, 2, \cdots$. 证明: 级数 $\displaystyle\sum_{n=1}^{\infty}\left(1 - \frac{a_n}{a_{n-1}}\right)$ 收敛的充分必要条件是级数 $\displaystyle\sum_{n=1}^{\infty}\left(\frac{a_{n-1}}{a_n} - 1\right)$ 收敛.

证明　由 $\{a_n\}$ 的单调性知题中两个级数都是负项级数. 如果级数 $\displaystyle\sum_{n=1}^{\infty}\left(1 - \frac{a_n}{a_{n-1}}\right)$ 收敛, 则由级数收敛的必要条件知 $\displaystyle\lim_{n\to+\infty}\frac{a_n}{a_{n-1}} = 1$. 于是

$$\lim_{n\to+\infty}\frac{1 - \dfrac{a_n}{a_{n-1}}}{\dfrac{a_{n-1}}{a_n} - 1} = \lim_{n\to+\infty}\frac{a_n}{a_{n-1}} = 1.$$

由比较判别法即知 $\displaystyle\sum_{n=1}^{\infty}\left(\frac{a_{n-1}}{a_n} - 1\right)$ 收敛. 这就证明了题中的必要性.

充分性的证明是类似的.

例 5.17 设 $f(x)$ 为 $[0,+\infty)$ 上单调减少函数, 且 $\int_0^{+\infty} f(x)\mathrm{d}x$ 收敛, 求证:

$$\lim_{n\to\infty}\frac{1}{n}\sum_{k=1}^{\infty} f\left(\frac{k}{n}\right)=\int_0^{+\infty} f(x)\mathrm{d}x.$$

证明 对任意正整数 n, 由 $\int_0^{+\infty} f(x)\mathrm{d}x$ 收敛可知

$$\int_0^{+\infty} f(x)\mathrm{d}x=\sum_{k=0}^{\infty}\int_{\frac{k}{n}}^{\frac{k+1}{n}} f(x)\mathrm{d}x.$$

另一方面, 由于 $f(x)$ 在 $(0,+\infty)$ 上单调递减可知: 对每一个自然数 k 有

$$\frac{1}{n}f\left(\frac{k+1}{n}\right)\leqslant\int_{\frac{k}{n}}^{\frac{k+1}{n}} f(x)\mathrm{d}x\leqslant\frac{1}{n}f\left(\frac{k}{n}\right).$$

于是

$$\frac{1}{n}\sum_{k=1}^{\infty} f\left(\frac{k}{n}\right)\leqslant\sum_{k=0}^{\infty}\int_{\frac{k}{n}}^{\frac{k+1}{n}} f(x)\mathrm{d}x\leqslant\frac{1}{n}\sum_{k=1}^{\infty} f\left(\frac{k}{n}\right)+\frac{1}{n}f(0).$$

因此

$$\int_0^{+\infty} f(x)\mathrm{d}x-\frac{1}{n}f(0)\leqslant\frac{1}{n}\sum_{k=1}^{\infty} f\left(\frac{k}{n}\right)\leqslant\int_0^{+\infty} f(x)\mathrm{d}x.$$

对上式两边令 $n\to\infty$, 利用夹敛性原理即得

$$\lim_{n\to\infty}\frac{1}{n}\sum_{k=1}^{\infty} f\left(\frac{k}{n}\right)=\int_0^{+\infty} f(x)\mathrm{d}x.$$

例 5.18 设 $f(x)$ 是正值单调递减函数, 证明: 若级数 $\sum\limits_{n=1}^{\infty} f(n)$ 收敛, 则其余项 $\sum\limits_{k=n+1}^{\infty} f(k)$ 满足

$$\int_{n+1}^{+\infty} f(x)\mathrm{d}x\leqslant R_n\leqslant f(n+1)+\int_{n+1}^{+\infty} f(x)\mathrm{d}x.$$

证明 因为 $\sum\limits_{n=1}^{\infty} f(n)$ 收敛, $f(x)$ 是单调递减函数, 所以积分 $\int_{1}^{+\infty} f(x)\mathrm{d}x$ 收敛. 由于 $f(x)$ 单调递减, 故

$$f(n+i+1) \leqslant \int_{n+i}^{n+i+1} f(x)\mathrm{d}x \leqslant f(n+i), \quad i=1,2,\cdots.$$

因此

$$\sum_{i=1}^{\infty} f(n+i+1) \leqslant \int_{n+1}^{+\infty} f(x)\mathrm{d}x \leqslant \sum_{i=1}^{\infty} f(n+i),$$

从而

$$R_n - f(n+1) \leqslant \int_{n+1}^{+\infty} f(x)\mathrm{d}x \leqslant R_n,$$

即

$$\int_{n+1}^{+\infty} f(x)\mathrm{d}x \leqslant R_n \leqslant f(n+1) + \int_{n+1}^{+\infty} f(x)\mathrm{d}x.$$

例 5.19 设 $\sum\limits_{n=1}^{\infty} a_n$ 是正项级数, 满足 ① $\sum\limits_{k=1}^{n}(a_k - a_n)$ 对 n 有界; ② $\{a_n\}$ 单调递减且 $\lim\limits_{n\to\infty} a_n = 0$. 证明: $\sum\limits_{n=1}^{\infty} a_n$ 收敛.

证明 因为 $\sum\limits_{k=1}^{m}(a_k - a_m)$ 对 m 有界, 所以存在常数 $M>0$, 使得

$$0 \leqslant \sum_{k=1}^{m}(a_k - a_m) \leqslant M.$$

于是, 利用 a_n 的单调性, 对任意正整数 n, 当 $m>n$ 时, 有

$$\sum_{k=1}^{n} a_k = \sum_{k=1}^{n}(a_k - a_m) + na_m \leqslant \sum_{k=1}^{m}(a_k - a_m) + na_m \leqslant M + na_m.$$

在上式中, 令 $m\to\infty$, 即有

$$\sum_{k=1}^{n} a_k \leqslant M.$$

因此, $\sum\limits_{n=1}^{\infty} a_n$ 收敛.

同样, 函数的单调性在积分的收敛性判别中也有重要应用, 这在后面的相应章节中可以看到.

5.4 Gauss 判别法

例 5.20 设 $\sum\limits_{n=1}^{\infty} b_n$ 绝对收敛, 且有 $\dfrac{a_n}{a_{n+1}} = 1 + \dfrac{\mu}{n} + O(|b_n|)$, $n = 1, 2, \cdots$, 那么当 $\mu > 1$ 时, 级数 $\sum\limits_{n=1}^{\infty} a_n$ 收敛; 当 $\mu \leqslant 1$ 时, 级数 $\sum\limits_{n=1}^{\infty} a_n$ 发散.

证明 因为 $\sum\limits_{n=1}^{\infty} b_n$ 收敛, 所以 $b_n = o(1)$. 于是, 有 $\ln(1+x) = x + O(x^2)$ 推得

$$
\begin{aligned}
\ln a_n - \ln a_{n+1} &= \ln\left(1 + \frac{\mu}{n} + O(|b_n|)\right) \\
&= \frac{\mu}{n} + O(|b_n|) + O\left(\left(\frac{\mu}{n} + O(|b_n|)\right)^2\right) \\
&= \frac{\mu}{n} + O(|b_n|) + O\left(\frac{1}{n^2}\right) + O\left(b_n^2\right) \\
&= \frac{\mu}{n} + O(|b_n|) + O\left(\frac{1}{n^2}\right).
\end{aligned}
$$

因此

$$
\begin{aligned}
-\ln a_{n+1} &= \sum_{k=1}^{n} (\ln a_k - \ln a_{k+1}) - \ln a_1 \\
&= \sum_{k=1}^{n} \left(\frac{\mu}{k} + O(|b_k|) + O\left(\frac{1}{k^2}\right)\right) - \ln a_1 \\
&= \mu \ln n + c_1 + O\left(\frac{1}{n}\right) + c_2 - O\left(\sum_{k=n+1}^{\infty} |b_k|\right) + c_3 - O\left(\sum_{k=n+1}^{\infty} \frac{1}{k^2}\right) \\
&= \mu \ln n + c + o(1),
\end{aligned}
$$

其中 c_1, c_2, c_3, c 都是常数. 这样就有

$$
a_{n+1} \sim \frac{1}{n^{\mu} \mathrm{e}^{c}}, \quad n \to \infty,
$$

从而 $\sum\limits_{n=1}^{\infty} a_n$ 和 $\sum\limits_{n=1}^{\infty} \dfrac{1}{n^{\mu}}$ 有相同的敛散性, 即当 $\mu > 1$ 时, 级数收敛; $\mu \leqslant 1$ 时, 级数发散.

注　当 $b_n = O\left(\dfrac{1}{n^{1+\varepsilon}}\right)$, $\varepsilon > 0$ 时, 例 5.20 即为著名的 Gauss 判别法. 我们知道正项级数比值判别法在比值极限为 1 时无效, Gauss 判别法则可以处理这类级数的敛散性.

例 5.21　判断正项级数

$$\sum_{n=1}^{\infty} a_n = \sum_{n=1}^{\infty} \frac{n^{n-1}}{n!\mathrm{e}^n}$$

的敛散性.

证明　估计比值 $\dfrac{a_n}{a_{n+1}}$ 如下:

$$\begin{aligned}
\frac{a_n}{a_{n+1}} &= \frac{n^{n-1}}{n!\mathrm{e}^n}\frac{(n+1)!\mathrm{e}^{n+1}}{(n+1)^n} = \mathrm{e}\left(\frac{n}{n+1}\right)^{n-1} \\
&= \mathrm{e}\cdot\mathrm{e}^{(n-1)\ln\left(1-\frac{1}{n+1}\right)} \\
&= \mathrm{e}\cdot\mathrm{e}^{(n-1)\left(-\frac{1}{n+1}-\frac{1}{2(n+1)^2}+O\left(\frac{1}{n^3}\right)\right)} \\
&= \mathrm{e}\cdot\mathrm{e}^{-\frac{n-1}{n+1}-\frac{n-1}{2(n+1)^2}+O\left(\frac{1}{n^2}\right)} \\
&= \mathrm{e}^{\frac{2}{n+1}-\frac{1}{2(n+1)}+O\left(\frac{1}{n^2}\right)} \\
&= \mathrm{e}^{\frac{3}{2n}+O\left(\frac{1}{n^2}\right)} \\
&= 1+\frac{3}{2n}+O\left(\frac{1}{n^2}\right).
\end{aligned}$$

利用 Gauss 判别法即推得级数收敛.

例 5.22　判断正项级数

$$\sum_{n=1}^{\infty} a_n = \sum_{n=1}^{\infty}\left(\frac{a(a+1)\cdots(a+n-1)}{b(b+1)\cdots(b+n-1)}\right)^s,\quad a,b,s>0$$

的敛散性.

证明　将比值 $\dfrac{a_n}{a_{n+1}}$ 展开得

$$\begin{aligned}
\frac{a_n}{a_{n+1}} &= \left(\frac{n+b}{n+a}\right)^s = \frac{\left(1+\dfrac{b}{n}\right)^s}{\left(1+\dfrac{a}{n}\right)^s} \\
&= \left(1+\frac{bs}{n}+O\left(\frac{1}{n^2}\right)\right)\left(1-\frac{as}{n}+O\left(\frac{1}{n^2}\right)\right)
\end{aligned}$$

$$= 1 + \frac{s(b-a)}{n} + O\left(\frac{1}{n^2}\right).$$

因此, 由 Gauss 判别法知 $s(b-a) > 1$ 时, 级数收敛; 当 $s(b-a) \leqslant 1$ 时, 级数发散.

例 5.23 判别正项级数

$$\sum_{n=1}^{\infty} a_n = \sum_{n=1}^{\infty} (2-\sqrt{a})(2-\sqrt[3]{a})\cdots(2-\sqrt[n]{a}), \quad a > 0$$

的敛散性.

解 将比值 $\dfrac{a_n}{a_{n+1}}$ 展开得

$$\begin{aligned}
\frac{a_n}{a_{n+1}} &= \frac{1}{2 - a^{\frac{1}{n+1}}} = \frac{1}{2 - \mathrm{e}^{\frac{1}{n+1}\ln a}} \\
&= \frac{1}{2 - \left(1 + \dfrac{\ln a}{n+1} + O\left(\dfrac{1}{(n+1)^2}\right)\right)} \\
&= \frac{1}{1 - \dfrac{\ln a}{n} + O\left(\dfrac{1}{n^2}\right)} \\
&= 1 + \frac{\ln a}{n} + O\left(\frac{1}{n^2}\right).
\end{aligned}$$

因此, 由 Gauss 判别法知: 当 $\ln a > 1$, 即 $a > \mathrm{e}$ 时, 级数收敛; 当 $\ln a \leqslant 1$, 即 $a \leqslant \mathrm{e}$ 时, 级数发散.

例 5.24 用 Gauss 判别法判断下列正项级数的收敛性:

(1) $\sum\limits_{n=1}^{\infty} \dfrac{\alpha(\alpha+1)\cdots(\alpha+n)}{n!n^{\beta}}$;

(2) $\left(\dfrac{1}{2}\right)^p + \left(\dfrac{1\cdot 3}{2\cdot 4}\right)^p + \left(\dfrac{1\cdot 3\cdot 5}{2\cdot 4\cdot 6}\right)^p + \cdots,\ p > 0$;

(3) $\sum\limits_{n=1}^{\infty} \dfrac{n!\mathrm{e}^n}{n^{n+p}}$;

(4) $\sum\limits_{n=1}^{\infty} \dfrac{n!n^{-p}}{q(q+1)\cdots(q+n)}, q > 0$;

(5) $\sum\limits_{n=1}^{\infty} \dfrac{p(p+1)\cdots(p+n-1)}{n!} \cdot \dfrac{1}{n^q}$;

(6) $\sum\limits_{n=1}^{\infty} \dfrac{\ln 2\cdot \ln 3\cdot \cdots \cdot \ln(n+1)}{\ln(2+a)\cdot \ln(3+a)\cdot \cdots \cdot \ln(n+1+a)}$;

(7) $\sum\limits_{n=1}^{\infty} a^{1+\frac{1}{2}+\cdots+\frac{1}{n}}\ (a>0)$.

5.5 阶的估计在级数收敛性判别中的应用

例 5.25 考虑正项级数

$$\sum_{n=1}^{\infty} a_n=\sum_{n=1}^{\infty}\left(1-\frac{\ln n}{n}\right)^{\ln n}$$

的敛散性.

解 因为

$$\begin{aligned}
a_n&=\mathrm{e}^{\ln n\ln\left(1-\frac{\ln n}{n}\right)}\\
&=\mathrm{e}^{\ln n\left(-\frac{\ln n}{n}-\frac{\ln^2 n}{2n^2}+O\left(\frac{\ln^3 n}{n^3}\right)\right)}\\
&=\mathrm{e}^{-\frac{\ln^2 n}{n}-\frac{\ln^3 n}{2n^2}+O\left(\frac{\ln^4 n}{n^3}\right)}\\
&=1-\frac{\ln^2 n}{n}-\frac{\ln^3 n}{2n^2}+O\left(\frac{\ln^4 n}{n^3}\right)\to 1\neq 0,\quad n\to\infty,
\end{aligned}$$

所以级数发散.

例 5.26 考察级数 $\sum\limits_{n=1}^{\infty}\ln\left(1+\dfrac{1}{n^p}\right)\left(1-\dfrac{\alpha\ln n}{n}\right)^n\ (p>0)$ 的敛散性.

解 记 $a_n=\ln\left(1+\dfrac{1}{n^p}\right)\left(1-\dfrac{\alpha\ln n}{n}\right)^n$. 因为

$$\begin{aligned}
a_n&=\ln\left(1+\frac{1}{n^p}\right)\mathrm{e}^{n\ln\left(1-\frac{\alpha\ln n}{n}\right)}\\
&=\left(\frac{1}{n^p}+O\left(\frac{1}{n^{2p}}\right)\right)\mathrm{e}^{n\left(-\frac{\alpha\ln n}{n}-\frac{\alpha^2}{2}\frac{\ln^2 n}{n^2}+o\left(\frac{\ln^2 n}{n^2}\right)\right)}\\
&=\left(\frac{1}{n^p}+O\left(\frac{1}{n^{2p}}\right)\right)\frac{1}{n^\alpha}\left(1-\frac{\alpha^2\ln^2 n}{2n}+o\left(\frac{\ln^2 n}{n}\right)\right)\\
&=\frac{1}{n^{p+\alpha}}+o\left(\frac{1}{n^{p+\alpha}}\right),
\end{aligned}$$

所以当 $p+\alpha>1$ 时, 级数收敛; 当 $p+\alpha\leqslant 1$ 时, 级数发散.

例 5.27 考虑级数

$$\sum_{n=1}^{\infty}\frac{(-1)^n}{\sqrt{n}+(-1)^{n-1}}$$

的敛散性.

解 记 $a_n = \dfrac{(-1)^n}{\sqrt{n}+(-1)^{n-1}}$. 则有

$$a_n = \frac{(-1)^n}{\sqrt{n}} \frac{1}{1+\dfrac{(-1)^{n-1}}{\sqrt{n}}} = \frac{(-1)^n}{\sqrt{n}} \frac{1}{1-\dfrac{(-1)^n}{\sqrt{n}}}$$
$$= \frac{(-1)^n}{\sqrt{n}}\left(1+\frac{(-1)^n}{\sqrt{n}}+O\left(\frac{1}{n}\right)\right)$$
$$= \frac{(-1)^n}{\sqrt{n}}+\frac{1}{n}+O\left(\frac{1}{n^{\frac{3}{2}}}\right).$$

由于 $\sum\limits_{n=1}^{\infty} \dfrac{(-1)^n}{\sqrt{n}}$ 收敛, $\sum\limits_{n=1}^{\infty} \dfrac{1}{n}$ 发散, $\sum\limits_{n=1}^{+\infty} O\left(\dfrac{1}{n^{\frac{3}{2}}}\right)$ 绝对收敛, 因此原级数发散.

注 我们知道,

$$\frac{(-1)^n}{\sqrt{n}+(-1)^{n-1}} \sim \frac{(-1)^n}{\sqrt{n}}, \quad n \to \infty.$$

但不能据此及 $\sum\limits_{n=1}^{\infty} \dfrac{(-1)^n}{\sqrt{n}}$ 的收敛性推得原级数收敛. 这里, 我们实际上将级数分解为一个收敛级数与一个发散级数的和.

例 5.28 设函数 $f(x)$ 在区间 $(-1,1)$ 内具有三阶连续导数, 且 $f(0)=0$, $\lim\limits_{x\to 0}\dfrac{f'(x)}{x}=0$, 试证明: $\sum\limits_{n=1}^{\infty} nf\left(\dfrac{1}{n}\right)$ 绝对收敛.

证明 首先由 $\lim\limits_{x\to 0}\dfrac{f'(x)}{x}=0$ 即知 $f'(0)=\lim\limits_{x\to 0} f'(x)=0$. 进一步, 有

$$f''(0)=\lim_{x\to 0}\frac{f'(x)-f'(0)}{x}=\lim_{x\to 0}\frac{f'(x)}{x}=0.$$

因此

$$n\left|f\left(\frac{1}{n}\right)\right| = n\left|f(0)+f'(0)\frac{1}{n}+\frac{f''(0)}{2n^2}+O\left(\frac{1}{n^3}\right)\right| = O\left(\frac{1}{n^2}\right).$$

这就证明了 $\sum\limits_{n=1}^{\infty} nf\left(\dfrac{1}{n}\right)$ 绝对收敛.

例 5.29 设 $f(x)=\dfrac{1}{1-2x-x^2}$, 试证明级数 $\sum \dfrac{n!}{f^{(n)}(0)}$ 收敛.

证明　当 $|x| < \sqrt{2}-1$ 时, 有

$$\begin{aligned}
f(x) &= \frac{1}{2\sqrt{2}}\left(\frac{1}{x+\sqrt{2}+1}+\frac{1}{\sqrt{2}-1-x}\right)\\
&= \frac{1}{2\sqrt{2}(\sqrt{2}+1)}\cdot\frac{1}{1+\dfrac{x}{\sqrt{2}+1}}+\frac{1}{2\sqrt{2}(\sqrt{2}-1)}\cdot\frac{1}{1-\dfrac{x}{\sqrt{2}-1}}\\
&= \frac{1}{2\sqrt{2}(\sqrt{2}+1)}\sum_{n=0}^{\infty}\left(-\frac{x}{\sqrt{2}+1}\right)^n+\frac{1}{2\sqrt{2}(\sqrt{2}+1)}\sum_{n=0}^{\infty}\left(\frac{x}{\sqrt{2}-1}\right)^n\\
&= \frac{1}{2\sqrt{2}}\sum_{n=0}^{\infty}\left[\frac{(-1)^n}{(\sqrt{2}+1)^{n+1}}+\frac{1}{(\sqrt{2}-1)^{n+1}}\right]x^n,
\end{aligned}$$

由此可得

$$\begin{aligned}
\frac{f^{(n)}(0)}{n!} &= \frac{1}{2\sqrt{2}}\left[\frac{(-1)^n}{(\sqrt{2}+1)^{n+1}}+\frac{1}{(\sqrt{2}-1)^{n+1}}\right]\\
&= \frac{1}{2\sqrt{2}}\left[(-1)^n(\sqrt{2}-1)^{n+1}+(\sqrt{2}+1)^{n+1}\right].
\end{aligned}$$

从而

$$\begin{aligned}
\frac{n!}{f^{(n)}(0)} &= \frac{2\sqrt{2}}{(\sqrt{2}+1)^{n+1}}\frac{1}{1+(-1)^n\left(\dfrac{\sqrt{2}-1}{\sqrt{2}+1}\right)^{n+1}}\\
&\sim \frac{2\sqrt{2}}{(\sqrt{2}+1)^{n+1}}.
\end{aligned}$$

因此, 由级数 $\sum\limits_{n=0}^{\infty}\dfrac{2\sqrt{2}}{(\sqrt{2}+1)^{n+1}}$ 的收敛性即推得原级数收敛.

例 5.30　设数列 $\{a_n\}$ 与 $\{b_n\}$ 满足关系式 $a_n = b_n+\ln(1+a_n)$. 若 $\sum\limits_{n=1}^{\infty}a_n^2$ 收敛, 则 $\sum\limits_{n=1}^{\infty}b_n$ 也收敛.

解　由题设知 $a_n = o(1)$, $n\to\infty$. 因此

$$b_n = a_n+\ln(1+a_n) = a_n-\left(a_n-\frac{1}{2}a_n^2+o(a_n^2)\right)\sim\frac{1}{2}a_n^2.$$

于是, $\sum\limits_{n=1}^{\infty}b_n$ 和 $\sum\limits_{n=1}^{\infty}a_n^2$ 有相同的敛散性, 即 $\sum\limits_{n=1}^{\infty}b_n$ 收敛.

例 5.31 设数列 $\{a_n\}$ 与 $\{b_n\}$ 满足关系式: $\mathrm{e}^{a_n}=a_n+\mathrm{e}^{b_n}$. 若 $\sum\limits_{n=1}^{\infty}a_n^2$ 收敛, 则 $\sum\limits_{n=1}^{\infty}b_n$ 也收敛.

解 由题设知 $a_n=o(1)$, $b_n=o(1)$, $n\to\infty$. 因此

$$\mathrm{e}^{b_n}=\mathrm{e}^{a_n}-a_n=1+a_n+\frac{1}{2}a_n^2+o(a_n^2)-a_n=1+\frac{1}{2}a_n^2+o(a_n^2).$$

于是

$$b_n=\ln\left(1+\frac{1}{2}a_n^2+o(a_n^2)\right)\sim\frac{1}{2}a_n^2.$$

这样, $\sum\limits_{n=1}^{\infty}b_n$ 和 $\sum\limits_{n=1}^{\infty}a_n^2$ 有相同的敛散性, 即 $\sum\limits_{n=1}^{\infty}b_n$ 收敛.

例 5.32 判定级数 $\sum\limits_{n=1}^{\infty}\dfrac{(-1)^{[\sqrt{n}]}}{n}$ 的收敛性.

证明 将级数中相邻的同号项合并, 组成一个新的级数 $\sum\limits_{n=1}^{\infty}(-1)^n c_n$, 其中

$$\begin{aligned}
c_n&=\frac{1}{n^2}+\frac{1}{n^2+1}+\cdots+\frac{1}{(n+1)^2-1}\\
&=\frac{1}{n^2}\sum_{k=0}^{2n}\frac{1}{1+\dfrac{k}{n^2}}=\frac{1}{n^2}\sum_{k=0}^{2n}\left(1-\frac{k}{n^2}+O\left(\frac{k^2}{n^4}\right)\right)\\
&=\frac{1}{n^2}\left((2n+1)-\frac{2n+1}{n}+O\left(\frac{1}{n^2}\right)\right)\\
&=\frac{2}{n}+O\left(\frac{1}{n^2}\right).
\end{aligned}$$

因此

$$\sum_{n=1}^{\infty}c_n=\sum_{n=1}^{\infty}(-1)^n\frac{2}{n}+\sum_{n=1}^{\infty}O\left(\frac{1}{n^2}\right)$$

收敛.

这表明原级数加括号后得到的级数收敛. 由于括号中的项符号相同, 所以可推知原级数收敛.

例 5.33 设 $p>0$, $a_n=\displaystyle\int_0^{\frac{1}{n}}\sin\frac{1}{x^p}\mathrm{d}x$, 讨论级数 $\sum\limits_{n=1}^{\infty}a_n$ 的收敛性.

证明 令 $t=\dfrac{1}{x^p}$, 则

$$a_n=\int_0^{\frac{1}{n}}\sin\frac{1}{x^p}\mathrm{d}x=\frac{1}{p}\int_{n^p}^{+\infty}\frac{\sin t}{t^{1+\frac{1}{p}}}\mathrm{d}t.$$

将上式右端积分进行如下分解:

$$\int_{n^p}^{+\infty}\frac{\sin t}{t^{1+\frac{1}{p}}}\mathrm{d}t=\int_{n^p}^{n^{p+1}}\frac{\sin t}{t^{1+\frac{1}{p}}}\mathrm{d}t+\int_{n^{p+1}}^{+\infty}\frac{\sin t}{t^{1+\frac{1}{p}}}\mathrm{d}t=:I+J.$$

对于 I, 因为 $\dfrac{1}{t^{1+\frac{1}{p}}}$ 在 $[n^p,A]$ 上单调减少, 所以由积分第二中值定理, 得

$$|I|=\left|\frac{1}{n^{1+p}}\int_{n^p}^{\xi}\sin t\mathrm{d}t\right|\leqslant\frac{2}{n^{1+p}}.$$

而

$$|J|\leqslant\int_{n^{p+1}}^{+\infty}\frac{1}{t^{1+\frac{1}{p}}}\mathrm{d}t=pn^{-1-\frac{1}{p}}.$$

于是

$$|a_n|\leqslant\frac{2}{pn^{1+p}}+n^{-1-\frac{1}{p}}.$$

由此即知 $\sum\limits_{n=1}^{\infty}a_n$ 绝对收敛.

练习 5.1 利用阶的估计的方法判断下列级数 $\sum\limits_{n=1}^{\infty}a_n$ 的收敛性:

(1) $a_n=(\sqrt{n+1}-\sqrt{n})^p\ln\dfrac{n-1}{n+1}$;

(2) $a_n=\dfrac{1}{n^p}\sin\dfrac{\pi}{n}$;

(3) $a_n=\ln^p\left(\sec\dfrac{\pi}{n}\right)$;

(4) $a_n=\left(\mathrm{e}-\left(1+\dfrac{1}{n}\right)^n\right)^p$;

(5) $a_n=\dfrac{1}{n^{1+\frac{k}{\ln n}}}$;

(6) $a_n=1-\cos\dfrac{1}{n}$;

(7) $a_n=\displaystyle\int_0^{1/n}\frac{\sin^a x}{1+x}\mathrm{d}x,\ a>-1$;

(8) $a_n = \left(1-\dfrac{1}{n}\right)^{n\ln n}$;

(9) $a_n = \ln\dfrac{1}{\cos\dfrac{2\pi}{n}}$;

(10) $a_n = \left(n^{\frac{1}{n^2+1}}-1\right)^p \ (p<0)$.

5.6 函数项级数的一致收敛性

例 5.34 设 $u_n(x)$ 在 $[a,b]$ 上连续, 函数项级数 $\sum\limits_{n=1}^{\infty} u_n(x)$ 在 (a,b) 内一致收敛. 证明:

(1) $\sum\limits_{n=1}^{\infty} u_n(a)$, $\sum\limits_{n=1}^{\infty} u_n(b)$ 收敛;

(2) $\sum\limits_{n=1}^{\infty} u_n(x)$ 在 $[a,b]$ 上一致收敛.

证明 (1) 由 $\sum\limits_{n=1}^{\infty} u_n(x)$ 在 (a,b) 内一致收敛知, 对任意 $\varepsilon>0$, 存在 $N>0$, 当 $n>N$ 时, 对所有 $p\in \mathbf{Z}^+$ 及 $x\in(a,b)$, 有

$$|u_{n+1}(x)+u_{n+2}(x)+\cdots+u_{n+p}(x)|<\varepsilon.$$

令 $x\to a^+$, 可得

$$|u_{n+1}(a)+u_{n+2}(a)+\cdots+u_{n+p}(a)|\leqslant\varepsilon.$$

由数项级数收敛的 Cauchy 准则知, $\sum\limits_{n=1}^{\infty} u_n(a)$ 收敛.

同理可证 $\sum\limits_{n=1}^{\infty} u_n(b)$ 收敛.

(2) 在 (1) 中, 我们实际上证明了: 对任意 $\varepsilon>0$, 存在 $N\in\mathbf{Z}^+$, 当 $n>N$ 时, 对所有 $p\in\mathbf{Z}^+$ 及 $x\in[a,b]$, 有

$$|u_{n+1}(x)+u_{n+2}(x)+\cdots+u_{n+p}(x)|\leqslant\varepsilon.$$

由函数项级数一致收敛的 Cauchy 准则, $\sum\limits_{n=1}^{\infty} u_n(x)$ 在 $[a,b]$ 上一致收敛.

例 5.35(Bendixon 判别法) 设 $\sum\limits_{n=1}^{\infty} u_n(x)$ 的一般项 $u_n(x)$ 在 $[a,b]$ 上都可微,

且 $\sum\limits_{n=1}^{\infty} u_n'(x)$ 的部分和函数列在 $[a,b]$ 上一致有界, 证明: 如果 $\sum\limits_{n=1}^{\infty} u_n(x)$ 在 $[a,b]$ 上收敛, 则必在 $[a,b]$ 上一致收敛.

证明 由题设, 存在正常数 M, 使得对任意正整数 n 和 $x \in [a,b]$ 都成立

$$\left|\sum_{k=1}^{n} u_k'(x)\right| \leqslant M. \tag{5.6.6}$$

对任意给定的 $\varepsilon > 0$, 取充分大的正整数 m 使得 $\dfrac{b-a}{m} < \dfrac{\varepsilon}{4M}$. 作区间 $[a,b]$ 的 m 等分等距分割 Δ: $a = x_0 < x_1 < \cdots < x_m = b$. 因为 $\sum\limits_{n=1}^{\infty} u_n(x)$ 在 $[a,b]$ 上收敛, 所以对于取定的 $x_i (0 \leqslant i \leqslant n)$, 存在正整数 N_i, 当 $n > N_i$ 时, 对于任意正整数 p, 成立

$$\left|\sum_{k=n+1}^{n+p} u_k(x_i)\right| < \frac{\varepsilon}{2}. \tag{5.6.7}$$

取 $N = \max(N_1, N_2, \cdots, N_m)$, 则当 $n > N$ 时, (5.6.7) 对所有 i 同时成立. 于是, 对于任意 $x \in [a,b]$, 不妨设 $x \in [x_{i-1}, x_i]$, 有

$$\begin{aligned}
\left|\sum_{k=n+1}^{n+p} u_k(x)\right| &= \left|\sum_{k=n+1}^{n+p} u_k(x_i) + \sum_{k=n+1}^{n+p} (u_k(x) - u_k(x_i))\right| \\
&\leqslant \left|\sum_{k=n+1}^{n+p} u_k(x_i)\right| + \left|\sum_{k=n+1}^{n+p} u_k'(\xi_i)(x - x_i)\right| \quad (\xi_i \in (x, x_i)) \\
&\leqslant \left|\sum_{k=n+1}^{n+p} u_k(x_i)\right| + \left|\sum_{k=n+1}^{n+p} u_k'(\xi_i)\right| (x_i - x) \\
&\leqslant \frac{\varepsilon}{2} + 2M|x - x_i| < \varepsilon.
\end{aligned}$$

由 Cauchy 收敛原理即知 $\sum\limits_{n=1}^{\infty} u_n(x)$ 在 $[a,b]$ 上一致收敛.

例 5.36 设 $\{f_n(x)\}$ 为 $[a,b]$ 上的连续函数序列, $\{f_n(b)\}$ 发散, 证明: $\{f_n(x)\}$ 在 $[a,b)$ 上非一致收敛.

证明 假设 $\{f_n(x)\}$ 在 $[a,b)$ 上一致收敛, 则由一致收敛的 Cauchy 收敛原理知道: 对任意 $\varepsilon > 0$, 存在正整数 N, 当 $n, m > N$ 时, 对任意 $x \in [a,b)$ 成立

$$|f_n(x) - f_m(x)| < \varepsilon.$$

另一方面, 因为 $f_n(x)$ 在 $[a,b]$ 上连续, 所以在上式中令 $x\to b$ 即得

$$|f_n(b)-f_m(b)|\leqslant\varepsilon.$$

于是由数列收敛的 Cauchy 收敛原理知道 $\{f_n(b)\}$ 收敛. 与题设矛盾, 故 $\{f_n(x)\}$ 在 $[a,b)$ 上非一致收敛.

例 5.37 设 $u_n(x)(n=1,2,\cdots)$ 是 $[a,b]$ 上的单调函数. 证明若 $\sum\limits_{n=1}^{\infty}u_n(a)$, $\sum\limits_{n=1}^{\infty}u_n(b)$ 均绝对收敛, 则级数 $\sum\limits_{n=1}^{\infty}u_n(x)$ 在 $[a,b]$ 上绝对收敛且一致收敛.

证明 不妨设 $u_n(x)$ 在 $[a,b]$ 上单调递增, 则对任意 $x\in[a,b]$, 有

$$u_n(a)\leqslant u_n(x)\leqslant u_n(b),\ \ n=1,2,\cdots,$$

故

$$|u_n(x)|\leqslant\max(|u_n(a)|,|u_n(b)|)\leqslant|u_n(a)|+|u_n(b)|.$$

而 $\sum\limits_{n=1}^{\infty}|u_n(a)|$, $\sum\limits_{n=1}^{\infty}|u_n(b)|$ 均收敛, 因此由优级数判别法知 $\sum\limits_{n=1}^{\infty}u_n(x)$ 在 $[a,b]$ 上绝对收敛且一致收敛.

例 5.38 设函数序列 $\{f_n(x)\}$ 在 $[a,b]$ 上有定义, 存在 $\delta\in(0,1]$ 使得

$$|f_n(x)-f_n(y)|\leqslant|x-y|^{\delta};\quad x,y\in[a,b],\quad n=1,2,\cdots,$$

且 $\{f_n(x)\}$ 在 $[a,b]$ 上收敛于 $f(x)$. 证明: $\{f_n(x)\}$ 在 $[a,b]$ 上一致收敛.

证明 对于任意 $\varepsilon>0$, 作 $[a,b]$ 的一个分割 $\Delta: a=x_0<x_1<\cdots<x_M=b$, 使得分割的模 $\|\Delta\|=\max\limits_{0\leqslant i\leqslant M-1}|x_{i+1}-x_i|<\left(\dfrac{\varepsilon}{3}\right)^{\frac{1}{\delta}}$. 由题设, 数列 $\{f_n(x_i)\}(i=1,2,\cdots,M)$ 都收敛, 因而存在正整数 N, 当 $m,n>N$ 时, 有

$$|f_m(x_i)-f_n(x_i)|<\frac{\varepsilon}{3},\quad i=1,2,\cdots,M.$$

于是, 对任意 $x\in[a,b]$, 不妨设 $x\in[x_i,x_{i+1}], i=0,1,\cdots,M-1$, 当 $m,n>N$ 时, 有

$$\begin{aligned}|f_n(x)-f_m(x)|&=|f_m(x)-f_m(x_i)|+|f_m(x_i)-f_n(x_i)|+|f_n(x_i)-f_n(x)|\\&\leqslant 2|x-x_i|^{\delta}+\frac{\varepsilon}{3}<\varepsilon.\end{aligned}$$

由 Cauchy 收敛原理知 $\{f_n(x)\}$ 在 $[a,b]$ 上一致收敛.

注 我们自然还要问: 极限函数 $f(x)$ 是否仍然满足 Lipδ 条件? 回答是肯定的. 事实上, 对于任意 $x,y\in[a,b]$ 和正整数 n, 有

$$|f(x)-f(y)|\leqslant|f_n(x)-f(x)|+|f_n(x)-f_n(y)|+|f_n(y)-f(y)|$$

$$\leqslant |f_n(x)-f(x)|+|x-y|^{\delta}+|f_n(y)-f(y)|.$$

令 $n\to\infty$, 即知 $|f(x)-f(y)|\leqslant |x-y|^{\delta}$. 因此 $f(x)\in \mathrm{Lip}\delta$.

例 5.39 设 $f_n(x)(n=1,2,\cdots)$ 在 $[a,b]$ 上单调递增, 且 $f_n(x)$ 收敛于连续函数 $f(x)$. 证明: $\{f_n(x)\}$ 在 $[a,b]$ 上一致收敛于 $f(x)$.

证明 因为 $f(x)$ 在 $[a,b]$ 上连续, 所以一致连续. 因此, 对任意 $\varepsilon>0$, 存在 $\delta>0$, 使得对任意 $x_1,x_2\in[a,b]$, 当 $|x_1-x_2|<\delta$ 时, 有

$$|f(x_1)-f(x_2)|<\frac{\varepsilon}{3}. \tag{5.6.8}$$

将 $[a,b]$ 进行 k 等分使得 $\dfrac{b-a}{k}<\delta$: $a=a_0<a_1<\cdots<a_k=b$. 因为 $f_n(x)(n=1,2,\cdots)$ 在 $[a,b]$ 上收敛于连续函数 $f(x)$, 故对于前面的 $\varepsilon>0$, 存在 N, 使得当 $n>N$ 时, 有

$$|f_n(a_i)-f(a_i)|<\frac{\varepsilon}{3},\quad i=1,2,\cdots,k. \tag{5.6.9}$$

对于任意 $x\in[a,b]$, 存在一个区间 $[a_{i-1},a_i]$ 使得 $x\in[a_{i-1},a_i]$. 于是

$$f(a_{i-1})-\frac{\varepsilon}{3}<f_n(a_{i-1})\leqslant f_n(x)\leqslant f_n(a_i)<f(a_i)+\frac{\varepsilon}{3}. \tag{5.6.10}$$

在上式中令 $n\to\infty$, 得

$$f(a_{i-1})-\frac{\varepsilon}{3}<f(a_{i-1})\leqslant f(x)\leqslant f(a_i)<f(a_i)+\frac{\varepsilon}{3}. \tag{5.6.11}$$

由 (5.6.8)—(5.6.11), 就有

$$|f_n(x)-f(x)|\leqslant f(a_i)-f(a_{i-1})+\frac{2\varepsilon}{3}<\varepsilon.$$

这就证明了 $\{f_n(x)\}$ 在 $[a,b]$ 上一致收敛于 $f(x)$.

例 5.40 研究级数 $\sum\limits_{n=1}^{\infty}a_n(x)$ 在指定区间的一致收敛性.

(1) $a_n(x)=\ln\left(1+\dfrac{x}{n\ln^2 n}\right)$, $I_1=[-a,a]$, $I_2=[1,+\infty)$;

(2) $a_n(x)=\arctan\dfrac{x}{n^3+x}$, $I_1=[0,A]$, $I_2=[0,+\infty)$;

(3) $a_n(x)=\dfrac{(-1)^n}{x+\sqrt{n}}$, $I=(0,+\infty)$;

(4) $a_n(x)=\left(1+\dfrac{\sin^2 x}{n}\right)^{-n^2}$, $I_1=\left[\dfrac{1}{2},\dfrac{\pi}{2}\right]$, $I_2=\left[0,\dfrac{\pi}{2}\right]$;

(5) $a_n(x)=x^2\mathrm{e}^{-nx}$, $I=(0,+\infty)$;

(6) $a_n(x)=\dfrac{1}{n}\left(\mathrm{e}^x-\left(1+\dfrac{x}{n}\right)^n\right)$, $I_1=(0,+\infty)$, $I_2=[a,b]$.

解 (1) 对任意取定的 $x\in[-a,a]$, 有

$$\ln\left(1+\frac{x}{n\ln^2 n}\right)=\frac{x}{n\ln^2 n}+o\left(\frac{x}{n\ln^2 n}\right),\quad n\to\infty.$$

因此, 当 n 充分大以后有

$$\ln\left(1+\frac{x}{n\ln^2 n}\right)=O\left(\frac{1}{n\ln^2 n}\right).$$

根据 $\sum\limits_{n=1}^{\infty}\dfrac{1}{n\ln^2 n}$ 的收敛性和 Weierstrass 判别法, 知 $\sum\limits_{n=1}^{\infty}a_n(x)$ 在 I_1 上一致收敛.

当 $x\in I_2$ 时, 对任意自然数 N, 令 $x_N=N$, 则

$$\begin{aligned}\sum_{n=N}^{2N}a_n(x_N)&=\sum_{n=N}^{2N}\ln\left(1+\frac{N}{n\ln^2 n}\right)\geqslant N\ln\left(1+\frac{N}{N\ln^2 N}\right)\\&=N\ln\left(1+\frac{N}{N\ln^2 N}\right)\to+\infty,\quad N\to\infty.\end{aligned}$$

由 Cauchy 收敛原理知道 $\sum\limits_{n=1}^{\infty}a_n(x)$ 在 I_2 上非一致收敛.

(2) 当 $x\in I_1$ 时, 对于充分大的 n, 有

$$\left|\frac{x}{n^3+x}\right|<\frac{A}{n^3}.$$

因此,

$$\arctan\frac{x}{n^3+x}=O\left(\frac{1}{n^3}\right).$$

由 Weierstrass 判别法知, $\sum\limits_{n=1}^{\infty}a_n(x)$ 在 I_1 上一致收敛.

当 $x\in I_2$ 时, 对任意自然数 N, 令 $x_N=N^3$, 则

$$\begin{aligned}\sum_{n=N}^{2N}a_n(x_N)&=\sum_{n=N}^{2N}\arctan\frac{N^3}{n^3+N^3}\\&\geqslant N\arctan\frac{N^3}{8N^3+N^3}=N^3\arctan\frac{1}{9}\to+\infty,\quad N\to\infty.\end{aligned}$$

由 Cauchy 收敛原理知道 $\sum\limits_{n=1}^{\infty} a_n(x)$ 在 I_2 上非一致收敛.

(3) 对于任意 $x \in (0,+\infty)$, 由交错级数的性质可知, 对任意自然数 N, 有

$$\left|\sum_{n=N}^{\infty} \frac{(-1)^n}{x+\sqrt{n}}\right| \leqslant \frac{1}{x+\sqrt{N}} \leqslant \frac{1}{\sqrt{N}} \to 0, \quad N \to \infty.$$

因此, $\sum\limits_{n=1}^{\infty} a_n(x)$ 在 $(0,+\infty)$ 一致收敛.

(4) 当 $x \in \left[\frac{1}{2}, \frac{\pi}{2}\right]$ 时, 有

$$\begin{aligned}
\left|\left(1+\frac{\sin^2 x}{n}\right)^{-n^2}\right| &\leqslant \left(1+\frac{\sin^2 \frac{1}{2}}{n}\right)^{-n^2} \\
&= \mathrm{e}^{-n^2 \ln\left(1+\frac{\sin^2 \frac{1}{2}}{n}\right)} = \mathrm{e}^{-n^2\left(\frac{\sin^2 \frac{1}{2}}{n}+O\left(\frac{1}{n^2}\right)\right)} \\
&= \mathrm{e}^{-n\sin^2 \frac{1}{2}} \mathrm{e}^{O(1)} = O\left(\mathrm{e}^{-n\sin^2 \frac{1}{2}}\right).
\end{aligned}$$

由 Weierstrass 判别法, 知 $\sum\limits_{n=1}^{\infty} a_n(x)$ 在 I_1 一致收敛.

当 $x \in I_2$ 时, 对任意自然数 N, 令 $x_N = \frac{1}{\sqrt{N}}$, 则

$$\begin{aligned}
\sum_{n=N}^{2N} a_n(x_N) &= \sum_{n=N}^{2N}\left(1+\frac{\sin^2 \frac{1}{\sqrt{N}}}{n}\right)^{-n^2} \geqslant \sum_{n=N}^{2N}\left(1+\frac{\sin^2 \frac{1}{\sqrt{N}}}{N}\right)^{-n^2} \\
&\geqslant \sum_{n=N}^{2N}\left(1+\frac{\sin^2 \frac{1}{\sqrt{N}}}{N}\right)^{-4N^2} = N\left(1+\frac{\sin^2 \frac{1}{\sqrt{N}}}{N}\right)^{-4N^2} \\
&= N\left(1+\frac{1+o(1)}{N^2}\right)^{-4N^2} \geqslant MN \to \infty, \quad N \to \infty.
\end{aligned}$$

由 Cauchy 收敛原理知道 $\sum\limits_{n=1}^{\infty} a_n(x)$ 在 I_2 上非一致收敛.

(5) 直接计算得

$$a_n'(x) = (2x - nx^2)\mathrm{e}^{-nx}.$$

易知 $a_n'(x) > 0,\ x \in \left(0, \dfrac{2}{n}\right)$; $a_n'(x) < 0,\ x \in \left(\dfrac{2}{n}, +\infty\right)$. 因此, $a_n(x)$ 在 $x = \dfrac{2}{n}$ 取到最大值. 于是

$$|a_n(x)| \leqslant a_n\left(\frac{2}{n}\right) = \frac{4}{n^2}\mathrm{e}^{-2}.$$

由 Weierstrass 判别法, 知 $\sum\limits_{n=1}^{\infty} a_n(x)$ 在 $(0, +\infty)$ 上一致收敛.

(6) 当 $x \in I_1$ 时, 对任意自然数 N, 令 $x_N = N$, 则

$$a_N(x_N) = \frac{1}{N}(\mathrm{e}^N - 2^N) \to \infty, \quad n \to \infty.$$

因此, $\{a_n(x)\}$ 不一致收敛于零, 从而 $\sum\limits_{n=1}^{\infty} a_n(x)$ 在 I_1 上非一致收敛.

当 $x \in I_2$ 时, 有

$$\begin{aligned}
\frac{1}{n}\left(\mathrm{e}^x - \left(1 + \frac{x}{n}\right)^n\right) &= \frac{1}{n}\left(\mathrm{e}^x - \mathrm{e}^{n\ln\left(1+\frac{x}{n}\right)}\right) \\
&= \frac{1}{n}\left(\mathrm{e}^x - \mathrm{e}^{n\left(\frac{x}{n} - \frac{x^2}{2n^2} + O\left(\frac{1}{n^3}\right)\right)}\right) \\
&= \frac{1}{n}\mathrm{e}^x\left(1 - \mathrm{e}^{-\frac{x^2}{2n} + O\left(\frac{1}{n^2}\right)}\right) \\
&= \frac{1}{n}\mathrm{e}^x\left(\frac{x^2}{2n} + O\left(\frac{1}{n^2}\right)\right) = O\left(\frac{1}{n^2}\right).
\end{aligned}$$

由 Weierstrass 判别法, 知 $\sum\limits_{n=1}^{\infty} a_n(x)$ 在 I_2 上一致收敛.

例 5.41 讨论函数项级数 $\sum\limits_{n=1}^{\infty} \dfrac{\sqrt{n+1} - \sqrt{n}}{n^x}$ 的收敛性和一致收敛性.

解 记 $a_n(x) = \dfrac{\sqrt{n+1} - \sqrt{n}}{n^x}$. 则当 $n \to \infty$ 时, 有

$$a_n(x) = \frac{1}{n^x(\sqrt{n+1} + \sqrt{n})} \sim \frac{1}{n^{x+\frac{1}{2}}}.$$

因此, $\sum\limits_{n=1}^{\infty} \dfrac{\sqrt{n+1} - \sqrt{n}}{n^x}$ 在 $x > \dfrac{1}{2}$ 时收敛, 在 $x \leqslant \dfrac{1}{2}$ 时发散.

对任意自然数 N, 取 $x_N = \dfrac{1}{2} + \dfrac{1}{N}$, 则

$$
\begin{aligned}
\sum_{n=N}^{2N} a_n(x_N) &= \sum_{n=N}^{2N} \frac{1}{n^{x_N}(\sqrt{n+1}+\sqrt{n})} \\
&\geqslant \frac{1}{2}\sum_{n=N}^{2N} \frac{1}{n^{\frac{1}{2}+\frac{1}{N}}\sqrt{N+1}} \\
&\geqslant \frac{1}{2}\sum_{n=N}^{2N} \frac{1}{(2N)^{\frac{1}{2}+\frac{1}{N}}\sqrt{N+1}} \\
&\geqslant \frac{1}{2}\frac{1}{(2N)^{\frac{1}{2}+\frac{1}{N}}\sqrt{N+1}}(N+1) \\
&= \frac{1}{2}\frac{1}{(2N)^{\frac{1}{2}+\frac{1}{N}}}\sqrt{N+1} \\
&\sim \frac{\sqrt{2}}{4N^{\frac{1}{N}}} \to \frac{\sqrt{2}}{4} \neq 0, \quad N \to \infty.
\end{aligned}
$$

因此, $\sum\limits_{n=1}^{\infty} \dfrac{\sqrt{n+1}-\sqrt{n}}{n^x}$ 在 $\left(\dfrac{1}{2}, +\infty\right)$ 上非一致收敛.

对任意闭区间 $[\alpha, \beta] \subset \left(\dfrac{1}{2}, +\infty\right)$, 有

$$
|a_n(x)| \leqslant \frac{1}{n^{\alpha}(\sqrt{n+1}+\sqrt{n})} \sim \frac{1}{2n^{\alpha+\frac{1}{2}}}.
$$

于是, 由 $\sum\limits_{n=1}^{\infty} \dfrac{1}{n^{\alpha+\frac{1}{2}}}$ 的收敛性和 Weierstrass 定理知, $\sum\limits_{n=1}^{\infty} \dfrac{\sqrt{n+1}-\sqrt{n}}{n^x}$ 在 $[\alpha, \beta]$ 上一致收敛, 从而在 $\left(\dfrac{1}{2}, +\infty\right)$ 内闭一致收敛.

例 5.42 设 $f(x)$ 为 $(-\infty, +\infty)$ 上的连续函数, 证明: 函数列

$$
f_n(x) := \sum_{k=0}^{n-1} \frac{1}{n} f\left(x + \frac{k}{n}\right)
$$

在任何有限闭区间上一致收敛.

证明 由于 $f(x)$ 为 $(-\infty, +\infty)$ 上连续, 故 $f(x+t)$ 关于 t 在 $[0, 1]$ 上可积,

且对任意取定的 $x \in (-\infty, +\infty)$, 有

$$\lim_{n\to\infty} f_n(x) = \lim_{n\to\infty} \sum_{k=0}^{n-1} \frac{1}{n} f\left(x + \frac{k}{n}\right) = \int_0^1 f(x+t)\mathrm{d}t.$$

假设 $[a,b]$ 为任一有限闭区间, 下面证明 $f_n(x)$ 在 $[a,b]$ 上一致收敛于 $\int_0^1 f(x+t)\mathrm{d}t$. 首先, 我们有

$$\left|f_n(x) - \int_0^1 f(x+t)\mathrm{d}t\right| = \left|\sum_{k=0}^{n-1} \int_{\frac{k}{n}}^{\frac{k+1}{n}} \left(f\left(x+\frac{k}{n}\right) - f(x+t)\right)\mathrm{d}t\right|$$
$$\leqslant \sum_{k=0}^{n-1} \int_{\frac{k}{n}}^{\frac{k+1}{n}} \left|f\left(x+\frac{k}{n}\right) - f(x+t)\right|\mathrm{d}t.$$

因为 $f(x)$ 在 $(-\infty, +\infty)$ 上连续, 所以 $f(x)$ 在 $[a, b+1]$ 上连续, 从而一致连续. 因此, 对于任意 $\varepsilon > 0$, 存在 $\delta > 0$, 当 $x', x'' \in [a, b+1]$ 且 $|x' - x''| < \delta$ 时, 有

$$|f(x') - f(x'')| < \varepsilon.$$

当 n 充分大以后, 对 $t \in \left[\frac{k}{n}, \frac{k+1}{n}\right]$, 有 $x+t, x+\frac{k}{n} \in [a, b+1]$, 且 $\left|(x+t) - \left(x+\frac{k}{n}\right)\right| < \delta$. 因此

$$\left|f\left(x+\frac{k}{n}\right) - f(x+t)\right| < \varepsilon, \quad t \in \left[\frac{k}{n}, \frac{k+1}{n}\right].$$

于是

$$\left|f_n(x) - \int_0^1 f(x+t)\mathrm{d}t\right| = \left|\sum_{k=0}^{n-1} \int_{\frac{k}{n}}^{\frac{k+1}{n}} \left(f\left(x+\frac{k}{n}\right) - f(x+t)\right)\mathrm{d}t\right|$$
$$< \sum_{k=0}^{n-1} \int_{\frac{k}{n}}^{\frac{k+1}{n}} \varepsilon \mathrm{d}t = \varepsilon.$$

这就证明了 $f_n(x)$ 在 $[a,b]$ 上一致收敛.

注 如果 $f(x)$ 在 $(-\infty, +\infty)$ 满足 $\mathrm{Lip}_M \alpha$ 条件, 那么函数列

$$f_n(x) := \sum_{k=0}^{n-1} \frac{1}{n} f\left(x + \frac{k}{n}\right)$$

在 $(-\infty,+\infty)$ 上一致收敛于 $\int_0^1 f(x+t)\mathrm{d}t$. 事实上, 此时有

$$\begin{aligned}\left|f_n(x)-\int_0^1 f(x+t)\mathrm{d}t\right| &\leqslant \sum_{k=0}^{n-1}\int_{\frac{k}{n}}^{\frac{k+1}{n}}\left|f\left(x+\frac{k}{n}\right)-f(x+t)\right|\mathrm{d}t\\ &\leqslant M\sum_{k=0}^{n-1}\int_{\frac{k}{n}}^{\frac{k+1}{n}}\left|\frac{k}{n}-t\right|^{\alpha}\mathrm{d}t\\ &\leqslant \frac{M}{n^{\alpha}}\sum_{k=0}^{n-1}\int_{\frac{k}{n}}^{\frac{k+1}{n}}\mathrm{d}t=\frac{M}{n^{\alpha}}\to 0,\quad n\to\infty.\end{aligned}$$

作为一个特例, 我们有

$$\sum_{k=0}^{n-1}\frac{1}{n}\cos\left(x+\frac{k}{n}\right)=\int_0^1\cos t\mathrm{d}t=\sin 1.$$

例 5.43 设 $f_0(x)$ 在 $[a,b]$ 上可积, 记 $f_n(x)=\int_a^x f_{n-1}(t)\mathrm{d}t,\ x\in[a,b]$, 则 $\{f_n(x)\}$ 在 $[a,b]$ 上一致收敛于 0.

解 因为 $f_0(x)$ 可积, 所以必有界. 设 $|f_0(x)|\leqslant M,\ x\in[a,b]$, 这里 M 为正常数. 由 $f_1(x)$ 的定义易知

$$|f_1(x)|=\left|\int_a^x f_0(t)\mathrm{d}t\right|\leqslant M(x-a),$$

于是

$$|f_2(x)|=\left|\int_a^x f_1(t)\mathrm{d}t\right|\leqslant M\int_a^x(t-a)\mathrm{d}t=\frac{M}{2}(x-a)^2.$$

用数学归纳法并得

$$|f_n(x)|\leqslant\frac{M}{n!}(x-a)^n\leqslant\frac{M}{n!}(b-a)^n,\quad x\in[a,b],\quad n=1,2,\cdots.$$

由此即可知 $\{f_n(x)\}$ 在 $[a,b]$ 上一致趋于零.

例 5.44 设 $g(x)$ 在 $[0,1]$ 上连续, $g(1)=0$. 又设函数列 $\{f_n(x)\}$ 在 $[0,1)$ 内闭一致收敛于 $f(x)$, 且存在正数 M_1 使得

$$|f_n(x)|\leqslant M_1,\quad |f(x)|\leqslant M_1,\quad x\in[0,1].$$

证明: $S_n(x)=g(x)f_n(x)$ 在 $[0,1]$ 上一致收敛于 $S(x)=f(x)g(x)$.

证明 记 $M = \max\limits_{0 \leqslant x \leqslant 1} |g(x)|$. 因为 $g(1) = 0$, 且 $g(x)$ 在 $[0,1]$ 上连续, 所以, 对任意 $\varepsilon > 0$, 存在 $\delta > 0$, 使得

$$|g(x) - g(1)| = |g(x)| < \varepsilon, \quad x \in [1-\delta, 1].$$

于是, 当 $x \in [1-\delta, 1]$ 时, 有

$$\begin{aligned}|S_n(x) - S(x)| &= |g(x)f_n(x) - g(x)f(x)| \\ &= |g(x)||f_n(x) - f(x)| \\ &\leqslant 2M_1|g(x)| < 2M_1\varepsilon.\end{aligned}$$

另一方面, 由于 $\{f_n(x)\}$ 在 $[0,1)$ 内闭一致收敛于 $f(x)$, 所以存在 N, 当 $n > N$ 时, 有

$$|f_n(x) - f(x)| < \varepsilon, \quad x \in [0, 1-\delta].$$

于是

$$|S_n(x) - S(x)| = |g(x)||f_n(x) - f(x)| < (2M_1 + 1)\varepsilon.$$

综上, 我们证明了 $S_n(x) = g(x)f_n(x)$ 在 $[0,1]$ 上一致收敛于 $S(x) = f(x)g(x)$.

例 5.45 设 $\{f_n(x)\}$ 和 $\{g_n(x)\}$ 在区间 I 上分别一致收敛于 $f(x)$ 和 $g(x)$, 且 $f(x)$ 和 $g(x)$ 在 I 上有界, 证明: $\{f_n(x)g_n(x)\}$ 在 I 上一致收敛于 $f(x)g(x)$.

证明 因为 $f(x)$ 和 $g(x)$ 在 I 上有界, 所以存在常数 $M > 0$ 使得 $|f(x)| \leqslant M; |g(x)| \leqslant M$. 又因为 $\{f_n(x)\}$ 和 $\{g_n(x)\}$ 在区间 I 上分别一致收敛于 $f(x)$ 和 $g(x)$, 所以, 对任意给定的 $\varepsilon \in (0,1)$, 存在正整数 N, 使得 $n > N$ 时, 对所有 $x \in I$ 成立

$$|f_n(x) - f(x)| < \varepsilon; \quad |g_n(x) - g(x)| < \varepsilon.$$

于是, 当 $n > N$ 时, 有

$$|f_n(x)| < |f(x)| + \varepsilon \leqslant M + 1, \quad |g_n(x)| < |g(x)| + \varepsilon \leqslant M + 1, \quad x \in I.$$

因此

$$\begin{aligned}|f_n(x)g_n(x) - f(x)g(x)| &\leqslant |f_n(x)||g_n(x) - g(x)| + |g(x)||f_n(x) - f(x)| \\ &\leqslant (M+1)\varepsilon + M\varepsilon = (2M+1)\varepsilon.\end{aligned}$$

这就证明了 $\{f_n(x)g_n(x)\}$ 在 I 上一致收敛于 $f(x)g(x)$.

注 如果去掉条件 $f(x)$ 和 $g(x)$ 在 I 上有界, 则结论未必成立. 例如, 取 $g_n(x)=f_n(x)=x+\dfrac{1}{n}$, $I=(0,+\infty)$, 则 $\{f_n(x)\}$ 和 $\{g_n(x)\}$ 在区间 I 上一致收敛于 $f(x)=g(x)=x$. 但是

$$\|f_n g_n - fg\| := \sup_{x\in I}\left|\frac{2x}{n}+\frac{1}{n^2}\right| = +\infty.$$

所以 $\{f_n(x)g_n(x)\}$ 在 I 上非一致收敛于 $f(x)g(x)$.

例 5.46 设 $f(x)$ 在 $x=0$ 的某个邻域内具有二阶连续导数且 $f(0)=0$, $0<f'(x)<1$. 记 $f_1(x)=f(x)$, $f_{n+1}(x)=f(f_n(x))$, 则级数 $\sum\limits_{n=1}^{\infty} f_n(x)$ 在 $x=0$ 的某个邻域内一致收敛.

证明 由题设, 存在 $\delta>0$, 使得 $f''(x)$ 在 $[-\delta,\delta]$ 上连续, 从而有界, 即存在 $M>0$ 使得 $|f''(x)|\leqslant M$. 利用 $f(x)$ 的展开式, 得

$$f(x)=f(0)+f'(0)x+\frac{f''(\xi)}{2}x^2 = f'(0)x+\frac{f''(\xi)}{2}x^2, \quad x\in[-\delta,\delta].$$

因此

$$|f(x)|\leqslant |x|\left(f'(0)+\frac{M}{2}\delta\right).$$

取

$$\delta_1 := \min\left(\delta, \frac{1-f'(0)}{M}\right).$$

记

$$q=f'(0)+\frac{M}{2}\delta_1,$$

则 $q<1$ 且对任意 $x\in[-\delta_1,\delta_1]$, 有

$$|f(x)|\leqslant q|x|,$$

$$|f_2(x)|\leqslant |f(f_1(x))|\leqslant q|f(x)|\leqslant q^2|x|\leqslant q^2\delta_1;$$

$$|f_3(x)|=|f(f_2(x))|\leqslant q|f_2(x)|\leqslant q^3\delta_1;\cdots;$$

$$|f_n(x)|=|f(f_{n-1}(x))|\leqslant q|f_{n-1}(x)|\leqslant q^n\delta_1.$$

由级数 $\sum\limits_{n=1}^{\infty} q^n$ 的收敛性和 Weierstrass 判别法知, $\sum\limits_{n=1}^{\infty} f_n(x)$ 在 $[-\delta_1,\delta_1]$ 内一致收敛.

练习 5.2 讨论级数 $\sum\limits_{n=1}^{\infty} a_n(x)$ 在指定数集上的一致收敛性.

(1) $a_n(x) = (1-x)x^n,\ I = [0,1]$;

(2) $a_n(x) = \dfrac{x}{1+n^4x^2},\ I = [0,+\infty)$;

(3) $a_n(x) = x\dfrac{\sin nx}{\sqrt{n+x}},\ I = \left[0, \dfrac{\pi}{2}\right]$;

(4) $a_n(x) = \dfrac{n^2}{\mathrm{e}^n}(x^n + x^{-n}),\ I = \left[\dfrac{1}{2}, 2\right]$;

(5) $a_n(x) = \dfrac{(-1)^{[\sqrt{n}]}}{\sqrt{n(n+x)}},\ I = [0,+\infty)$;

(6) $a_n(x) = \dfrac{(-1)^n}{n}\dfrac{\sin^n x}{1+\sin^n x},\ I = \left[-\dfrac{\pi}{2}, \dfrac{\pi}{2}\right]$.

练习 5.3 研究函数列 $\{f_n(x)\}$ 在指定区间的一致收敛性.

(1) $f_n(x) = \dfrac{x^n}{1+x^n},\ I_1 = [0, 1-\varepsilon],\ I_2 = [0,1]$;

(2) $f_n(x) = \dfrac{x}{n}\ln\dfrac{x}{n},\ I = [0,1]$;

(3) $f_n(x) = nx(1-x)^n,\ I_1 = [\delta, 1],\ I_2 = [0,1]$;

(4) $f_n(x) = n^\alpha x\mathrm{e}^{-nx^2},\ I = [0,1], \alpha > 0$;

(5) $f_n(x) = \sum\limits_{k=0}^{n} \dfrac{x^{2k}}{(2k)!},\ I = (-\infty, +\infty)$.

5.7 函数项级数的解析性质

一致收敛的函数项级数在保持连续性、可微性和可积性等方面有着许多重要的性质, 主要有下面三个定理.

定理 5.4 (连续性定理) 设 $a_n(x)(n=1,2,\cdots)$ 是 $[a,b]$ 上的连续函数, $\sum\limits_{n=1}^{\infty} a_n(x)$ 在 $[a,b]$ 上一致收敛于 $f(x)$, 则 $f(x)$ 在 $[a,b]$ 上连续, 即对任意 $x_0 \in [a,b]$, 有

$$\lim_{x\to x_0} f(x) = \lim_{x\to x_0}\sum_{n=1}^{\infty} a_n(x) = \sum_{n=1}^{\infty}\lim_{x\to x_0} a_n(x).$$

若将定理中的条件 “在 $[a,b]$ 上一致收敛” 改为 “在 (a,b) 内闭一致收敛”, 则 $f(x)$ 在 (a,b) 内连续.

定理 5.5 (逐项积分定理) 设 $a_n(x)(n=1,2,\cdots)$ 是 $[a,b]$ 上的连续函数,

$\sum\limits_{n=1}^{\infty} a_n(x)$ 在 $[a,b]$ 上一致收敛于 $f(x)$, 则有

$$\int_a^b f(x)\mathrm{d}x = \int_a^b \sum_{n=1}^{\infty} a_n(x)\mathrm{d}x = \sum_{n=1}^{\infty} \int_a^b a_n(x)\mathrm{d}x.$$

定理 5.6 (逐项求导定理)　设 $a_n(x)(n = 1,2,\cdots)$ 是 $[a,b]$ 上有连续导数, $\sum\limits_{n=1}^{\infty} a_n(x)$ 在 $[a,b]$ 上收敛于 $f(x)$, $\sum\limits_{n=1}^{\infty} a_n'(x)$ 在 $[a,b]$ 上一致收敛, 则有

$$f'(x) = \left(\sum_{n=1}^{\infty} a_n(x)\right)' = \sum_{n=1}^{\infty} a_n'(x).$$

下面介绍一个处理积分与和式交换问题的有用结论.

定理 5.7　设 ① $a_n(x) \geqslant 0$ $(n \geqslant 1, x \geqslant a)$; ② 对任意的 $c < b$ (或 $c < +\infty$), 都有

$$\int_a^c \sum_{n=1}^{\infty} a_n(x)\mathrm{d}x = \sum_{n=1}^{\infty} \int_a^c a_n(x), \tag{5.7.12}$$

则有等式

$$\int_a^b \sum_{n=1}^{\infty} a_n(x)\mathrm{d}x = \sum_{n=1}^{\infty} \int_a^b a_n(x),$$

或

$$\int_a^{+\infty} \sum_{n=1}^{\infty} a_n(x)\mathrm{d}x = \sum_{n=1}^{\infty} \int_a^{+\infty} a_n(x).$$

验证条件 (5.7.12) 经常是比较困难的, 这时, 可以从等式

$$\int_a^c \sum_{n=1}^{N} a_n(x)\mathrm{d}x = \sum_{n=1}^{N} \int_a^c a_n(x)$$

出发, 再借助阶的估计的方法, 证明

$$\lim_{N\to\infty} \int_a^c \sum_{n=N+1}^{\infty} a_n(x)\mathrm{d}x = 0,$$

从而得到 (5.7.12).

例 5.47 假设函数项级数 $\sum\limits_{n=1}^{\infty} u_n(x)$ 的一般项 $u_n(x)$ 都在 $[a,b]$ 上可积, 且 $\sum\limits_{n=1}^{\infty} u_n(x)$ 在 $[a,b]$ 上一致收敛, 则其和函数 $f(x)$ 在 $[a,b]$ 上也可积, 且可以逐项积分.

证明 记 $S_n(x) = \sum\limits_{k=1}^{n} u_k(x)$, 则 $S_n(x)$ 在 $[a,b]$ 上可积. 由于 $\sum\limits_{n=1}^{\infty} u_n(x)$ 在 $[a,b]$ 上一致收敛于 $f(x)$, 故对任意 $\varepsilon>0$, 存在正整数 $N(\varepsilon)$, 当 $n>N$ 时, 有

$$|S_n(x)-f(x)|<\frac{\varepsilon}{4(b-a)}.$$

特别地, 取定 $n=N+1$, 由 $S_{N+1}(x)$ 的可积性知道: 对前述的 $\varepsilon>0$, 存在 $[a,b]$ 的一个分割 $T: a=x_0<x_1<\cdots<x_k=b$ 使得

$$\sum_{i=1}^{k}\omega_i^*\Delta x_i<\frac{\varepsilon}{2},$$

这里 ω_i^* 为 $S_{N+1}(x)$ 在区间 $[x_{i-1},x_i]$ 上的振幅. 记 ω_i 为 $f(x)$ 在区间 $[x_{i-1},x_i]$ 上的振幅. 对任意 $x,y\in[x_{i-1},x_i]$, 有

$$\begin{aligned}|f(x)-f(y)| &\leqslant |f(x)-S_{N+1}(x)|+|S_{N+1}(x)-S_{N+1}(y)|+|S_{N+1}(y)-f(y)|\\ &\leqslant \frac{\varepsilon}{4(b-a)}+\omega_i^*+\frac{\varepsilon}{4(b-a)}\\ &\leqslant \frac{\varepsilon}{2(b-a)}+\omega_i^*.\end{aligned}$$

因此

$$\sum_{i=1}^{k}\omega_i\Delta x_i\leqslant\frac{\varepsilon}{2}+\sum_{i=1}^{k}\omega_i^*\Delta x_i<\varepsilon.$$

这就证明了 $f(x)$ 的可积性.

由于

$$\left|\int_a^b (S_n(x)-f(x))\mathrm{d}x\right|\leqslant(b-a)\sup_{x\in[a,b]}|S_n(x)-f(x)|\to 0,\quad n\to\infty,$$

故

$$\lim_{n\to\infty}\int_a^b S_n(x)\mathrm{d}x=\int_a^b f(x)\mathrm{d}x,$$

即 $f(x)$ 可以逐项积分.

注 这一结论是对前面讲的逐项积分定理的推广.

例 5.48 证明: (1) $\sum\limits_{n=1}^{\infty} n\mathrm{e}^{-nx}$ 在 $(0,+\infty)$ 收敛, 但非一致收敛;

(2) $f(x)=\sum\limits_{n=1}^{\infty} n\mathrm{e}^{-nx}$ 在 $(0,+\infty)$ 连续;

(3) $f(x)=\sum\limits_{n=1}^{\infty} n\mathrm{e}^{-nx}$ 在 $(0,+\infty)$ 无限次可微.

证明 记 $u_n(x)=n\mathrm{e}^{-nx}$.

(1) 对于任意取定的 $x\in(0,+\infty)$, 有

$$u_n(x)=n\mathrm{e}^{-nx}=O\left(\frac{1}{n^2}\right),$$

由比较判别法即知 $\sum\limits_{n=1}^{\infty} n\mathrm{e}^{-nx}$ 在 $(0,+\infty)$ 上收敛.

另一方面, 取 $x_n=\dfrac{1}{n}$, 则

$$u_n(x_n)=n\mathrm{e}^{-1}\to\infty,\quad n\to\infty,$$

由 Cauchy 收敛原理知道 $\sum\limits_{n=1}^{\infty} n\mathrm{e}^{-nx}$ 在 $(0,+\infty)$ 上非一致收敛.

(2) 对于任意取定的 $x_0\in(0,+\infty)$, 存在 $[\alpha,\beta]$ 满足 $x_0\in[\alpha,\beta]\subset(0,+\infty)$. 由于

$$|u_n(x)|\leqslant n\mathrm{e}^{-n\alpha}=O\left(\frac{1}{n^2}\right),$$

故由 Weierstrass 判别法知道 $\sum\limits_{n=1}^{\infty} n\mathrm{e}^{-nx}$ 在 $[\alpha,\beta]$ 上一致收敛. 又因为 $u_n(x)\in C[\alpha,\beta]$, 由一致收敛函数项级数的保持连续性即知 $f(x)$ 在 $[\alpha,\beta]$ 上连续, 从而在 x_0 连续. 由 x_0 的任意性推得 $f(x)$ 在 $(0,+\infty)$ 上连续.

(3) 对于任意取定的 $x_0\in(0,+\infty)$, 存在 $[\alpha,\beta]$ 满足 $x_0\in[\alpha,\beta]\subset(0,+\infty)$. 在 $[\alpha,\beta]$ 上, 有 $u_n'(x)\in C[\alpha,\beta]$; $\sum\limits_{n=1}^{\infty} u_n'(x)=-\sum\limits_{n=1}^{\infty} n^2\mathrm{e}^{-nx}$ 在 $[\alpha,\beta]$ 上一致收敛. 由一致收敛函数项级数的逐项求导定理得

$$f'(x)=-\sum_{n=1}^{\infty} n^2\mathrm{e}^{-nx},\quad x\in[\alpha,\beta].$$

由数学归纳法可得

$$f^{(k)}(x)=(-1)^k\sum_{n=1}^{\infty}n^{k+1}\mathrm{e}^{-nx},\quad x\in[\alpha,\beta],\quad k=1,2,\cdots.$$

由 x_0 的任意性知道 $f(x)$ 在 $(0,+\infty)$ 上无限次可微.

例 5.49 证明: 若一致连续的函数列 $\{f_n(x)\}$ 在 $(-\infty,+\infty)$ 上一致收敛于 $f(x)$, 则 $f(x)$ 在 $(-\infty,+\infty)$ 上一致连续.

证明 因为 $\{f_n(x)\}$ 在 $(-\infty,+\infty)$ 上一致收敛于 $f(x)$, 所以对任意 $\varepsilon>0$, 存在正整数 $N(\varepsilon)$, 当 $n>N$ 时有

$$|f_n(x)-f(x)|<\varepsilon,\quad x\in(-\infty,+\infty).$$

特别地,

$$|f_{N+1}(x)-f(x)|<\varepsilon,\quad x\in(-\infty,+\infty).$$

另一方面, 由于 $f_{N+1}(x)$ 在 $(-\infty,+\infty)$ 上一致连续, 故对上述的 $\varepsilon>0$ 存在 $\delta>0$, 对任意 $x_1,x_2\in(-\infty,+\infty)$, 当 $|x_1-x_2|<\delta$ 时, 有

$$|f_{N+1}(x_1)-f_{N+1}(x_2)|<\varepsilon.$$

因此

$$\begin{aligned}|f(x_1)-f(x_2)|&\leqslant|f(x_1)-f_{N+1}(x_1)|+|f_{N+1}(x_1)-f_{N+1}(x_2)|\\&\quad+|f_{N+1}(x_2)-f(x_2)|<3\varepsilon.\end{aligned}$$

所以, $f(x)$ 在 $(-\infty,+\infty)$ 上一致连续.

注 这个结论表明, 一致收敛的函数序列保持一致连续性. 实际上我们还可以证明一致收敛的函数序列保持 Lipα 条件.

例 5.50 证明: 若函数列 $\{f_n(x)\}$ 在区间 I 上一致收敛, 且对每一个 $n\geqslant1$, $\{f_n(x)\}$ 在 I 上有界, 那么 $\{f_n(x)\}$ 在 I 上一致有界.

证明 因为 $\{f_n(x)\}$ 在区间 I 上一致收敛, 所以根据 Cauchy 收敛原理, 存在正整数 N, 对所有的 $x\in I$ 及 $p\geqslant1$, 有

$$|f_N(x)-f_{N+p}(x)|\leqslant1.$$

另一方面, 对每一个 $n=1,2,\cdots,N$, $\{f_n(x)\}$ 在 I 上有界, 因此, 可取到这 N 个函数的上确界的最大值, 记之为 M, 即有

$$|f_i(x)|\leqslant M,\quad i=1,2,\cdots,N,\quad x\in I.$$

于是, 对所有 $p \geqslant 1$, 有

$$|f_{n+p}(x)| \leqslant |f_N(x) - f_{N+p}(x)| + |f_N(x)| \leqslant 1 + M.$$

定理 5.8 (Abel 定理) 设 $\sum\limits_{k=0}^{\infty} a_k = s$, 则 $\lim\limits_{x \to 1-0} \sum\limits_{k=0}^{\infty} a_k x^k = 0$.

证明 记 $S_n = \sum\limits_{k=0}^{n} a_k$, 则 $S_n - s = o(1)$, $n \to \infty$. 由 Abel 变换得

$$\begin{aligned}\sum_{k=0}^{n} a_k x^k &= S_n x^n + \sum_{k=0}^{n-1} S_k (x^k - x^{k+1}) \\ &= S_n x^n + (1-x)\sum_{k=0}^{n-1}(S_k x^k - s x^k) + (1-x)s\sum_{k=0}^{n-1} x^k.\end{aligned}$$

对于固定的 $|x| < 1$, 当 $n \to \infty$ 时, 有

$$S_n x^n = O(x^n) = o(1), \ \sum_{k=0}^{n-1} x^k = \frac{1}{1-x}(1 + o(1)).$$

因此

$$\sum_{k=0}^{\infty} a_k x^k = (1-x)\sum_{k=0}^{\infty}(S_k - s)x^k + s. \tag{5.7.13}$$

令 $m = [(1-x)^{-1/2}]$, 则当 $x \to 1-0$ 时, $m \to \infty$, 从而 $S_k - s = o(1)$, $k \geqslant m$. 于是

$$\begin{aligned}\sum_{k=0}^{\infty}(S_k x^k - s x^k) &= \sum_{k=0}^{m}(S_k x^k - s x^k) + \sum_{k=m+1}^{\infty}(S_k x^k - s x^k) \\ &= O(m) + o\left(\sum_{k=m+1}^{\infty} x^k\right) \\ &= O(m) + o\left(\frac{1}{1-x}\right).\end{aligned}$$

由上式及 (5.7.13), 得

$$\sum_{k=0}^{\infty} a_k x^k = s + O(m(1-x)) + o(1)$$

$$= s + O(\sqrt{1-x}) + o(1)$$
$$= s + o(1), \quad x \to 1-0.$$

例 5.51 证明:

$$\sum_{n=1}^{\infty}\int_0^{+\infty}\frac{\sin nx}{n^2 x}\mathrm{d}x = \int_0^{+\infty}\sum_{n=1}^{\infty}\frac{\sin nx}{n^2 x}\mathrm{d}x.$$

证明 显然, 对任意的 $A, a, 0 < a < A$, 级数 $\sum\limits_{n=1}^{\infty}\dfrac{\sin nx}{n^2 x}$ 在 $[a, A]$ 一致收敛, 于是

$$\begin{aligned}\int_a^A\sum_{n=1}^{\infty}\frac{\sin nx}{n^2 x}\mathrm{d}x &= \sum_{n=1}^{\infty}\frac{1}{n^2}\int_a^A\frac{\sin nx}{x}\mathrm{d}x\\ &= \sum_{n=1}^{\infty}\frac{1}{n^2}\int_a^{+\infty}\frac{\sin nx}{x}\mathrm{d}x - \sum_{n=1}^{\infty}\frac{1}{n^2}\int_0^a\frac{\sin nx}{x}\mathrm{d}x\\ &\quad -\sum_{n=1}^{\infty}\frac{1}{n^2}\int_A^{+\infty}\frac{\sin nx}{x}\mathrm{d}x.\end{aligned} \tag{5.7.14}$$

由于 $\displaystyle\int_0^{+\infty}\frac{\sin x}{x}\mathrm{d}x < \infty$, 故级数

$$\sum_{n=1}^{\infty}\frac{1}{n^2}\int_{nA}^{+\infty}\frac{\sin x}{x}\mathrm{d}x$$

关于 $A \geqslant 1$ 是一致收敛的. 因此

$$\lim_{A\to\infty}\sum_{n=1}^{\infty}\frac{1}{n^2}\int_A^{+\infty}\frac{\sin nx}{x}\mathrm{d}x = \lim_{A\to\infty}\sum_{n=1}^{\infty}\frac{1}{n^2}\int_{nA}^{+\infty}\frac{\sin x}{x}\mathrm{d}x = 0. \tag{5.7.15}$$

另一方面, 有

$$\sum_{n=1}^{\infty}\frac{1}{n^2}\int_0^a\frac{\sin nx}{x}\mathrm{d}x = \sum_{n=1}^{\infty}\frac{1}{n^2}\int_0^{na}\frac{\sin x}{x}\mathrm{d}x.$$

同理可以推出

$$\lim_{a\to 0}\sum_{n=1}^{\infty}\frac{1}{n^2}\int_0^a\frac{\sin nx}{x}\mathrm{d}x = 0. \tag{5.7.16}$$

结合 (5.7.14)—(5.7.16), 令 $a \to 0$, $A \to \infty$, 即得结论.

例 5.52　证明: 级数 $\sum\limits_{n=1}^{\infty} x^{2n}\ln x$ 在 $[0,1]$ 上不一致收敛, 但在 $[0,1]$ 上可逐项积分.

证明　易知级数在 $[0,1]$ 上收敛, 记其和函数为 $S(x)$, 则

$$S(x)=\begin{cases}0, & x=0,\\ \dfrac{x^2}{1-x^2}\ln x, & 0<x<1,\\ 0, & x=1.\end{cases}$$

因为

$$S(1-0)=\lim_{x\to 1-0}\frac{x^2}{1-x^2}\ln x=-\frac{1}{2}\neq 0=S(1),$$

即 $S(x)$ 在 $[0,1]$ 不连续, 所以由连续性定理, $\sum\limits_{n=1}^{\infty} x^{2n}\ln x$ 在 $(0,1)$ 内不一致收敛.

记

$$R_n(x):=\sum_{k=n+1}^{\infty} x^{2k}\ln x=\frac{x^{2n+2}}{1-x^2}\ln x.$$

要证明 $\sum\limits_{n=1}^{\infty} x^{2n}\ln x$ 在 $[0,1]$ 上可逐项积分, 只要证明

$$\int_0^1 R_n(x)\mathrm{d}x\to 0,\quad n\to\infty.$$

注意到

$$\lim_{x\to 0-}\frac{x^2}{1-x^2}\ln x=0,\quad \lim_{x\to 1-0}\frac{x^2}{1-x^2}\ln x=-\frac{1}{2},$$

令

$$f(x)=\begin{cases}0, & x=0,\\ \dfrac{x^2}{1-x^2}\ln x, & 0<x<1,\\ -\dfrac{1}{2}, & x=1.\end{cases}$$

则 $f(x)$ 在 $[0,1]$ 上连续, 从而存在常数 $M>0$ 使得 $|f(x)|\leqslant M$, $x\in[0,1]$. 于是

$$\begin{aligned}\left|\int_0^1 R_n(x)\mathrm{d}x\right| &\leqslant \int_0^1 |R_n(x)|\mathrm{d}x\leqslant \int_0^1 |f(x)|x^{2n}\mathrm{d}x\\ &\leqslant M\int_0^1 x^{2n}\mathrm{d}x=\frac{M}{2n+1}\to 0,\quad n\to\infty.\end{aligned}$$

例 5.53 设 $f(x)=\sum\limits_{n=1}^{\infty}\frac{1}{n^2\ln(1+n)}x^n$, 证明:

(1) $f(x)$ 在 $[-1,1]$ 上连续;

(2) $f(x)$ 在 $x=-1$ 处可导;

(3) $\lim\limits_{x\to 1-0}f(x)=+\infty$;

(4) $f(x)$ 在 $x=1$ 不可导.

证明 (1) 易知

$$\sum_{n=1}^{\infty}\frac{1}{n^2\ln(1+n)}x^n$$

的收敛半径为 1, 且当 $x=\pm 1$ 时, 级数

$$\sum_{n=1}^{\infty}\frac{1}{n^2\ln(1+n)} \quad 和 \quad \sum_{n=1}^{\infty}\frac{(-1)^n}{n^2\ln(1+n)}$$

都收敛, 因而, $\sum\limits_{n=1}^{\infty}\frac{1}{n^2\ln(1+n)}x^n$ 的收敛域为 $[-1,1]$. 由幂级数的性质知道 $f(x)$ 在 $[-1,1]$ 上连续.

(2) 当 $x\in(-1,1)$ 时, 有

$$f'(x)=\sum_{n=1}^{\infty}\frac{1}{n^2\ln(1+n)}x^{n-1}.$$

又因为 $\sum\limits_{n=1}^{\infty}\frac{1}{n^2\ln(1+n)}(-1)^{n-1}$ 收敛, 所以幂级数 $\sum\limits_{n=1}^{\infty}\frac{1}{n^2\ln(1+n)}x^{n-1}$ 在 $[-1,0]$ 上一致收敛. 于是

$$f'(-1)=\lim_{x\to -1+0}f'(x)=\sum_{n=1}^{\infty}\frac{1}{n^2\ln(1+n)}(-1)^{n-1}.$$

(3) 记

$$S_n(x)=\sum_{k=1}^{n}\frac{1}{k\ln(1+k)}x^{k-1},$$

则 $S_n(x)$ 关于 x 在 $(0,1]$ 上单调递增、连续, 且

$$S_n(1)=\sum_{k=1}^{n}\frac{1}{k\ln(1+k)}\to+\infty,\quad n\to\infty.$$

这样, 对任意取定的 $M>0$, 当 n 充分大时 $(n>N)$, 有 $S_n(1)>M+1$. 另一方面, 由 $S_n(x)$ 的连续性知 $\lim\limits_{x\to1-0}S_n(x)=S_n(1)$. 于是, 存在 $\delta>0$, 当 $x\in(1-\delta,1)$ 时, 就有

$$|S_n(x)-S_n(1)|=S_n(1)-S_n(x)<1,$$

从而

$$S_n(x)>S_n(1)-1>M,\quad n>N,\quad x\in(1-\delta,1).$$

这意味着

$$\sum_{n=1}^{\infty}\frac{1}{n^2\ln(1+n)}x^{n-1}>S_n(x)>M,\quad x\in(1-\delta,1).$$

由 M 的任意性知道

$$\lim_{x\to1-0}f'(x)=\lim_{x\to1-0}\sum_{n=1}^{\infty}\frac{1}{n^2\ln(1+n)}x^{n-1}=+\infty.$$

(4) 因为

$$\lim_{x\to1-0}\frac{f(x)-f(1)}{x-1}=\lim_{x\to1-0}f'(\xi)=+\infty\quad(\xi\in(x,1)),$$

所以, $f(x)$ 在 $x=1$ 不可导.

例 5.54 (1) 证明级数

$$\sum_{n=0}^{\infty}\frac{\mathrm{e}^{-nx}}{n^2+1}$$

当 $x\geqslant0$ 时收敛, 当 $x<0$ 时发散.

(2) 用 $f(x)$ 表示上述级数的和函数. 证明: $f(x)\in C[0,+\infty)$, 并且 $f(x)\in C^{\infty}(0,+\infty)$, 但 $f'(0)$ 不存在.

解 (1) 当 $x\geqslant0$ 时, 题中的级数以数值级数 $\sum\limits_{n=0}^{\infty}(n^2+1)^{-1}$ 为优级数, 所以收敛. 当 $x<0$ 时,

$$\lim_{n\to\infty}\frac{\mathrm{e}^{nx}}{n^2+1}=+\infty,$$

即当 $n\to\infty$ 时, 其一般项不趋于 0, 所以发散.

(2) (i) 当 $x\geqslant0$ 时, 题中级数为优级数 $\sum\limits_{n=0}^{\infty}(n^2+1)^{-1}$, 因此它在 $[0,+\infty)$ 上一致收敛, 并且其一般项在 $[0,+\infty)$ 上连续, 因而和函数 $f(x)\in C[0,+\infty)$.

(ii) 将所给级数的一般项记作 $u_n(x)$, 那么

$$u_n'(x) = -\frac{n\mathrm{e}^{-nx}}{n^2+1}.$$

对于任何实数 $\alpha > 0$, 当 $x \geqslant \alpha$ 时,

$$|u_n'(x)| < \frac{n\mathrm{e}^{-n\alpha}}{n^2+1}.$$

由于 $n\mathrm{e}^{-n\alpha} \to 0\ (n\to\infty)$, 所以当 n 充分大时,

$$\frac{n\mathrm{e}^{-n\alpha}}{n^2+1} < \frac{1}{n^2+1},$$

从而级数 $\sum\limits_{n=0}^{\infty} n\mathrm{e}^{-n\alpha}/(n^2+1)$ 收敛. 它是

$$\sum_{n=0}^{\infty} u_n'(x)(x \geqslant \alpha)$$

的优级数, 因此上面的级数在 $[\alpha, +\infty)$ 上一致收敛, 因而 $f(x)$ 在 $[\alpha, +\infty)$ 上可微, 并且

$$f'(x) = -\sum_{n=0}^{\infty} \frac{n\mathrm{e}^{-nx}}{n^2+1}.$$

类似地, 对任何正整数 k,

$$\sum_{n=0}^{\infty} u_n^{(k)}(x) = (-1)^k \sum_{n=0}^{\infty} \frac{n^k\mathrm{e}^{-nx}}{n^2+1};$$

并且对于任何给定的实数 $\alpha > 0, n\mathrm{e}^{-n\alpha} \to 0(n\to\infty)$. 于是可以证明 $f(x)$ 在 $[\alpha, +\infty)$ 上 k 次可微, 并且

$$f^{(k)}(x) = (-1)^k \sum_{n=0}^{\infty} \frac{n^k\mathrm{e}^{-nx}}{n^2+1}.$$

因为 k 是任意的, 所以 $f(x) \in C^{\infty}(0, +\infty)$.

(iii) 如果 $f'(0)$ 存在, 那么当 $x > 0, N \geqslant 1$ 时,

$$\frac{f(x)-f(0)}{x} = \sum_{n=0}^{\infty} \frac{\mathrm{e}^{-nx}-1}{x(n^2+1)} \leqslant \sum_{n=0}^{N} \frac{\mathrm{e}^{-nx}-1}{x(n^2+1)}$$

(注意 $e^{-nx} < 1$). 因此我们有

$$\lim_{x\to 0+}\frac{f(x)-f(0)}{x} \leqslant \sum_{n=0}^{N}\lim_{x\to 0+}\frac{e^{-nx}-1}{x(n^2+1)} = -\frac{1}{x}\sum_{n=0}^{N}\frac{n}{n^2+1},$$

令 $n\to\infty$, 则有 $f'(0)\leqslant -\infty$, 于是得到矛盾. 因此 $f'(0)$ 不存在.

例 5.55 设 $\varphi(x)$ 在 $[a,b]$ 上连续, $K(x,t)$ 在 $[a,b]\times[a,b]$ 上连续. 构造函数列 $\{f_n(x)\}$ 如下:

$$f_0(x)=\varphi(x),\quad f_n(x)=\varphi(x)+\lambda\int_a^b K(x,t)f_{n-1}(t)\mathrm{d}t,\quad n=1,2,\cdots.$$

试证明: 当 $|\lambda|$ 足够小时, 函数列 $\{f_n(x)\}$ 收敛于一个连续函数.

证明 因为 $\varphi(x)$ 在 $[a,b]$ 上连续, $K(x,t)$ 在 $[a,b]\times[a,b]$ 上连续, 所以 $\{f_n(x)\}$ 是 $[a,b]$ 上的连续函数列, 且存在常数 $M>0$, 使得

$$|K(x,t)|\leqslant M;\quad (x,t)\in[a,b]\times[a,b];\quad |\varphi(x)|\leqslant M.$$

于是

$$\begin{aligned}|f_1(x)-f_0(x)| &= \left|\lambda\int_a^b K(x,t)f_0(t)\mathrm{d}t\right| \\ &\leqslant \left|\lambda\int_a^b K(x,t)\varphi(t)\mathrm{d}t\right| \leqslant |\lambda|M^2(b-a),\end{aligned}$$

$$\begin{aligned}|f_2(x)-f_1(x)| &= \left|\lambda\int_a^b K(x,t)(f_1(t)-f_0(t))\mathrm{d}t\right| \\ &\leqslant \lambda^2M^2(b-a)\int_a^b |K(x,t)|\mathrm{d}t \leqslant |\lambda|^2M^3(b-a)^2.\end{aligned}$$

由数学归纳法可得

$$|f_n(x)-f_{n-1}(x)|\leqslant |\lambda|^nM^{n+1}(b-a)^n.$$

当 $|\lambda|$ 足够小时, 级数 $\sum\limits_{n=1}^{\infty}|\lambda|^nM^{n+1}(b-a)^n$ 收敛, 从而函数项级数 $\sum\limits_{n=1}^{\infty}(f_n(x)-f_{n-1}(x))$ 在 $[a,b]$ 上一致收敛. 于是, $\{f_n(x)\}$ 在 $[a,b]$ 上一致收敛. 又因为 $\{f_n(x)\}$ 是 $[a,b]$ 上的连续函数列, 所以函数列 $\{f_n(x)\}$ 收敛于一个连续函数.

5.8 级数求和

先来看上节的 Abel 定理在求和中的应用. Abel 定理表明 $\sum\limits_{n=0}^{\infty} a_n$ 收敛时, $f(x)=\sum\limits_{n=0}^{\infty} a_n x^n$ 在 $x=1$ 是左连续的, 因而, 可以用来求级数 $\sum\limits_{n=0}^{\infty} a_n$ 的和.

例 5.56 证明: (1) $1-\dfrac{1}{2}+\dfrac{1}{3}-\dfrac{1}{4}+\cdots=\ln 2$;

(2) $1-\dfrac{1}{3}+\dfrac{1}{5}-\dfrac{1}{7}+\cdots=\dfrac{\pi}{4}$.

证明 当 $0 \leqslant x<1$ 时, 有

$$\sum_{n=1}^{\infty} \frac{(-1)^{n-1}}{n} x^n=\ln (1+x),$$

$$\sum_{n=0}^{\infty} \frac{(-1)^n}{2n+1} x^{2n+1}=\arctan x,$$

且 $\sum\limits_{n=1}^{\infty} \dfrac{(-1)^{n-1}}{n}$ 和 $\sum\limits_{n=0}^{\infty} \dfrac{(-1)^n}{2n+1}$ 都收敛, 因此, 由 Abel 定理得

$$\sum_{n=1}^{\infty} \frac{(-1)^{n-1}}{n}=\lim_{x \rightarrow 1-0} \sum_{n=1}^{\infty} \frac{(-1)^{n-1}}{n} x^n=\lim_{x \rightarrow 1-0} \ln (1+x)=\ln 2,$$

$$\sum_{n=0}^{\infty} \frac{(-1)^n}{2n+1}=\lim_{x \rightarrow 1-0} \sum_{n=0}^{\infty} \frac{(-1)^n}{2n+1} x^{2n+1}=\lim_{x \rightarrow 1-0} \arctan x=\frac{\pi}{4}.$$

例 5.57 求级数 $\sum\limits_{n=1}^{\infty} \dfrac{(-1)^{n-1}}{3n-1}$ 的和.

解 易知幂级数

$$\sum_{n=1}^{\infty} \frac{(-1)^{n-1}}{3n-1} x^{3n-1}$$

的收敛域为 $(-1,1]$, 记 $S(x)$ 为其和函数. 由 Abel 定理, 得

$$S:=\sum_{n=1}^{\infty} \frac{(-1)^{n-1}}{3n-1}=\lim_{x \rightarrow 1-0} S(x).$$

由于 $S(0)=0$, 故

$$S(x)=S(x)-S(0)=\int_0^x S'(t)\mathrm{d}t, \quad |x|<1.$$

根据幂级数逐项求导的性质, 有

$$S'(x)=\sum_{n=1}^{\infty}(-1)^n x^{3n-2}=\frac{x}{1+x^3}, \quad |x|<1.$$

于是

$$\begin{aligned}S(x)&=\int_0^x S'(t)\mathrm{d}t=\int_0^x \frac{t}{1+t^3}\mathrm{d}t\\&=-\frac{1}{3}\ln(1+x)+\frac{1}{6}\ln(1-x+x^2)\\&\quad+\frac{1}{\sqrt{3}}\arctan\frac{2}{\sqrt{3}}\left(x-\frac{1}{2}\right)+\frac{1}{\sqrt{3}}\arctan\frac{1}{\sqrt{3}}.\end{aligned}$$

从而

$$S=\lim_{x\to 1-0}S(x)=\frac{\sqrt{3}}{9}\pi-\frac{1}{3}\ln 2.$$

例 5.58　求 $f(x)=x^3$ 在区间 $[0,2\pi]$ 内的 Fourier 级数展开式, 并由此证明

$$\sum_{n=1}^{\infty}\frac{1}{n^2}=\frac{\pi^2}{6}, \sum_{n=1}^{\infty}\frac{(-1)^{n-1}}{n^2}=\frac{\pi^2}{12}.$$

证明　因为 $f(x)$ 在 $[0,2\pi]$ 上可积, 所以可以展开为 Fourier 级数. 直接计算得

$$a_0=\frac{1}{\pi}\int_0^{2\pi}x^3\mathrm{d}x=4\pi^3,$$

$$a_n=\frac{1}{\pi}\int_0^{2\pi}x^3\cos nx\mathrm{d}x=\frac{12}{n^2}\pi, \quad n=1,2,\cdots,$$

$$b_n=\frac{1}{\pi}\int_0^{2\pi}x^3\sin nx\mathrm{d}x=\frac{12}{n^3}-\frac{8\pi^2}{n}\pi, \quad n=1,2,\cdots.$$

于是

$$f(x)\sim 2\pi^2+4\sum_{n=1}^{\infty}\left(\frac{3}{n^2}\pi\cos nx+\frac{3-2n^2\pi^2}{n^3}\sin nx\right).$$

显然, 当 $x \in (0, 2\pi)$ 时, $f(x) = x^3$ 连续, 故

$$x^3 = 2\pi^2 + 4\sum_{n=1}^{\infty}\left(\frac{3}{n^2}\pi\cos nx + \frac{3-2n^2\pi^2}{n^3}\sin nx\right), \quad x \in (0, 2\pi).$$

当 $x = 0$ 时, 级数收敛于

$$\frac{f(0+0)+f(2\pi-0)}{2} = 4\pi^3.$$

因此

$$4\pi^3 = 2\pi^3 + 4\sum_{n=1}^{\infty}\frac{3}{n^2}\pi,$$

即有

$$\sum_{n=1}^{\infty}\frac{1}{n^2} = \frac{\pi^2}{6}.$$

取 $x = \pi$, 则可以从展开式中得到

$$\pi^3 = 2\pi^3 - 12\pi\sum_{n=1}^{\infty}\frac{(-1)^{n-1}}{n^2},$$

即有

$$\sum_{n=1}^{\infty}\frac{(-1)^{n-1}}{n^2} = \frac{\pi^2}{12}.$$

注 求 $\sum\limits_{n=1}^{\infty}\frac{1}{n^2}$ 的和还有许多其他方法, 通常可以通过一些特殊函数的幂级数展开或 Fourier 级数展开来求. 例如, 我们也可以通过 $\arcsin x$ 的幂级数展开求之.

事实上, 我们有

$$\arcsin x = x + \sum_{n=1}^{\infty}\frac{(2n-1)!!}{(2n)!!}\frac{x^{2n+1}}{2n+1}, \quad |x| \leqslant 1.$$

令 $x = \sin t$, 得

$$t = \sin t + \sum_{n=1}^{\infty}\frac{(2n-1)!!}{(2n+1)!!(2n)!!}\sin^{2n+1}t, \quad -\frac{\pi}{2} \leqslant t \leqslant \frac{\pi}{2}.$$

将上式两边从 0 到 $\frac{\pi}{2}$ 积分得

$$\begin{aligned}\frac{\pi^2}{8} &= 1+\sum_{n=1}^{\infty}\frac{(2n-1)!!}{(2n+1)!!(2n)!!}\int_0^{\frac{\pi}{2}}\sin^{2n+1}t\mathrm{d}t \\ &= 1+\sum_{n=1}^{\infty}\frac{(2n-1)!!}{(2n+1)!!(2n)!!}\frac{(2n)!!}{(2n+1)!!} \\ &= 1+\sum_{n=1}^{\infty}\frac{1}{(2n+1)^2} \\ &= \sum_{n=1}^{\infty}\frac{1}{(2n-1)^2}.\end{aligned}$$

因此

$$S=\sum_{n=1}^{\infty}\frac{1}{n^2}=\sum_{n=1}^{\infty}\frac{1}{(2n-1)^2}+\sum_{n=1}^{\infty}\frac{1}{(2n)^2}=\frac{\pi^2}{8}+\frac{S}{4},$$

从而

$$\sum_{n=1}^{\infty}\frac{1}{n^2}=\frac{\pi^2}{6}.$$

利用已知的数项级数或函数项级数的展开式求级数的和是最常用和最基本的方法. 利用函数项级数的逐项积分或逐项求导可以将未知的级数转化为已知的级数.

例 5.59 设 $f(x)=\sum\limits_{n=1}^{\infty}\frac{1}{n^2}x^n, 0\leqslant x\leqslant 1$. 证明: 当 $0<x<1$ 时, 有

$$F(x):=f(x)+f(1-x)+(\ln x)(\ln(1-x))=\frac{\pi^2}{6}.$$

证明 易知 $\sum\limits_{n=1}^{\infty}\frac{1}{n^2}x^n$ 的收敛域为 $[-1,1]$. 因此, $F(x)$ 在 $(0,1)$ 内连续, 且

$$F'(x)=f'(x)-f'(1-x)+\frac{\ln(1-x)}{x}-\frac{\ln x}{1-x}. \tag{5.8.17}$$

另一方面,

$$f'(x)=\sum_{n=1}^{\infty}\frac{1}{n}x^{n-1}=\frac{1}{x}\sum_{n=1}^{\infty}\frac{1}{n}x^n$$

$$
\begin{aligned}
&= \frac{1}{x}\int_0^x \sum_{n=1}^{\infty} t^{n-1}\mathrm{d}t = \frac{1}{x}\int_0^x \frac{1}{1-t}\mathrm{d}t \\
&= -\frac{\ln(1-x)}{x},
\end{aligned} \tag{5.8.18}
$$

$$
f'(1-x) = \frac{\ln x}{1-x}. \tag{5.8.19}
$$

综合 (5.8.17)—(5.8.19) 得 $F'(x) = 0$. 因此, $F(x)$ 为常数函数. 因此

$$
\lim_{x\to 1-0} F(x) = f(1) + f(0) + \lim_{x\to 1-0}(\ln x)(\ln(1-x)) = \frac{\pi^2}{6}.
$$

例 5.60 求 $\sum\limits_{n=1}^{\infty}(-1)^n\dfrac{n(n+1)}{2^n}$ 的和.

解 对于幂级数 $\sum\limits_{n=1}^{\infty}(-1)^n n(n+1)x^n$, 易知其收敛域为 $(-1,1)$. 由于

$$
\sum_{n=1}^{\infty}(-1)^n x^n = -\frac{x}{1+x}, \quad |x|<1,
$$

$$
\sum_{n=1}^{\infty}(-1)^n x^{n+1} = -\frac{x^2}{1+x}, \quad |x|<1,
$$

故通过逐项求导得

$$
\sum_{n=1}^{\infty}(-1)^n (n+1)x^n = -\left(\frac{x^2}{1+x}\right)',
$$

$$
\sum_{n=1}^{\infty}(-1)^n n(n+1)x^{n-1} = -\left(\frac{x^2}{1+x}\right)'',
$$

从而

$$
\sum_{n=1}^{\infty}(-1)^n n(n+1)x^n = -x\left(\frac{x^2}{1+x}\right)'' = -\frac{2x}{(1+x)^3}, \quad |x|<1.
$$

令 $x=\dfrac{1}{2}$, 即得

$$
\sum_{n=1}^{\infty}(-1)^n\frac{n(n+1)}{2^n} = -\frac{8}{27}.
$$

例 5.61　求 $\sum\limits_{n=1}^{\infty}\dfrac{(-1)^{n-1}}{n(n+2)}$ 的和.

解　易知幂级数 $\sum\limits_{n=1}^{\infty}\dfrac{(-1)^{n-1}}{n(n+2)}x^n$ 的收敛域为 $[-1,1]$. 当 $|x|<1$ 时, 有

$$f'(x)=\sum_{n=1}^{\infty}\frac{(-1)^{n-1}}{n+2x^{n-1}}.$$

因此

$$x^3f'(x)=\sum_{n=1}^{\infty}\frac{(-1)^{n-1}}{n+2}x^{n+2},$$

$$(x^3f'(x))'=\sum_{n=1}^{\infty}(-1)^{n-1}x^{n+1}=\frac{x^2}{1+x}.$$

于是

$$x^3f'(x)=\int_0^x\frac{t^2}{1+t}\mathrm{d}t=\frac{x^2}{2}-x+\ln(1+x),$$

即

$$f'(x)=\frac{1}{2x}-\frac{1}{x^2}+\frac{\ln(1+x)}{x^3}.$$

从而

$$\begin{aligned}f(x)&=\int_0^x\left(\frac{1}{2t}-\frac{1}{t^2}+\frac{\ln(1+t)}{t^3}\right)\mathrm{d}t\\&=\frac{1}{2}\left[\frac{1}{x}+\ln(1+x)-\frac{\ln(1+x)}{x^2}-\frac{1}{2}\right].\end{aligned}$$

于是

$$\sum_{n=1}^{\infty}\frac{(-1)^{n-1}}{n(n+2)}=f(1)=\lim_{x\to1-0}f(x)=\frac{1}{4}.$$

第 6 章　广义积分和含参变量积分

6.1　广义积分和含参变量积分内容概述

广义积分理论与无穷级数理论有密切联系和许多相似之处. 因此, 本章叙述较为简略. 学习本章内容, 应多与级数理论对照.

6.1.1　广义积分的收敛性

1. 定义.

若函数 $f(x)$ 在任一区间 $[a,A]$ 上常义可积, 如果 $\lim\limits_{A\to+\infty}\int_a^A f(x)\mathrm{d}x$ 存在且有限, 则称此极限为 $f(x)$ 在 $[a,+\infty)$ 上的广义积分. 并记作 $\int_a^{+\infty} f(x)\mathrm{d}x$, 即

$$\int_a^{+\infty} f(x)\mathrm{d}x=\lim_{A\to+\infty}\int_a^A f(x)\mathrm{d}x,$$

此时也称广义积分 $\int_a^{+\infty} f(x)\mathrm{d}x$ 收敛. 反之, 如果上述极限不存在, 则称广义积分 $\int_a^{+\infty} f(x)\mathrm{d}x$ 发散.

若 $f(x)$ 在 b 点的邻域内无界, 则可类似地定义 $\int_a^b f(x)\mathrm{d}x$ 及其敛散性.

2. Cauchy 收敛准则.

积分 $\int_a^{+\infty} f(x)\mathrm{d}x$ 收敛的充要条件是: 对任给的 $\varepsilon>0$, 存在 $A_0>a$, 当 $A'>A_0, A>A_0$ 时恒有 $\left|\int_A^{A'} f(x)\mathrm{d}x\right|<\varepsilon$.

3. 绝对收敛性.

若积分 $\int_a^{+\infty}|f(x)|\mathrm{d}x$ 收敛, 则 $\int_a^{+\infty} f(x)\mathrm{d}x$ 亦收敛, 并称它为绝对收敛.

4. 广义积分与无穷级数的关系.

积分 $\int_a^{+\infty} f(x)\mathrm{d}x$ 收敛的充要条件是: 对任一数列 $A_n \to +\infty$, 级数 $\sum_{n=1}^{\infty}\int_{A_{n-1}}^{A_n} f(x)\mathrm{d}x\ (A_0=a)$ 都收敛到同一个和数.

级数 $\sum_{n=1}^{\infty} a_n$ 收敛时, 必有 $a_n \to 0\ (n\to\infty)$. 但当 $\int_a^{+\infty} f(x)\mathrm{d}x$ 收敛时, 并不能推得 $\lim_{x\to+\infty} f(x)=0$. 例如, 这样定义函数 $f(x)$: 当 x 是正整数时, $f(x)=1$; 当 x 不是正整数时, $f(x)=\dfrac{1}{x^2}$, 则 $\int_1^{+\infty} f(x)\mathrm{d}x$ 收敛, 但 $\lim_{x\to+\infty} f(x)$ 不存在. 关于广义积分的收敛性与函数在无穷远处的极限我们将在后面做专门的讨论.

5. 比较判别法.

设 $f(x)\geqslant 0$, 若 $x\geqslant a$ 时 (或对充分大的 x) 有 $f(x)\leqslant\varphi(x)$, 则由 $\int_a^{+\infty}\varphi(x)\mathrm{d}x$ 收敛可推知 $\int_a^{+\infty} f(x)\mathrm{d}x$ 亦收敛; 由 $\int_a^{+\infty} f(x)\mathrm{d}x$ 发散可推知 $\int_a^{+\infty}\varphi(x)\mathrm{d}x$ 亦发散. 特别地, 当 $x\to+\infty$ 时, 若 $f(x)=(1+o(1))\varphi(x)$, 则 $\int_a^{+\infty}\varphi(x)\mathrm{d}x$ 与 $\int_a^{+\infty} f(x)\mathrm{d}x$ 同时收敛或同时发散.

从比较判别法可以得到下面常用的判别法:

当 $x\to+\infty$ 时, 若有 $A\neq 0$, 使得 $f(x)=A(1+o(1))x^{-p}(p>0)$, 则当 $p>1$ 时, $\int_a^{+\infty} f(x)\mathrm{d}x$ 收敛; 否则发散.

当 $x\to b-0$ 时, 若有 $A\neq 0$, 使得 $f(x)=A(b-x)^p(1+o(1))(p>0)$, 则当 $p<1$ 时, $\int_a^b f(x)\mathrm{d}x$ 收敛; 否则发散.

6. 常用判别法.

(1) **Dirichlet 判别法**　若 $F(A)=\int_a^A f(x)\mathrm{d}x$ 有界, $g(x)$ 单调, 且当 $x\to+\infty$ 时, $g(x)\to 0$, 则 $\int_a^{+\infty} f(x)g(x)\mathrm{d}x$ 收敛.

例如, 若 $p>0$, 则积分 $\int_a^{+\infty}\dfrac{\sin x}{x^p}\mathrm{d}x$ 与 $\int_a^{+\infty}\dfrac{\cos x}{x^p}\mathrm{d}x\ (a>0)$ 收敛.

(2) **Abel 判别法**　若积分 $\int_a^{+\infty} f(x)\mathrm{d}x$ 收敛, $g(x)$ 单调有界, 则

$\int_a^{+\infty} f(x)g(x)\mathrm{d}x$ 收敛.

(3) **Dini 判别法** 设 $f(x,y)$ 在 $a \leqslant x < +\infty, c \leqslant y \leqslant d$ 上连续且保持定号, 并且 $I(y) = \int_a^{+\infty} f(x,y)\mathrm{d}x$ 是 $[c,d]$ 上的连续函数, 则积分 $\int_a^{+\infty} f(x,y)\mathrm{d}x$ 关于 y 在 $[c,d]$ 上一致收敛.

6.1.2 含参变量的常义积分

1. 积分的连续性.

若 $f(x,y)$ 在矩形域 $R\,(a,b;c,d)$ 上连续, 则积分 $I(y) = \int_a^b f(x,y)\mathrm{d}x$ 在 $[c,d]$ 上连续.

2. 积分号下微分法.

若 $f(x,y)$ 与 $f'_y(x,y)$ 都在 $R\,(a,b;c,d)$ 上连续, 则 $I(y)$ 在 $[c,d]$ 上可微, 且

$$\frac{\mathrm{d}}{\mathrm{d}y}\int_a^b f(x,y)\mathrm{d}x = \int_a^b \frac{\partial f}{\partial y}\mathrm{d}x.$$

更一般地, 若 $\alpha(y)$ 与 $\beta(y)$ 在 $[c,d]$ 上可微, 且当 $c \leqslant y \leqslant d$ 时, $\alpha(y)$ 与 $\beta(y)$ 都在 $[c,d]$ 上, 则

$$\frac{\mathrm{d}}{\mathrm{d}y}\int_{\alpha(y)}^{\beta(y)} f(x,y)\mathrm{d}x = \int_{\alpha(y)}^{\beta(y)} \frac{\partial f}{\partial y}\mathrm{d}x + f(\beta(y),y)\frac{\mathrm{d}\beta}{\mathrm{d}y} - f(\alpha(y),y)\frac{\mathrm{d}\alpha}{\mathrm{d}y}.$$

3. 积分号下积分法.

若 $f(x,y)$ 在 $R\,(a,b;c,d)$ 上连续, 则

$$\int_c^d \mathrm{d}y\int_a^b f(x,y)\mathrm{d}x = \int_a^b \mathrm{d}x\int_c^d f(x,y)\mathrm{d}y.$$

6.1.3 含参变量的广义积分

1. 一致收敛的定义.

对任给的 $\varepsilon > 0$, 如果都存在与 y 无关的数 $A_0 \geqslant a$, 只要 $A > A_0$, 对集合 I 上的全体 y, 恒有 $\left|\int_A^{A'} f(x)\mathrm{d}x\right| < \varepsilon$, 则称广义积分 $\int_a^{+\infty} f(x,y)\mathrm{d}x$ 在 I 上一致收敛.

2. Cauchy 收敛准则.

积分 $\int_a^{+\infty} f(x,y)\mathrm{d}x$ 关于 y 在 I 上一致收敛的充要条件是: 对任给的 $\varepsilon>0$, 存在不依赖于 y 的数 A_0, 只要 $A>A_0, A'>A_0$, 则对集合 I 上的全体 y, 恒有

$$\left|\int_A^{A'} f(x,y)\mathrm{d}x\right|<\varepsilon.$$

3. 一致收敛的 Weierstrass 判别法.

若存在与 y 无关的函数 $\varphi(x)$, 使得

(1) 当 $a\leqslant x<+\infty$ 时, $|f(x,y)|\leqslant\varphi(x), y\in I$;

(2) $\int_a^{+\infty}\varphi(x)\mathrm{d}x$ 收敛,

则 $\int_a^{+\infty} f(x,y)\mathrm{d}x$ 关于 y 在 I 上一致收敛.

4. 常用的判别法.

(1) **Dirichlet 判别法**　若 $\int_a^{A} f(x,y)\mathrm{d}x$ 对任何 $A\geqslant a, y\in I$ 一致有界; $g(x,y)$ 对 x 单调, 且当 $x\to+\infty$ 时, $g(x,y)$ 对 $y\in I$ 一致地趋于零, 则 $\int_a^{+\infty} f(x,y)g(x,y)\mathrm{d}x$ 关于 y 在 I 上一致收敛.

(2) **Abel 判别法**　若 $\int_a^{+\infty} f(x,y)\mathrm{d}x$ 关于 y 在 I 上一致收敛, $g(x,y)$ 对 x 单调, 且对 $x\geqslant a, y\in I$ 一致有界, 则 $\int_a^{+\infty} f(x,y)g(x,y)\mathrm{d}x$ 关于 y 在 I 上一致收敛.

(3) **Dini 判别法**　设 $f(x,y)$ 在 $a\leqslant x<+\infty, c\leqslant y\leqslant d$ 上连续且保持定号, 并且 $I(y)=\int_a^{+\infty} f(x,y)\mathrm{d}x$ 是 $[c,d]$ 上的连续函数, 则积分 $\int_a^{+\infty} f(x,y)\mathrm{d}x$ 关于 y 在 $[c,d]$ 上一致收敛.

5. 积分的连续性.

若 $f(x,y)$ 在 $R[a,+\infty;c,d]$ 上连续, $\int_a^{+\infty} f(x,y)\mathrm{d}x$ 关于 y 在 $[c,d]$ 上一致收敛, 则积分 $I(y)=\int_a^{+\infty} f(x,y)\mathrm{d}x$ 在区间 $[a,d]$ 上连续, 即对任何 $y_0\in[c,d]$, 有

$$\lim_{y\to y_0}\int_a^{+\infty} f(x,y)\mathrm{d}x=\int_a^{+\infty}\lim_{y\to y_0} f(x,y)\mathrm{d}x.$$

如果 $[c,d]$ 改为开区间 I, 则只要 $\int_a^{+\infty} f(x,y)\mathrm{d}x$ 在此开区间 I 上内闭一致收敛, 即可得到同样的结论, 并不需要在 I 上一致收敛.

6. 积分号下的积分法.

若 $f(x,y)$ 在 $x \geqslant a, c \leqslant y \leqslant d$ 上连续, $\int_a^{+\infty} f(x,y)\mathrm{d}x$ 在 $[c,d]$ 上一致收敛, 则 $\int_c^d \mathrm{d}y \int_a^{+\infty} f(x,y)\mathrm{d}x = \int_a^{+\infty} \mathrm{d}x \int_c^d f(x,y)\mathrm{d}y$. 特别地, 若 $f(x,y)$ 在 $R[a,+\infty;c,d]$ 上非负连续, 则

$$\int_c^{\mathrm{d}} \mathrm{d}y \int_a^{+\infty} f(x,y)\mathrm{d}x = \int_a^{+\infty} \mathrm{d}x \int_c^d f(x,y)\mathrm{d}y.$$

7. 积分号下的微分法.

若 $f(x,y), f_y'(x,y)$ 都在 $a \leqslant x < +\infty, c \leqslant y \leqslant d$ 上连续, $\int_a^{+\infty} f(x,y)\mathrm{d}x$ 在 $[c,d]$ 上收敛, $\int_a^{+\infty} f_y'(x,y)\mathrm{d}x$ 在 $[c,d]$ 上一致收敛, 则 $\frac{\mathrm{d}}{\mathrm{d}y}\int_a^{+\infty} f(x,y)\mathrm{d}x = \int_a^{+\infty} \frac{\partial f}{\partial y}\mathrm{d}x$ 且在 $[c,d]$ 上连续.

同样, 若 $[c,d]$ 改为开区间 I, 则只需 $\int_a^{+\infty} f_y'(x,y)\mathrm{d}x$ 在 I 上内闭一致收敛, 即可得到相同的结论.

6.1.4 Euler 积分

1. 称 $\Gamma(x) = \int_0^{+\infty} t^{x-1}\mathrm{e}^{-t}\mathrm{d}t \ (x>0)$ 为 Γ 函数.

称 $B(x,y) = \int_0^1 t^{x-1}(1-t)^{y-1}\mathrm{d}x = \int_0^{+\infty} \frac{t^{x-1}}{(1+t)^{x+y}}\mathrm{d}t \ (x>0, y>0)$ 为 B-函数.

两个函数具有下面的关系: $B(x,y) = \frac{\Gamma(x)\Gamma(y)}{\Gamma(x+y)}$.

2. Γ 函数的基本性质.

(1) $\Gamma(x+1) = x\Gamma(x), x>0$;

(2) $\lim\limits_{x\to 0^+} x\Gamma(x) = 1$;

(3) $\Gamma(x)\Gamma(1-x) = \frac{a}{\sin \pi x}, 0<x<1$;

(4) $\Gamma(2x)\Gamma\left(\frac{1}{2}\right)=2^{2x-1}\Gamma(x)\Gamma\left(x+\frac{1}{2}\right), x>0$;

(5) $\frac{\Gamma(x)}{\Gamma(x+a)}=\frac{1}{x^{\alpha}}+O\left(\frac{1}{x^{a+1}}\right),\ x\to+\infty$;

(6) $\Gamma(x)=x^{x-\frac{1}{2}}\mathrm{e}^{-x}\sqrt{2x}\left(1+O\left(\frac{1}{x}\right)\right), x>0$;

(7) 当 n 是自然数时,

$$\Gamma(n)=(n-1)!,\quad \Gamma(1)=1,\quad \Gamma\left(n+\frac{1}{2}\right)=\frac{1\cdot 3\cdots(2n-1)}{2^n}\sqrt{\pi}.$$

6.2 广义积分的收敛性

例 6.1 研究广义积分 $\int_0^1 \frac{\ln x}{(1-x^2)^a(\sin x)^p}$ 的敛散性.

解 注意到题中的被积函数在瑕点附近均保持符号, 因而在讨论其敛散性时可以运用比较判别法.

当 $x\to 0^+$ 时, 有

$$\frac{\ln x}{(1-x^2)^a(\sin x)^p}\sim\frac{\ln x}{x^p};$$

当 $x\to 1-0$ 时, 有

$$\frac{\ln x}{(1-x^2)^a(\sin x)^p}=\frac{\ln(1-(1-x))}{(1-x^2)^a(\sin x)^p}\sim\frac{-1}{2^a(\sin 1)^p(1-x)^{a-1}}.$$

因此, 不难知道当 $p<1, a<2$ 时积分收敛, 其他情形积分发散.

例 6.2 讨论广义积分 $\int_0^{+\infty}\frac{\mathrm{e}^{\sin x}\sin 2x}{x^{\alpha}}\mathrm{d}x$ 的收敛性.

解 将原积分分解如下:

$$\int_0^{+\infty}\frac{\mathrm{e}^{\sin x}\sin 2x}{x^{\alpha}}\mathrm{d}x=\int_0^{1}\frac{\mathrm{e}^{\sin x}\sin 2x}{x^{\alpha}}\mathrm{d}x+\int_1^{+\infty}\frac{\mathrm{e}^{\sin x}\sin 2x}{x^{\alpha}}\mathrm{d}x=:I+J.$$

当 $x\in(0,1)$ 时, $\frac{\mathrm{e}^{\sin x}\sin 2x}{x^{\alpha}}\geqslant 0$, 且

$$\frac{\mathrm{e}^{\sin x}\sin 2x}{x^{\alpha}}\sim\frac{2}{x^{\alpha-1}},\quad x\to 0^+.$$

因此, I 与 $\int_0^1\frac{1}{x^{\alpha-1}}\mathrm{d}x$ 有相同的敛散性, 即当 $\alpha<2$ 时, I(绝对) 收敛.

当 $\alpha > 1$ 时, 有

$$\left|\frac{\mathrm{e}^{\sin x}\sin 2x}{x^{\alpha}}\mathrm{d}x\right| \leqslant \frac{\mathrm{e}}{x^{\alpha}}.$$

由于 $\int_1^{+\infty}\frac{1}{x^{\alpha}}\mathrm{d}x$ 收敛, 故 J 绝对收敛.

现在考虑 $0 < \alpha \leqslant 1$ 的情形. 首先, 对任意 $A > 1$, 有

$$\left|\int_1^A \mathrm{e}^{\sin x}\sin 2x\mathrm{d}x\right| = \left|2\int_{\sin 1}^{\sin A} t\mathrm{e}^t\mathrm{d}t\right| \leqslant 8\mathrm{e}.$$

另一方面, $\frac{1}{x^{\alpha}}$ 在 $[1,+\infty)$ 上严格单调递减且 $\lim\limits_{x\to+\infty}\frac{1}{x^{\alpha}} = 0$. 于是, 由 Dirichlet 判别法知,

$$\int_0^{+\infty}\frac{\mathrm{e}^{\sin x}\sin 2x}{x^{\alpha}}\mathrm{d}x$$

收敛. 由于

$$\left|\frac{\mathrm{e}^{\sin x}\sin 2x}{x^{\alpha}}\right| \geqslant \left|\frac{\mathrm{e}^{-1}\sin^2 2x}{x^{\alpha}}\right| = \frac{1}{2\mathrm{e}x^{\alpha}} - \frac{\cos 4x}{2\mathrm{e}x^{\alpha}}$$

及 $\int_1^{+\infty}\frac{1}{2\mathrm{e}x^{\alpha}}\mathrm{d}x$ 发散, $\int_1^{+\infty}\frac{\cos 4x}{2\mathrm{e}x^{\alpha}}\mathrm{d}x$ 收敛 (利用 Dirichlet 判别法), 故

$$\int_1^{+\infty}\left|\frac{\mathrm{e}^{\sin x}\sin 2x}{x^{\alpha}}\right|\mathrm{d}x$$

发散. 综合起来, 我们知道 J 在 $0 < \alpha \leqslant 1$ 时是条件收敛的.

当 $\alpha \leqslant 0$ 时, 有

$$\left|\int_{2n\pi+\frac{\pi}{8}}^{2n\pi+\frac{\pi}{4}}\frac{\mathrm{e}^{\sin x}\sin 2x}{x^{\alpha}}\mathrm{d}x\right| = \int_{2n\pi+\frac{\pi}{8}}^{2n\pi+\frac{\pi}{4}}\frac{\mathrm{e}^{\sin x}\sin 2x}{x^{\alpha}}\mathrm{d}x$$

$$\geqslant \frac{\sqrt{2}\pi}{16\mathrm{e}} \nrightarrow 0, \quad n \to +\infty.$$

由 Cauchy 收敛原理便知 J 发散.

综上所述, 积分 $\int_0^{+\infty}\frac{\mathrm{e}^{\sin x}\sin 2x}{x^{\alpha}}\mathrm{d}x$ 在 $\alpha \leqslant 0$ 和 $\alpha \geqslant 2$ 时发散, 在 $0 < \alpha \leqslant 1$ 时条件收敛, 在 $1 < \alpha < 2$ 时绝对收敛.

例 6.3 设 $f(x)=\ln\left(1+\dfrac{\sin x}{x^p}\right)$, $p>0$, 讨论广义积分 $I=\displaystyle\int_1^{+\infty}f(x)\mathrm{d}x$ 的收敛性.

解 当 $p>1$ 时, 由于

$$|f(x)|\leqslant\left|\ln\left(1+\frac{\sin x}{x^p}\right)\right|\leqslant\left|\frac{\sin x}{x^p}\right|\leqslant\frac{1}{x^p},$$

故 $\displaystyle\int_1^{\infty}f(x)\mathrm{d}x$ 绝对收敛.

当 $0<p\leqslant1$ 时, 有

$$\begin{aligned}\ln\left(1+\frac{\sin x}{x^p}\right)&=\frac{\sin x}{x^p}-\frac{\sin^2 x}{2x^{2p}}+O\left(\frac{1}{x^{3p}}\right)\\&=\frac{\sin x}{x^p}+\frac{\cos 2x}{4x^{2p}}-\frac{1}{4x^{2p}}+O\left(\frac{1}{x^{3p}}\right).\end{aligned}$$

下面分别考虑

$$I_1=\int_1^{+\infty}\frac{\sin x}{x^p}\mathrm{d}x,\quad I_2=\int_1^{+\infty}\frac{\cos 2x}{4x^{2p}}\mathrm{d}x,\quad I_3=\int_1^{+\infty}\left(\frac{1}{4x^{2p}}+O\left(\frac{1}{x^{3p}}\right)\right)\mathrm{d}x$$

的收敛性.

先考察 I_1. 对于任意的 $A>1$, 有

$$\left|\int_1^A\sin x\mathrm{d}x\right|\leqslant2,\quad \frac{1}{x^p}\downarrow0,\ x\to+\infty.$$

因此, 利用 Dirichlet 判别法知道 I_1 收敛. 另一方面, 我们有

$$\left|\frac{\sin x}{x^p}\right|\geqslant\frac{\sin^2 x}{x^p}=\frac{1}{2x^p}-\frac{\cos 2x}{2x^p}.$$

利用 Dirichlet 判别法知道 $\displaystyle\int_0^1\frac{\cos 2x}{2x^p}\mathrm{d}x$ 收敛, 而 $\displaystyle\int_0^1\frac{1}{2x^p}\mathrm{d}x$ 发散, 因此, $\displaystyle\int_0^1\left|\frac{\sin x}{x^p}\right|\mathrm{d}x$ 发散. 这样, 我们已经知道 I_1 在 $0<p\leqslant1$ 时条件收敛.

对于 I_2, 当 $p>\dfrac{1}{2}$ 时, 因为

$$\left|\frac{\cos 2x}{4x^{2p}}\right|\leqslant\frac{1}{4x^{2p}},$$

所以 I_2 绝对收敛. 当 $0<p\leqslant\frac{1}{2}$ 时, 经过类似于 I_1 的讨论知道 I_2 条件收敛.

对于 I_3, 因为

$$\frac{1}{4x^{2p}}+O\left(\frac{1}{x^{3p}}\right)\sim\frac{1}{4x^{2p}},\quad x\to+\infty,$$

所以 I_3 和 $\int_0^1\frac{1}{4x^{2p}}\mathrm{d}x$ 有相同的敛散性, 即当 $0<p\leqslant\frac{1}{2}$ 时发散, 当 $\frac{1}{2}<p\leqslant 1$ 时 (绝对) 收敛.

将上述讨论结果列表如下:

p	I_1	I_2	I_3	I
$0<p\leqslant\frac{1}{2}$	条件收敛	条件收敛	发散	发散
$\frac{1}{2}<p\leqslant 1$	条件收敛	绝对收敛	绝对收敛	条件收敛

综上讨论可知, 原积分在 $\frac{1}{2}<p\leqslant 1$ 时条件收敛, 在 $0<p\leqslant\frac{1}{2}$ 时发散.

例 6.4 讨论积分 $I=\int_0^{+\infty}\left(\left(1-\frac{\sin x}{x}\right)^{\alpha}-1\right)\mathrm{d}x\ (\alpha>-1)$ 的敛散性.

解 先将积分分解如下:

$$\begin{aligned}I&=\int_0^1\left(\left(1-\frac{\sin x}{x}\right)^{\alpha}-1\right)\mathrm{d}x+\int_1^{+\infty}\left(\left(1-\frac{\sin x}{x}\right)^{\alpha}-1\right)\mathrm{d}x\\&=:I_1+I_2.\end{aligned}$$

显然,

$$I_1=\int_0^1\left(1-\frac{\sin x}{x}\right)^{\alpha}\mathrm{d}x-1.$$

在 $(0,1]$ 上 $\left(1-\frac{\sin x}{x}\right)^{\alpha}$ 非负, 且当 $x\to0^+$ 时, 有

$$\begin{aligned}\left(1-\frac{\sin x}{x}\right)^{\alpha}&=\left(1-\frac{x-\frac{x^3}{6}+o(x^3)}{x}\right)^{\alpha}\\&=\left(\frac{x^2}{6}+o(x^2)\right)^{\alpha}\sim\frac{1}{6^{\alpha}}x^{2\alpha}.\end{aligned}$$

于是, I_1 与 $\int_0^1 x^{2\alpha}\mathrm{d}x$ 有相同的敛散性, 即当 $\alpha > -\dfrac{1}{2}$ 时, I_1(绝对) 收敛; 当 $\alpha \leqslant -\dfrac{1}{2}$ 时, I_1 发散.

对于 I_2, 当 $x \to +\infty$ 时, 有

$$\left(1-\frac{\sin x}{x}\right)^{\alpha}-1=\alpha\frac{\sin x}{x}+O\left(\frac{1}{x^2}\right).$$

于是, 可以将 I_2 进一步分解为

$$I_2=\alpha\int_1^{+\infty}\frac{\sin x}{x}\mathrm{d}x+\int_1^{+\infty}O\left(\frac{1}{x^2}\right)\mathrm{d}x.$$

类似于例 6.3 的讨论知, $\int_1^{+\infty}\dfrac{\sin x}{x}\mathrm{d}x$ 条件收敛, 而 $\int_1^{+\infty}O\left(\dfrac{1}{x^2}\right)\mathrm{d}x$ 绝对收敛, 故 I_2 条件收敛.

综上所述, 当 $\alpha \leqslant -\dfrac{1}{2}$ 时, 积分发散; 当 $\alpha > -\dfrac{1}{2}$ 时, 积分条件收敛.

例 6.5 判别积分

$$\int_1^{+\infty}\frac{\left(\mathrm{e}^{\frac{1}{x}}-1\right)^{\alpha}}{\left(\ln\left(1+\frac{1}{x}\right)\right)^{\beta}}\mathrm{d}x$$

的收敛性.

解 被积函数非负, 故可使用比较判别法. 当 $x \to +\infty$ 时, 有

$$\frac{\left(\mathrm{e}^{\frac{1}{x}}-1\right)^{\alpha}}{\left(\ln\left(1+\frac{1}{x}\right)\right)^{\beta}}\sim\frac{x^{-\alpha}}{\left(\frac{1}{x}\right)^{\beta}}=\frac{1}{x^{\alpha-\beta}}.$$

因此, 当 $\alpha-\beta>1$ 时, 原积分收敛; 否则发散.

例 6.6 设 $p,q>0$, 判别积分

$$\int_1^{+\infty}\ln\left(\cos\frac{1}{x^p}+\sin\frac{1}{x^q}\right)\mathrm{d}x$$

的收敛性.

解 当 $x \to +\infty$ 时, 有

$$\cos\frac{1}{x^p} = 1 - \frac{1}{2x^{2p}} + o(x^{-2p}),$$

$$\sin\frac{1}{x^q} = \frac{1}{x^q} + o(x^{-q}).$$

因此

$$\begin{aligned}\ln\left(\cos\frac{1}{x^p} + \sin\frac{1}{x^q}\right) &= \ln\left(1 - \frac{1}{2x^{2p}} + \frac{1}{x^q} + o(x^{-2p}) + o(x^{-q})\right),\\ &= -\frac{1}{2x^{2p}} + o(x^{-2p}) + \frac{1}{x^q} + o(x^{-q}).\end{aligned}$$

从而原积分的收敛性取决于 $\int_1^{+\infty}\left(\frac{1}{2x^{2p}}+o(x^{-2p})\right)\mathrm{d}x$ 和 $\int_1^{+\infty}\left(\frac{1}{x^q}+o(x^{-q})\right)\mathrm{d}x$ 的收敛性. 因此, 原积分在 $p > \frac{1}{2}$ 且 $q > 1$ 时收敛, 其余情形均发散.

例 6.7 设 $f(x)>0$ 且单调下降, 则证明积分 $\int_a^{+\infty} f(x)\mathrm{d}x$ 与 $\int_a^{+\infty} f(x)\sin^2 x\mathrm{d}x$ 有相同的敛散性.

证明 因 $f(x) > 0$ 且单调下降, 故 $\lim\limits_{x\to+\infty} f(x)$ 存在. 设 $\lim\limits_{x\to+\infty} f(x) = A$, 则 $A \geqslant 0$.

若 $A = 0$, 由 Dirichlet 判别法知, $\int_a^{+\infty} f(x)\cos 2x\mathrm{d}x$ 收敛, 从而由关系式

$$\int_a^{+\infty} f(x)\sin^2 x\mathrm{d}x = \frac{1}{2}\int_a^{+\infty} f(x)\mathrm{d}x - \frac{1}{2}\int_a^{+\infty} f(x)\cos 2x\mathrm{d}x$$

知结论成立.

若 $A > 0$, 则

$$\begin{aligned}&\int_{2n\pi+\pi/4}^{2n\pi+\pi/2} f(x)\mathrm{d}x \geqslant \int_{2n\pi+\pi/4}^{2n\pi+\pi/2} f(x)\sin^2 x\mathrm{d}x\\ &> \frac{\pi}{4}f(2n\pi+\pi/2)\sin^2\frac{\pi}{4} \to \frac{\pi}{8}A \neq 0, \quad n\to\infty.\end{aligned}$$

于是, 由 Cauchy 收敛原理知 $\int_a^{+\infty} f(x)\mathrm{d}x$ 与 $\int_a^{+\infty} f(x)\sin^2 x\mathrm{d}x$ 都是发散的.

例 6.8 证明积分 $\int_0^{+\infty} x\sin x^4 \sin x\mathrm{d}x$ 收敛.

证明 对任意 $A''>A'>0$, 利用分部积分得

$$\int_{A'}^{A''} x\sin x^4\sin x\mathrm{d}x=-\frac{\sin x\cos x^4}{4x^2}\Big|_{A'}^{A''}+\frac{1}{4}\int_{A'}^{A''}\frac{\cos x^4\cos x}{x^2}\mathrm{d}x$$
$$-\frac{1}{2}\int_{A'}^{A''}\frac{\cos x^4\sin x}{x^3}\mathrm{d}x\to 0,\quad A'\to+\infty.$$

因此, 由 Cauchy 收敛原理证得原积分收敛.

例 6.9 讨论下列积分的敛散性:

(1) $\int_2^{+\infty}\frac{\sin^2 x}{x^p(x^p+\sin x)}\mathrm{d}x\ (p>0)$;

(2) $\int_2^{+\infty}\frac{\sin x}{x^p+\sin x}\mathrm{d}x\ (p>0)$;

(3) $\int_0^{+\infty}\frac{\sin x}{x^p+\sin x}\mathrm{d}x\ (p>0)$.

解 (1) 注意到被积函数非负, 故可用比较判别法. 由不等式

$$\frac{\sin^2 x}{x^p(x^p+1)}<\frac{\sin^2 x}{x^p(x^p+\sin x)}<\frac{1}{x^p(x^p-1)}$$

知, 当 $p>\frac{1}{2}$ 时, 积分 $\int_2^{+\infty}\frac{1}{x^p(x^p-1)}\mathrm{d}x$ 收敛, 从而 $\int_2^{+\infty}\frac{\sin^2 x}{x^p(x^p+\sin x)}\mathrm{d}x$ 收敛. 当 $p\leqslant\frac{1}{2}$ 时, 由 Dirichlet 判别法知积分 $\int_2^{+\infty}\frac{\cos 2x}{2x^p(x^p+1)}\mathrm{d}x$ 收敛, 而 $\int_2^{+\infty}\frac{1}{x^p(x^p+1)}\mathrm{d}x$ 发散, 于是, 利用分解式

$$\frac{\sin^2 x}{x^p(x^p+1)}=\frac{1}{2x^p(x^p+1)}-\frac{\cos 2x}{2x^p(x^p+1)},$$

可知 $\int_2^{+\infty}\frac{\sin^2 x}{x^p(x^p+\sin x)}\mathrm{d}x$ 发散.

(2) 当 $p>1$ 时, 有

$$\left|\frac{\sin x}{x^p+\sin x}\right|\leqslant\frac{1}{x^p-1}\sim\frac{1}{x^p},\quad x\to+\infty.$$

因此, $\int_{2}^{+\infty}\frac{\sin x}{x^{p}+\sin x}\mathrm{d}x$ 绝对收敛. 当 $0<p\leqslant 1$ 时, 由例 6.3 知 $\int_{2}^{+\infty}\frac{\sin x}{x^{p}}\mathrm{d}x$ 条件收敛. 于是, 利用 (1) 的结果以及

$$\frac{\sin x}{x^{p}+\sin x}=\frac{\sin x}{x^{p}}-\frac{\sin^{2}x}{x^{p}(x^{p}+\sin x)}$$

知 $\int_{2}^{+\infty}\frac{\sin^{2}x}{x^{p}(x^{p}+\sin x)}\mathrm{d}x$ 在 $0<p\leqslant\frac{1}{2}$ 时发散, 在 $\frac{1}{2}<p\leqslant 1$ 时条件收敛.

(3) 因为当 $x\to 0^{+}$ 时, $\frac{\sin x}{x^{p}+\sin x}\to C(p)$, 故 0 不是奇点, 收敛性与 (2) 相同.

例 6.10 讨论广义积分 $\int_{1}^{+\infty}\mathrm{d}x\int_{0}^{a}\sin(\beta^{2}x^{3})\mathrm{d}\beta$ 的收敛性.

证明 先讨论内层积分 $\int_{0}^{a}\sin(\beta^{2}x^{3})\mathrm{d}\beta$ 在 $x\to+\infty$ 时的阶. 令 $y=\beta^{2}x^{3}$, 则

$$\int_{0}^{a}\sin(\beta^{2}x^{3})\mathrm{d}\beta=\frac{1}{2x^{\frac{3}{2}}}\int_{0}^{a^{2}x^{3}}\frac{\sin y}{\sqrt{y}}\mathrm{d}y.$$

由于 $\int_{0}^{+\infty}\frac{\sin y}{\sqrt{y}}\mathrm{d}y$ 收敛, 故对所有的 $A>0$,

$$\left|\int_{0}^{A}\frac{\sin y}{\sqrt{y}}\mathrm{d}y\right|=O(1).$$

于是

$$\int_{0}^{a}\sin(\beta^{2}x^{3})\mathrm{d}\beta=O\left(\frac{1}{x^{\frac{3}{2}}}\right).$$

因此, 原积分绝对收敛.

例 6.11 讨论下面积分的敛散性:

$$\int_{0}^{+\infty}\frac{\mathrm{d}x}{1+x^{\alpha}|\sin x|^{\beta}},$$

其中 $\alpha>\beta>1$.

解 直接计算得

$$\int_{0}^{+\infty}\frac{\mathrm{d}x}{1+x^{\alpha}|\sin x|^{\beta}}$$

$$= \sum_{n=0}^{\infty} \int_{n\pi}^{(n+1)\pi} \frac{\mathrm{d}x}{1 + x^{\alpha} |\sin x|^{\beta}}$$

$$= \sum_{n=0}^{\infty} \int_{0}^{\pi} \frac{1}{1 + (n\pi + t)^{\alpha} \sin^{\beta} t} \mathrm{d}t$$

$$= \sum_{n=0}^{\infty} \left[\int_{0}^{\frac{\pi}{2}} \frac{1}{1 + (n\pi + t)^{\alpha} \sin^{\beta} t} \mathrm{d}t + \int_{\frac{\pi}{2}}^{\pi} \frac{1}{1 + (n\pi + t)^{\alpha} \sin^{\beta} t} \mathrm{d}t \right].$$

记

$$A_n = \int_{0}^{\frac{\pi}{2}} \frac{1}{1 + (n\pi + t)^{\alpha} \sin^{\beta} t} \mathrm{d}t, \quad B_n = \int_{\frac{\pi}{2}}^{\pi} \frac{1}{1 + (n\pi + t)^{\alpha} \sin^{\beta} t} \mathrm{d}t.$$

因为

$$\sin x \geqslant \frac{2}{\pi} x, \quad x \in \left[0, \frac{\pi}{2}\right],$$

所以

$$(n\pi + t)^{\alpha} \sin^{\beta} t \geqslant (n\pi)^{\alpha} \left(\frac{2}{\pi} t\right)^{\beta} = n^{\alpha} t^{\beta} \left(\pi^{\alpha - \beta} 2^{\beta}\right), \quad t \in \left[0, \frac{\pi}{2}\right].$$

于是

$$A_n \leqslant \int_{0}^{\frac{\pi}{2}} \frac{\mathrm{d}t}{1 + n^{\alpha} t^{\beta} \left(\pi^{\alpha - \beta} 2^{\beta}\right)} = \int_{0}^{\frac{\pi}{2}} \frac{1}{1 + \left(n^{\frac{\alpha}{\beta}} 2\pi^{\frac{\alpha}{\beta} - 1} t\right)^{\beta}} \mathrm{d}t$$

$$= \frac{1}{n^{\frac{\alpha}{\beta}} 2\pi^{\frac{\alpha}{\beta} - 1}} \int_{0}^{\frac{\pi}{2} n^{\frac{\alpha}{\beta}} 2\pi^{\frac{\alpha}{\beta} - 1}} \frac{\mathrm{d}u}{1 + u^{\beta}} \leqslant \frac{1}{n^{\frac{\alpha}{\beta}} 2\pi^{\frac{\alpha}{\beta} - 1}} \int_{0}^{+\infty} \frac{\mathrm{d}u}{1 + u^{\beta}}.$$

因为 $\beta > 1$, 故 $\displaystyle\int_{0}^{+\infty} \frac{\mathrm{d}t}{1 + u^{\beta}}$ 收敛, 记

$$M = \frac{1}{2\pi^{\frac{\alpha}{\beta} - 1}} \int_{0}^{+\infty} \frac{\mathrm{d}u}{1 + u^{\beta}},$$

则

$$A_n \leqslant \frac{M}{n^{\frac{\alpha}{\beta}}}.$$

因为 $\dfrac{\alpha}{\beta} > 1$, 所以级数 $\sum\limits_{n=0}^{+\infty} \dfrac{1}{n^{\frac{\alpha}{\beta}}}$ 收敛, 由比较判别法知 $\sum\limits_{n=0}^{\infty} A_n$ 收敛.

对于 B_n, 作变换 $u=\pi-t$ 之后, 类似可得 $\sum\limits_{n=0}^{+\infty} B_n$ 收敛.

综上所述, $\displaystyle\int_0^{+\infty}\frac{\mathrm{d}x}{1+x^{\alpha}|\sin x|^{\beta}}$ 收敛.

例 6.12 确定广义积分 $\displaystyle\int_0^{+\infty}\frac{\mathrm{d}x}{1+x|\sin x|}$ 的收敛性.

解 作变换 $x=n\pi+t$, 得

$$\int_{n\pi}^{(n+1)\pi}\frac{\mathrm{d}x}{1+x|\sin x|}=\int_0^{\pi}\frac{\mathrm{d}t}{1+(n\pi+t)\sin t},\quad n=0,1,2,\cdots,$$

则

$$\int_0^{+\infty}\frac{\mathrm{d}x}{1+x|\sin x|}=\sum_{n=0}^{\infty}\int_{n\pi}^{(n+1)\pi}\frac{\mathrm{d}x}{1+x|\sin x|}=\sum_{n=0}^{\infty}\int_0^{\pi}\frac{\mathrm{d}t}{1+(n\pi+t)\sin t}.$$

直接计算得

$$\begin{aligned}\sum_{k=n+1}^{2n}\int_0^{\pi}\frac{\mathrm{d}t}{1+(k\pi+t)\sin t}&\geqslant\sum_{k=n+1}^{2n}\int_0^{\pi}\frac{\mathrm{d}t}{1+(k+1)\pi}\\&\geqslant\sum_{k=n+1}^{2n}\int_0^{\pi}\frac{\mathrm{d}t}{1+(2n+1)\pi}\\&=\frac{n\pi}{1+(2n+1)\pi}\to\frac{1}{2},\quad n\to\infty.\end{aligned}$$

由 Cauchy 收敛原理知道原积分发散.

例 6.13 讨论 $I=\displaystyle\int_0^{+\infty}\frac{\sin\left(x+\dfrac{1}{x}\right)}{x^{\alpha}}\mathrm{d}x$ 的收敛性.

解 积分 I 既是无穷限广义积分, 又是瑕积分, 将 I 分成两项:

$$I=\int_0^{1}\frac{\sin\left(x+\dfrac{1}{x}\right)}{x^{\alpha}}\mathrm{d}x+\int_1^{+\infty}\frac{\sin\left(x+\dfrac{1}{x}\right)}{x^{\alpha}}\mathrm{d}x=I_1+I_2.$$

(1) 当 $\alpha\leqslant 0$ 时, 对任意正整数 n, 有

$$\int_{2n\pi+\frac{\pi}{6}}^{2n\pi+\frac{\pi}{4}}\frac{\sin\left(x+\dfrac{1}{x}\right)}{x^{\alpha}}\mathrm{d}x\geqslant\frac{1}{2}\left(\frac{\pi}{4}-\frac{\pi}{6}\right)=\frac{\pi}{24}\nrightarrow 0,\quad n\to\infty.$$

由 Cauchy 收敛原理知 I_2 发散.

作变量代换 $x=\dfrac{1}{t}$, 得

$$I_1=\int_0^1 \frac{\sin\left(x+\dfrac{1}{x}\right)}{x^\alpha}\mathrm{d}x=\int_1^{+\infty}\frac{\sin\left(t+\dfrac{1}{t}\right)}{t^{-\alpha+2}}\mathrm{d}t,$$

故 $-\alpha+2\leqslant 0$, 即 $\alpha\geqslant 2$ 时, I_1 发散.

(2) 当 $0<\alpha<2$ 时, 有

$$I_2=\int_1^{+\infty}\frac{\sin\left(x+\dfrac{1}{x}\right)}{x^\alpha}\mathrm{d}x=\int_1^{+\infty}\frac{\left(1-\dfrac{1}{x^2}\right)\sin\left(x+\dfrac{1}{x}\right)}{x^\alpha\left(1-\dfrac{1}{x^2}\right)}\mathrm{d}x,$$

对任意 $A>1$, 有

$$\begin{aligned}\left|\int_1^A\left(1-\frac{1}{x^2}\right)\sin\left(x+\frac{1}{x}\right)\mathrm{d}x\right|&=\left|\int_1^A\sin\left(x+\frac{1}{x}\right)\mathrm{d}\left(1+\frac{1}{x}\right)\right|\\&=\left|-\cos\left(x+\frac{1}{x}\right)\Big|_1^A\right|\leqslant 2,\end{aligned}$$

又当 $x\to+\infty$ 时, $\dfrac{1}{x^\alpha\left(1-\dfrac{1}{x^2}\right)}$ 单调减少趋于零. 由 Dirichlet 判别法知, I_2 收敛. 对 I_1 作变换 $x=\dfrac{1}{t}$, 类似可知, I_1 也收敛.

注意到

$$\left|\frac{\sin\left(x+\dfrac{1}{x}\right)}{x^\alpha}\right|\leqslant\frac{\sin^2\left(x+\dfrac{1}{x}\right)}{x^\alpha}=\frac{1-\cos 2\left(x+\dfrac{1}{x}\right)}{2x^\alpha},$$

当 $0<\alpha\leqslant 1$ 时, 由于 $\displaystyle\int_1^{+\infty}\frac{\mathrm{d}x}{2x^\alpha}$ 发散, $\displaystyle\int_1^{+\infty}\frac{\cos 2\left(x+\dfrac{1}{x}\right)}{2x^\alpha}\mathrm{d}x$ 收敛, 故 I_2 在 $0<\alpha\leqslant 1$ 时非绝对收敛. 类似可证 I_1 在 $1<\alpha<2$ 非绝对收敛. 故 I 在 $\alpha\in(0,2)$ 条件收敛.

练习 6.1 讨论广义下列广义积分的敛散性:

(1) $\displaystyle\int_0^{+\infty}\frac{\mathrm{e}^{\sin x}\sin 2x}{x^p(1+x^q)}\mathrm{d}x$;

(2) $\displaystyle\int_1^{+\infty}\left(\mathrm{e}-\left(1+\frac{1}{x}\right)^x\right)^p\mathrm{d}x$;

(3) $\displaystyle\int_1^{+\infty}\left(\ln\left(1+\frac{1}{x}\right)-\frac{1}{1+x}\right)^p\mathrm{d}x$;

(4) $\displaystyle\int_0^{1}\frac{x\sin x}{x-\sin x}\mathrm{d}x$;

(5) $\displaystyle\int_0^{+\infty}|\ln x|^\alpha\frac{\sin x}{x}\mathrm{d}x,\ \alpha>0$;

(6) $\displaystyle\int_1^{+\infty}\ln\left(\cos\frac{1}{x}+\sin^p\frac{1}{x}\right)\mathrm{d}x\ (p>1)$;

(7) $\displaystyle\int_0^{+\infty}\frac{x^\alpha\sin x}{1+x^\beta}\mathrm{d}x$.

6.3 广义积分收敛和无穷远处的极限之间的关系

众所周知, 级数 $\sum\limits_{n=1}^{\infty}a_n$ 收敛蕴含着 $\lim\limits_{n\to\infty}a_n=0$. 由于关于积分和级数在定义与性质上有诸多类似之处, 自然要问: $\displaystyle\int_0^{+\infty}f(x)\mathrm{d}x$ 收敛是否蕴含 $\lim\limits_{x\to+\infty}f(x)=0$? 下面的例子给出了一个否定的回答. 事实上, $\displaystyle\int_0^{+\infty}\sin x^2\mathrm{d}x=\int_0^{+\infty}\frac{\sin t}{2\sqrt{t}}\mathrm{d}t$ 收敛, 但是 $\lim\limits_{x\to+\infty}\sin x^2\neq 0$. 注意到 $\sin x^2$ 在 $(0,+\infty)$ 上的符号是变化的, 故进一步可问, 如果 $\displaystyle\int_0^{+\infty}f(x)\mathrm{d}x$ 收敛, $f(x)\geqslant 0$ 是否必有 $\lim\limits_{x\to+\infty}f(x)=0$? 但此结论仍然是不成立的. 事实上, 令

$$f(x)=\begin{cases}\dfrac{1}{1+x^2}, & x\text{ 不是正整数},\\ 1, & x\text{ 是正整数}.\end{cases}$$

则易见 $\displaystyle\int_0^{+\infty}f(x)\mathrm{d}x$ 收敛, $f(x)\geqslant 0$, 但 $\lim\limits_{x\to+\infty}f(x)=0$ 不成立. 或许要问, 如果 $f(x)$ 是非负连续的, 那么 $\displaystyle\int_0^{+\infty}f(x)\mathrm{d}x$ 收敛是否蕴含 $\lim\limits_{x\to+\infty}f(x)=0$? 答案仍然是否定的 (见下例).

例 6.14　讨论 $\int_0^{+\infty} f(x)\mathrm{d}x$ 收敛, $f(x) \geqslant 0$, 且 $f(x)$ 连续, 也不含有 $\lim\limits_{x\to+\infty} f(x)=0$.

解

$$f(x)=\begin{cases} 1, & x=n, \\ 0, & x=n\pm\dfrac{1}{2^n}, \\ \text{直线段}, & x\in\left(n-\dfrac{1}{2^n},n\right]\cup\left[n,n+\dfrac{1}{2^n}\right), \\ 0, & \text{其他} \end{cases}$$

$$=\begin{cases} 1-2^n|x-n|, & x\in\left(n-\dfrac{1}{2^n},n+\dfrac{1}{2^n}\right), \\ 0, & \text{其他}. \end{cases}$$

则

$$\int_0^{+\infty} f(x)\mathrm{d}x=\sum_{n=0}^{\infty}\int_n^{n+1} f(x)\mathrm{d}x=\sum_{n=0}^{\infty}\int_{n-\frac{1}{2^n}}^{n+\frac{1}{2^n}} f(x)\mathrm{d}x=\sum_{n=0}^{\infty}\frac{1}{2^n}.$$

从而 $\int_0^{+\infty} f(x)\mathrm{d}x$ 收敛, 但显然没有 $\lim\limits_{x\to+\infty} f(x)=0$.

例6.15　若 $f(x)$ 在 $[0,+\infty)$ 上单调, $\int_0^{+\infty} f(x)\mathrm{d}x$ 收敛, 则证明 $\lim\limits_{x\to+\infty} f(x)=0$, 且 $f(x)=o(x^{-1})$, $x\to+\infty$.

证明　只考虑单调减少的情形, 单调递增情形类似可证. 首先, 当 $x\geqslant 0$ 时, 必有 $f(x)\geqslant 0$. 否则, 若存在 $c>0$ 使得 $f(c)<0$, 则由于 $f(x)$ 单调减少, 故 $x\geqslant c$ 时, $f(x)\leqslant f(c)$, 从而 $\int_c^{+\infty} f(x)\mathrm{d}x\leqslant\int_c^{+\infty} f(c)\mathrm{d}x=-\infty$. 这与 $\int_0^{+\infty} f(x)\mathrm{d}x$ 收敛矛盾. 根据 $f(x)$ 的非负性便有

$$0\leqslant\frac{x}{2}f(x)\leqslant\int_{\frac{x}{2}}^{x} f(t)\mathrm{d}t\to 0,\quad x\to+\infty.$$

这就证明了 $f(x)=o(x^{-1})$, $x\to+\infty$.

注　(1) 此结论的逆命题不成立. 即若 $f(x)$ 在 $[0,+\infty)$ 上单调, $\lim\limits_{x\to+\infty} f(x)=0$, 不能推出 $\int_0^{+\infty} f(x)\mathrm{d}x$ 收敛.

(2) 若 $\int_a^{+\infty} f(x)\mathrm{d}x$ 收敛, 且 $f(x)$ 单调, 则有 $\lim\limits_{x\to+\infty} xf(x)=0$.

例 6.16 若 $f(x)$ 在 $[0,+\infty)$ 上一致连续 (或更强一些有 $f'(x)$ 有界), 则证明 $\int_0^{+\infty} f(x)\mathrm{d}x$ 收敛可推出 $\lim\limits_{x\to+\infty} f(x)=0$.

证明 若 $\lim\limits_{x\to+\infty} f(x)\neq 0$, 则存在 $\varepsilon_0>0$, 对任意的 $A>0$, 存在 $x_0>A$, 使得 $|f(x_0)|\geqslant\varepsilon_0$. 又 $f(x)$ 在 $[0,+\infty)$ 上一致连续, 故对上述的 $\varepsilon_0>0$, 存在 $\delta>0$, $|x'-x''|<\delta$ 时, 有 $|f(x')-f(x'')|<\dfrac{\varepsilon_0}{2}$. 特别地, 当 $x\in[x_0,x_0+\delta]$ 时, 有 $|f(x)-f(x_0)|<\dfrac{\varepsilon_0}{2}$, 即 $f(x_0)-\dfrac{\varepsilon_0}{2}<f(x)<f(x_0)+\dfrac{\varepsilon_0}{2}$. 于是, 若 $f(x_0)>\dfrac{\varepsilon_0}{2}$, 则有

$$f(x)>f(x_0)-\frac{\varepsilon_0}{2}>\frac{\varepsilon_0}{2}.$$

若 $f(x_0)<-\dfrac{\varepsilon_0}{2}$, 则有

$$f(x)<f(x_0)+\frac{\varepsilon_0}{2}<-\frac{\varepsilon_0}{2}.$$

因此, 总有

$$\left|\int_{x_0}^{x_0+\delta} f(x)\mathrm{d}x\right|>\frac{\varepsilon_0}{2}\delta.$$

根据 Cauchy 收敛原理, $\int_0^{+\infty} f(x)\mathrm{d}x$ 发散, 矛盾. 因此, $\lim\limits_{x\to+\infty} f(x)=0$.

例 6.17 若 $f(x)$ 连续可微, $\int_0^{+\infty} f(x)\mathrm{d}x$ 和 $\int_0^{+\infty} f'(x)\mathrm{d}x$ 都收敛, 则证明 $\lim\limits_{x\to+\infty} f(x)=0$.

证明 用反证法证明. 假设 $\lim\limits_{x\to+\infty} f(x)\neq 0$. 则存在 $\varepsilon_0>0$, 以及 $x_n\to+\infty$, 使得 $|f(x_n)|\geqslant\varepsilon_0$. 不妨设 $\{f(x_n)\}$ 中有无穷多项为正 (无穷多项为负的情形可类似证明). 将所有负项去掉, 所得的子列仍记为 $\{f(x_n)\}$, 于是, $f(x_n)\geqslant\varepsilon_0$, $n=1,2,\cdots$.

另一方面, 因为 $\int_0^{+\infty} f(x)\mathrm{d}x$ 收敛, 故存在 $y_m\to+\infty$, 使得 $f(y_m)<\dfrac{\varepsilon_0}{2}$, $m=1,2,\cdots$. 若不然, 则存在 $M>0$, 当 $x>M$ 时, $f(x)\geqslant\dfrac{\varepsilon_0}{2}$, 于是, 当 $A>M$ 时, 有

$$\int_A^{2A} f(x)\mathrm{d}x\geqslant\frac{\varepsilon_0}{2}A\to+\infty,\quad A\to+\infty.$$

这与 $\int_0^{+\infty} f(x)\mathrm{d}x$ 收敛矛盾.

现在, 对任意 n, m 有

$$\left|\int_{y_m}^{x_n} f'(x)\mathrm{d}x\right| = |f(x_n) - f(y_m)| \geqslant \frac{\varepsilon_0}{2} > 0.$$

这与 $\int_0^{+\infty} f'(x)\mathrm{d}x$ 收敛矛盾.

例6.18　若 $f(x)$ 在 $[0, +\infty)$ 上有连续的一阶导数, 且 $\int_0^{+\infty}(f^2(x)+f'^2(x))\mathrm{d}x$ 收敛, 则证明 $\lim\limits_{x\to+\infty} f(x) = 0$.

证明　由于

$$|f(x)f'(x)| \leqslant \frac{f^2(x)+f'^2(x)}{2},$$

故由 $\int_0^{+\infty}(f^2(x)+f'^2(x))\mathrm{d}x$ 收敛知 $\int_0^{+\infty} f(x)f'(x)\mathrm{d}x$ 绝对收敛. 于是

$$\int_0^{+\infty} f(x)f'(x)\mathrm{d}x = \left.\frac{f^2(x)}{2}\right|_0^{+\infty} = \frac{1}{2}\left(\lim_{x\to+\infty} f^2(x) - f^2(0)\right),$$

从而 $\lim\limits_{x\to+\infty} f^2(x)$ 存在. 假设 $\lim\limits_{x\to+\infty} f^2(x) = A$.

若 $A > 0$, 则存在 $M > 0$, 当 $x > M$ 时, $f^2(x) > A/2$, 从而

$$\int_{M+1}^{M+2}(f^2(x)+f'^2(x))\mathrm{d}x \geqslant \frac{A}{2},$$

这与 $\int_0^{+\infty}(f^2(x)+f'^2(x))\mathrm{d}x$ 收敛矛盾. 因此, $A = 0$, 即 $\lim\limits_{x\to+\infty} f(x) = 0$.

注　虽然 $\int_0^{+\infty} f(x)\mathrm{d}x$ 收敛一般不含有 $\lim\limits_{x\to+\infty} f(x) = 0$, 但我们仍有下面的稍弱的结论.

例 6.19　设 $f(x)$ 在 $[0, +\infty)$ 上连续, $\int_0^{+\infty} f(x)\mathrm{d}x$ 收敛, 则证明存在一个 $[0, +\infty)$ 中的数列 $\{x_n\}$ 满足 $\lim\limits_{n\to\infty} x_n = +\infty$ 且 $\lim\limits_{n\to\infty} f(x_n) = 0$.

证明　因为 $\int_0^{+\infty} f(x)\mathrm{d}x$ 收敛, 所以由 Cauchy 收敛原理知道 $\lim\limits_{n\to\infty}\int_n^{n+1} f(x)\mathrm{d}x = 0$. 另一方面, $f(x)$ 在 $[0, +\infty)$ 上连续, 由积分中值定理知道存在 $\xi_n \in (n, n+1)$ 使得 $f(\xi_n) = \int_n^{n+1} f(x)\mathrm{d}x$. 因此, $\lim\limits_{n\to\infty} f(\xi_n) = 0$, 即 $\{\xi_n\}$ 为满足条件的数列.

6.4 含参变量广义积分的一致收敛性

例 6.20 研究下列积分在指定集合的一致收敛性:

(1) $\displaystyle\int_0^{+\infty} \alpha e^{-\alpha x} dx$ 在 $0 < a \leqslant \alpha \leqslant b$ 以及 $0 \leqslant \alpha \leqslant b$;

(2) $\displaystyle\int_0^{+\infty} x \sin x^3 \sin tx dx$ 在任何有限区间 $t \in [a, b]$;

(3) $\displaystyle\int_0^{+\infty} \frac{\sin x^2}{1+x^p} dx,\ p \geqslant 0$;

(4) $\displaystyle\int_0^{+\infty} \frac{\cos xy}{x^\alpha} dx,\ 0 < \alpha < 1,\ y \geqslant y_0 > 0$ 及 $y > 0$;

(5) $\displaystyle\int_0^{+\infty} e^{-t} \frac{\sin \alpha t}{t} dt$ 在 $(0, +\infty)$.

解 (1) 当 $0 < a \leqslant \alpha \leqslant b$ 时, 有

$$\alpha e^{-\alpha x} \leqslant a e^{-bx}, \quad x \in [0, +\infty),$$

因此, 由 $\displaystyle\int_0^{+\infty} e^{-bx} dx$ 的收敛性及 Weierstrass 判别法知 $\displaystyle\int_0^{+\infty} \alpha e^{-\alpha x} dx$ 在 $0 < a \leqslant \alpha \leqslant b$ 时一致收敛.

令 $y = \alpha x$, 则

$$\int_A^{+\infty} \alpha e^{-\alpha x} dx = \int_{A\alpha}^{+\infty} e^{-y} dy = e^{-A\alpha} \to 1, \quad \alpha \to 0^+.$$

因此, $\displaystyle\int_0^{+\infty} \alpha e^{-\alpha x} dx$ 在 $0 \leqslant \alpha \leqslant b$ 上非一致收敛.

(2) 利用两次分部积分, 得

$$\begin{aligned}
&\left|\int_A^{+\infty} x \sin x^3 \sin tx dx\right| \\
=& \left|\left(-\frac{\cos x^3 \sin tx}{3x} + \frac{t}{3}\frac{\sin x^3 \cos tx}{3x^3}\right)\Big|_A^{+\infty} - \frac{1}{3}\int_A^{+\infty} \frac{\cos x^3 \sin tx}{x^2} dx\right. \\
&\left. -\frac{t}{3}\int_A^{+\infty} \frac{\sin x^3 \cos tx}{x^4} dx + \frac{t^2}{9}\int_A^{+\infty} \frac{\sin x^3 \sin tx}{x^3} dx\right| \\
\leqslant& \frac{1}{3A} + \frac{|t|}{3}\frac{1}{3A^3} + \frac{1}{3}\int_A^{+\infty} \frac{1}{x^2} dx
\end{aligned}$$

$$+\frac{|t|}{3}\int_A^{+\infty}\frac{1}{x^4}\mathrm{d}x+\frac{t^2}{9}\int_A^{+\infty}\frac{1}{x^3}\mathrm{d}x.$$

由此不难知道 $\int_0^{+\infty} x\sin x^3\sin tx\mathrm{d}x$ 在任何有限区间 $[a,b]$ 上一致收敛.

(3) 由于 $\int_0^{+\infty}\sin x^2\mathrm{d}x$ 收敛, 且 $\frac{1}{1+x^p}$ 在 $[0,+\infty)$ 上关于 x 单调减小, 并对 $p\geqslant 0$ 一致地小于 1. 由 Abel 判别法即知

$$\int_0^{+\infty}\frac{\sin x^2}{1+x^p}\mathrm{d}x$$

当 $p\geqslant 0$ 时一致收敛.

(4) 将积分分为两项 $\int_0^1+\int_1^{+\infty}=: I+J$. 由于

$$\frac{\cos xy}{x^\alpha}=O\left(\frac{1}{x^\alpha}\right),$$

故 I 总是一致收敛的. 于是, 我们只要考虑 J 的一致收敛性.

由于

$$\int_A^{+\infty}\frac{\cos xy}{x^\alpha}\mathrm{d}x=y^{\alpha-1}\int_{Ay}^{+\infty}\frac{\cos z}{z^\alpha}\mathrm{d}z.$$

当 $y\geqslant y_0>0$ 时, $y^{\alpha-1}\leqslant y_0^{\alpha-1}$. 由于 $\int_0^{+\infty}\frac{\cos z}{z^\alpha}\mathrm{d}z$ 收敛, 故对任意 $\varepsilon>0$, 存在 $A_0>0$, 当 $A>A_0$ 时, 成立

$$\left|\int_A^{+\infty}\frac{\cos z}{z^\alpha}\mathrm{d}z\right|<\varepsilon.$$

因此, 当 $A>\frac{A_0}{y_0}$ 时, 有

$$\left|\int_{Ay}^{+\infty}\frac{\cos z}{z^\alpha}\mathrm{d}z\right|<\varepsilon,\quad y\geqslant y_0>0.$$

故 J 在 $y\geqslant y_0>0$ 上一致收敛.

当 $y>0$ 时, 无论 A 取多么大, 当 $y=\frac{\pi}{2A}$ 时, 有

$$\left|y^{\alpha-1}\int_{Ay}^{+\infty}\frac{\cos z}{z^\alpha}\mathrm{d}z\right|=\left(\frac{\pi}{2A}\right)^{\alpha-1}\left|\int_{\frac{\pi}{2}}^{+\infty}\frac{\cos z}{z^\alpha}\mathrm{d}z\right|.$$

故当 $y \to 0$ 时,

$$\left|y^{\alpha-1}\int_{Ay}^{+\infty}\frac{\cos z}{z^{\alpha}}\mathrm{d}z\right| \to \infty.$$

因此, J 在 $y>0$ 非一致收敛.

(5) 对任何 $A>0$, 有

$$\left|\int_0^A \mathrm{e}^{-t}\sin\alpha t\mathrm{d}t\right| \leqslant \left|\int_0^A \mathrm{e}^{-t}\mathrm{d}t\right| \leqslant 1,$$

从而 $\displaystyle\int_0^A \mathrm{e}^{-t}\sin\alpha t\mathrm{d}t$ 在 $(0,+\infty)$ 上一致有界.

另一方面, $\dfrac{1}{t}$ 关于 t 单调, 且对任何 $\alpha>0$, 当 $t\to\infty$ 时, $\dfrac{1}{t}$ 一致趋于零, 由 Dirichlet 判别法知道, $\displaystyle\int_0^{+\infty}\mathrm{e}^{-t}\frac{\sin\alpha t}{t}\mathrm{d}t$ 在 $(0,+\infty)$ 上一致收敛.

例 6.21 设 $g(x)$ 是 $[a,+\infty)$ 上的单调递减函数, 且 $\lim\limits_{x\to\infty}g(x)=0$, 对于函数 $f(x,\alpha)$ 存在与 α 无关的常数 M, 使得对任何 $\xi\geqslant a$, 有

$$\left|\int_a^{\xi} f(x,\alpha)\mathrm{d}x\right| \leqslant M, \quad \alpha_0\leqslant\alpha\leqslant\alpha_1.$$

证明: 积分

$$I(\alpha)=\int_0^{\infty} g(x)f(x,\alpha)\mathrm{d}x$$

关于 α 在 $[\alpha_0,\alpha_1]$ 上一致收敛.

证明 由积分第二中值定理, 对于任何 $A''>A'>a$, 存在 $\xi\in(A',A'')$, 使得

$$\int_{A'}^{A''} g(x)f(x,\alpha)\mathrm{d}x = g(A'')\int_{A'}^{\xi} f(x,\alpha)\mathrm{d}x.$$

因为 $\lim\limits_{x\to\infty}g(x)=0$, 所以对任意 $\varepsilon>0$, 当 A'' 充分大以后, 有

$$0<g(x)<\frac{\varepsilon}{2M}.$$

于是

$$\left|\int_{A'}^{A''} g(x)f(x,\alpha)\mathrm{d}x\right| \leqslant \frac{\varepsilon}{2M}\left|\int_{A'}^{\xi} f(x,\alpha)\mathrm{d}x\right|$$

$$\leqslant \frac{\varepsilon}{2M}\left|\int_a^{\xi} f(x,\alpha)\mathrm{d}x - \int_a^{A'} f(x,\alpha)\mathrm{d}x\right|$$
$$\leqslant \frac{\varepsilon}{2M}2M = \varepsilon.$$

由 Cauchy 收敛原理, 结论得证.

例 6.22 设 $\{f_n(x)\}$ 是 $[0,+\infty)$ 上的连续函数列, 满足 (i) 在 $[0,+\infty)$ 上, $|f_n(x)| \leqslant g(x)$, 且 $\int_0^{+\infty} g(x)\mathrm{d}x$ 收敛; (ii) 任意有限区间 $[a,A](A>0)$ 上, 序列 $\{f_n(x)\}$ 一致收敛于 $f(x)$. 证明:

$$\lim_{n\to\infty}\int_0^{+\infty} f_n(x)\mathrm{d}x = \int_0^{+\infty} f(x)\mathrm{d}x.$$

证明 只要证明对任意 $\varepsilon>0$, 存在正整数 N, 当 $n>N$ 时有

$$\left|\int_0^{+\infty} f_n(x)\mathrm{d}x - \int_0^{+\infty} f(x)\mathrm{d}x\right| < \varepsilon.$$

因为 $\int_0^{+\infty} g(x)\mathrm{d}x$ 收敛, 故存在 $A>0$ 使得

$$0 \leqslant \int_A^{+\infty} g(x)\mathrm{d}x < \frac{\varepsilon}{3}. \tag{6.4.1}$$

又 $\{f_n(x)\}$ 在 $[0,A]$ 上一致收敛于 $f(x)$, 对于上述 $\varepsilon, \exists N>0$, 当 $n>N$ 时有

$$|f_n(x)-f(x)| < \frac{\varepsilon}{3A}. \tag{6.4.2}$$

题设条件知 $|f(x)| \leqslant g(x), x\in[0,+\infty)$. 因此, 由 (6.4.1), (6.4.2) 得

$$\begin{aligned}
&\left|\int_0^{+\infty} f_n(x)\mathrm{d}x - \int_0^{+\infty} f(x)\mathrm{d}x\right| \\
\leqslant& \int_0^{A} |f_n(x)-f(x)|\mathrm{d}x + \int_A^{+\infty} |f_n(x)|\mathrm{d}x + \int_A^{+\infty} |f(x)|\mathrm{d}x \\
\leqslant& \int_0^{A} |f_n(x)-f(x)|\mathrm{d}x + \int_A^{+\infty} g(x)\mathrm{d}x + \int_A^{\infty} g(x)\mathrm{d}x \\
<& \frac{\varepsilon}{3}+\frac{\varepsilon}{3}+\frac{\varepsilon}{3} = \varepsilon.
\end{aligned}$$

例 6.23 设函数 $f(t)$ 在 $(0,+\infty)$ 上连续, 如果积分 $\int_0^{+\infty} t^\lambda f(t)\mathrm{d}t$ 在 $\lambda=a$ 和 $\lambda=b$ 时收敛 $(a<b)$, 则证明 $\int_0^{+\infty} t^\lambda f(t)\mathrm{d}t$ 在 $[a,b]$ 上一致收敛.

证明 由于

$$\int_0^{+\infty} t^\lambda f(t)\mathrm{d}t=\int_0^1 t^\lambda f(t)\mathrm{d}t+\int_1^{+\infty} t^\lambda f(t)\mathrm{d}t,$$

所以只要证明 $\int_0^1 t^\lambda f(t)\mathrm{d}t$ 与 $\int_1^{+\infty} t^\lambda f(t)\mathrm{d}t$ 都在 $[a,b]$ 上一致收敛即可. 由 $\int_1^{+\infty} t^b f(t)\mathrm{d}t$ 收敛可知, 对任意 $\varepsilon>0$, 存在 $A_0\geqslant 1$, 当 $A_2>A_1>A_0$ 时, 有

$$\left|\int_{A_1}^{A_2} t^b f(t)\mathrm{d}t\right|<\varepsilon.$$

于是, 由积分第二中值定理, 有

$$\begin{aligned}\left|\int_{A_1}^{A_2} t^\lambda f(t)\mathrm{d}t\right|&=\left|\int_{A_1}^{A_2} t^{\lambda-b}t^b f(t)\mathrm{d}t\right|\\&=A_1^{\lambda-b}\left|\int_{A_1}^{\xi} t^b f(t)\mathrm{d}t\right|\quad(\xi\geqslant A_1)\\&\leqslant\left|\int_{A_1}^{\xi} t^b f(t)\mathrm{d}t\right|<\varepsilon,\end{aligned}$$

这表明 $\int_1^{+\infty} t^\lambda f(t)\mathrm{d}t$ 在 $[a,b]$ 上一致收敛.

同理, 由 $\int_0^1 t^a f(t)\mathrm{d}t$ 的收敛性可证 $\int_0^1 t^\lambda f(t)\mathrm{d}t$ 在 $[a,b]$ 上一致收敛.

例 6.24 设函数 $f(x,y)$ 在 $a\leqslant x<+\infty$, $c\leqslant y\leqslant d$ 上连续, 当 $y\in[c,d)$ 时积分 $\int_a^{+\infty} f(x,y)\mathrm{d}x$ 收敛, $\int_a^{+\infty} f(x,d)\mathrm{d}x$ 发散. 证明: $\int_a^{+\infty} f(x,y)\mathrm{d}x$ 在 $[c,d)$ 上非一致收敛.

证明 因为 $\int_a^{+\infty} f(x,d)\mathrm{d}x$ 发散, 所以存在 $\varepsilon_0>0$, 对任意 $A>a$, 存在 $A_2>A_1>A$, 使得

$$\left|\int_{A_1}^{A_2} f(x,d)\mathrm{d}x\right|\geqslant 2\varepsilon_0.$$

由于 $f(x,y)$ 在 $a \leqslant x < +\infty$, $c \leqslant y \leqslant d$ 上连续, 故在有界闭区域 $[A_1, A_2] \times [c,d]$ 上一致连续, 于是存在 $\delta > 0$, 对任意 $x_1, x_2 \in [A_1, A_2]$ 及 $y_1, y_2 \in [c,d]$, 当 $|x_1 - x_2| < \delta$, $|y_1 - y_2| < \delta$ 时, 有

$$|f(x_1,y_1) - f(x_2,y_2)| < \frac{\varepsilon_0}{A_2 - A_1}.$$

特别地, 当 $|y-d| < \delta$ 时,

$$|f(x,y) - f(x,d)| < \frac{\varepsilon_0}{A_2 - A_1},$$

$$\left|\int_{A_1}^{A_2} (f(x,y) - f(x,d))\mathrm{d}x\right| < \varepsilon_0.$$

因此,

$$\begin{aligned}\left|\int_{A_1}^{A_2} f(x,y)\mathrm{d}x\right| &= \left|\int_{A_1}^{A_2} (f(x,y) - f(x,d))\mathrm{d}x + \int_{A_1}^{A_2} f(x,d)\mathrm{d}x\right| \\ &\geqslant \left|\int_{A_1}^{A_2} f(x,d)\mathrm{d}x\right| - \left|\int_{A_1}^{A_2} (f(x,y) - f(x,d))\mathrm{d}x\right| > 2\varepsilon_0 - \varepsilon_0 = \varepsilon_0.\end{aligned}$$

由 Cauchy 收敛原理知道 $\displaystyle\int_a^{+\infty} f(x,y)\mathrm{d}x$ 在 $[c,d)$ 上非一致收敛.

6.5 含参变量积分的解析性质

例 6.25 设 $F(x) = \displaystyle\int_a^b f(y)|x-y|\mathrm{d}y$, 其中 $a < b$, $f(x)$ 连续, 求 $F''(x)$.

解 容易求得

$$F(x) = \begin{cases} -\displaystyle\int_a^b f(y)(x-y)\mathrm{d}y, & x \leqslant a, \\ \displaystyle\int_a^x (x-y)f(y)\mathrm{d}y - \int_x^b (x-y)f(y)\mathrm{d}y, & a < x < b, \\ \displaystyle\int_a^b (x-y)f(y)\mathrm{d}y, & x \geqslant b. \end{cases}$$

因此

$$F'(x)=\begin{cases}-\displaystyle\int_a^b f(y)\mathrm{d}y, & x\leqslant a,\\ \displaystyle\int_a^x f(y)\mathrm{d}y-\int_x^b f(y)\mathrm{d}y, & a<x<b,\\ \displaystyle\int_a^b f(y)\mathrm{d}y, & x\geqslant b.\end{cases}$$

$$F''(x)=\begin{cases}0, & x\leqslant a,\\ 2f(x), & a<x<b,\\ 0, & x\geqslant b.\end{cases}$$

例 6.26 设 $F(x,y)=\displaystyle\int_{x/y}^{xy}(x-yz)f(z)\mathrm{d}z$, 其中 $f(z)$ 可微, 求 $F''_{xy}(x,y)$.

解 先对 x 求导得

$$F'_x(x,y)=\int_{x/y}^{xy}f(z)\mathrm{d}z+xy(1-y^2)f(x,y).$$

再对 y 求导得

$$F''_{xy}(x,y)=x(2-3y^2)f(xy)+\frac{x}{y}f\left(\frac{x}{y}\right)+x^2y(1-y^2)f'(xy).$$

例 6.27 设积分 $\displaystyle\int_{-\infty}^{+\infty}f(x)\mathrm{d}x$ 绝对收敛, 证明: 函数

$$g(\alpha)=\int_{-\infty}^{+\infty}f(x)\cos\alpha x\mathrm{d}x$$

在 $(-\infty,+\infty)$ 上一致连续.

证明 注意到

$$|f(x)\cos\alpha x|\leqslant|f(x)|,\quad \alpha\in(-\infty,+\infty),$$

则由 Weierstrass 判别法知道, $\displaystyle\int_{-\infty}^{+\infty}f(x)\cos\alpha x\mathrm{d}x$ 在 $(-\infty,+\infty)$ 上一致收敛, 因此, $g(\alpha)$ 在 $(-\infty,+\infty)$ 上连续. 又当 $-A\leqslant x\leqslant A$ 时,

$$|\cos\alpha_1x-\cos\alpha_2x|=2\left|\sin\frac{\alpha_1+\alpha_2}{2}x\sin\frac{\alpha_1-\alpha_2}{2}x\right|\leqslant A|\alpha_1-\alpha_2|,$$

故有

$$
\begin{aligned}
|g(\alpha_1)-g(\alpha_2)| &\leqslant \int_{-\infty}^{+\infty}|f(x)||\cos\alpha_1 x-\cos\alpha_2 x|\mathrm{d}x \\
&\leqslant 2\int_{-\infty}^{-A}|f(x)|\mathrm{d}x + A\int_{-A}^{A}|f(x)||\alpha_1-\alpha_2|\mathrm{d}x + 2\int_{A}^{+\infty}|f(x)|\mathrm{d}x.
\end{aligned}
$$

已知 $\int_{-\infty}^{+\infty} f(x)\mathrm{d}x$ 绝对收敛, 所以当正数 A 充分大时, 有

$$
2\int_{-\infty}^{A}|f(x)|\mathrm{d}x + 2\int_{A}^{+\infty}|f(x)|\mathrm{d}x < \frac{\varepsilon}{2}.
$$

现将 A 固定, 取 $\delta = \dfrac{\varepsilon}{1+2A\displaystyle\int_{-\infty}^{+\infty}|f(x)|\mathrm{d}x}$, 则当 $|\alpha_1-\alpha_2|<\delta$ 时, 就有

$$
A\int_{-A}^{A}|f(x)||\alpha_1-\alpha_2|\mathrm{d}x < \frac{\varepsilon}{2}.
$$

综上可得

$$
|g(\alpha_1)-g(\alpha_2)| < \varepsilon.
$$

因此, $g(\alpha)$ 在 $(-\infty,+\infty)$ 上一致连续.

例 6.28　证明: 含参量广义积分 $F(\alpha)=\int_0^{+\infty}\sqrt{\alpha}\mathrm{e}^{-\alpha x^2}\mathrm{d}x$ 在区间 $(0,+\infty)$ 上非一致收敛, 但有连续的导函数.

证明　显然, $\int_0^{+\infty}\sqrt{\alpha}\mathrm{e}^{-\alpha x^2}\mathrm{d}x$ 在 $(0,+\infty)$ 上收敛, 即 $F(\alpha)$ 在 $(0,+\infty)$ 上有定义.

对任意的 $A>0$, 有

$$
\int_A^{2A}\sqrt{\alpha}\mathrm{e}^{-\alpha x^2}\mathrm{d}x = \int_{\sqrt{\alpha}A}^{2\sqrt{\alpha}A}\mathrm{e}^{-t^2}\mathrm{d}t.
$$

取 $\alpha = A^{-2}$, 则

$$
\int_A^{2A}\sqrt{\alpha}\mathrm{e}^{-\alpha x^2}\mathrm{d}x = \int_1^{2}\mathrm{e}^{-t^2}\mathrm{d}t > \mathrm{e}^{-4} > 0.
$$

故由 Cauchy 收敛原理知, 含参变量广义积分 $F(\alpha)=\int_0^{+\infty}\sqrt{\alpha}\mathrm{e}^{-\alpha x^2}\mathrm{d}x$ 在区间 $(0,+\infty)$ 上非一致收敛.

下证 $F(\alpha)$ 有连续的导函数. 对任意取定 $x_0 \in (0,+\infty)$, 则存在常数 $a,b>0$, 使得 $a<x_0<b$. 当 $x \in [a,b]$ 时, 有

$$\left|\frac{\partial}{\partial \alpha}(\sqrt{\alpha}\mathrm{e}^{-\alpha x^2})\right| = \left|\left(\frac{1}{2\sqrt{\alpha}}-\sqrt{\alpha}x^2\right)\mathrm{e}^{-\alpha x^2}\right| \leqslant \left(\frac{1}{2\sqrt{a}}+\sqrt{b}x^2\right)\mathrm{e}^{-ax^2}.$$

因为

$$\int_0^{+\infty}\left(\frac{1}{2\sqrt{a}}+\sqrt{b}x^2\right)\mathrm{e}^{-ax^2}$$

收敛, 故由 Weierstrass 判别法可知

$$\int_0^{+\infty}\frac{\partial}{\partial \alpha}(\sqrt{\alpha}\mathrm{e}^{-\alpha x^2})\mathrm{d}x$$

在 $[a,b]$ 上一致收敛. 于是 $F(\alpha)=\displaystyle\int_0^{+\infty}\sqrt{\alpha}\mathrm{e}^{-\alpha x^2}\mathrm{d}x$ 在 $[a,b]$ 上有连续的导函数, 从而在 x_0 处有连续的导函数. 由 $x_0 \in (0,+\infty)$ 的任意性可知, $F(\alpha)$ 在区间 $(0,+\infty)$ 上有连续的导函数.

例 6.29 讨论 $F(\alpha)=\displaystyle\int_0^{+\infty}\frac{\ln(1+x^3)}{x^\alpha}\mathrm{d}x$ 的连续性.

解 将积分分解为

$$F(\alpha)=\int_0^1\frac{\ln(1+x^3)}{x^\alpha}\mathrm{d}x+\int_1^{+\infty}\frac{\ln(1+x^3)}{x^\alpha}\mathrm{d}x =: I+J.$$

注意到

$$\frac{\ln(1+x^3)}{x^\alpha}\sim\frac{1}{x^{\alpha-3}},\quad x\to 0^+,$$

故 I 在 $\alpha-3<1$ 即 $\alpha<4$ 时收敛.

若 $\alpha>1$, 则存在 $\beta\in(1,\alpha)$, 当 $x\to\infty$ 时,

$$\frac{\ln(1+x^3)}{x^\alpha}=O\left(\frac{1}{x^\beta}\right).$$

由 $\displaystyle\int_1^{+\infty}\frac{1}{x^\beta}\mathrm{d}x$ 的收敛性即知 J 在 $\alpha>1$ 时收敛.

若 $\alpha\leqslant 1$, 则当 $x\to\infty$ 时, 有

$$\frac{\ln(1+x^3)}{x^\alpha}\leqslant\frac{\ln(1+x^3)}{x}\sim\frac{\ln x^3}{x}=\frac{3\ln x}{x},$$

由于 $\int_1^{+\infty}\frac{\ln x}{x}\mathrm{d}x$ 发散, 故 J 在 $\alpha\leqslant 1$ 时发散.

综上, $F(\alpha)$ 在 $(1,4)$ 上有定义. 下证 $F(\alpha)$ 在 $(1,4)$ 上连续, 这只需证明其在 $(1,4)$ 内闭一致收敛.

任意取定 $(1,4)$ 的一个闭子区间 $[a,b]$. 当 $x\in[0,1]$ 时, 有

$$\frac{\ln(1+x^3)}{x^\alpha}\sim\frac{1}{x^{\alpha-3}}\leqslant\frac{1}{x^{b-3}}.$$

因此, 由 $\int_0^1\frac{1}{x^{b-3}}\mathrm{d}x$ 的收敛性和 Weierstrass 定理知道, I 在 $[a,b]$ 上一致收敛. 当 $x\in[1,+\infty)$ 时, 有

$$\frac{\ln(1+x^3)}{x^\alpha}\leqslant\frac{\ln(1+x^3)}{x^a},$$

因此, 由 $\int_1^{+\infty}\frac{\ln(1+x^3)}{x^a}\mathrm{d}x$ 的收敛性和 Weierstrass 定理知道, J 在 $[a,b]$ 上一致收敛.

例 6.30　讨论 $F(x)=\int_0^{+\infty}\mathrm{e}^{-(x-y)^2}\mathrm{d}y$ 在 $(-\infty,+\infty)$ 的连续性和可微性.

解　为了说明 $F(x)$ 在 $(-\infty,+\infty)$ 连续, 只要证明 $\int_0^{+\infty}\mathrm{e}^{-(x-y)^2}\mathrm{d}y$ 在 $(-\infty,+\infty)$ 内闭一致收敛即可. 为此, 任取一个闭区间 $[\alpha,\beta]$, 记 $A=\max(|\alpha|,|\beta|), B=\min(|\alpha|,|\beta|)$, 则有

$$\left|\mathrm{e}^{-(x-y)^2}\right|=\mathrm{e}^{-x^2}\mathrm{e}^{2xy}\mathrm{e}^{-y^2}\leqslant\mathrm{e}^{-B^2}\mathrm{e}^{2Ay-y^2}.$$

利用 $\int_0^{+\infty}\mathrm{e}^{-B^2}\mathrm{e}^{2Ay-y^2}$ 的收敛性即知, $\int_0^{+\infty}\mathrm{e}^{-(x-y)^2}\mathrm{d}y$ 在 $[\alpha,\beta]$ 一致收敛, 故在 $(-\infty,+\infty)$ 内闭一致收敛.

下面考察 $F(x)$ 的可微性. 易知

$$\frac{\partial}{\partial x}\mathrm{e}^{-(x-y)^2}=-2x\mathrm{e}^{-(x-y)^2}.$$

因为

$$\left|2x\mathrm{e}^{-(x-y)^2}\right|\leqslant 2A\mathrm{e}^{-B^2}\mathrm{e}^{2Ay-y^2},$$

且 $\int_0^{+\infty} \mathrm{e}^{-B^2}\mathrm{e}^{2Ay-y^2}$ 收敛, 所以

$$\int_0^{+\infty} \frac{\partial}{\partial x}\mathrm{e}^{-(x-y)^2}\mathrm{d}y = -\int_0^{+\infty} 2x\mathrm{e}^{-(x-y)^2}\mathrm{d}y$$

在 $[\alpha,\beta]$ 内一致收敛, 故在 $(-\infty,+\infty)$ 上内闭一致收敛. 因此, $F(x)$ 在 $(-\infty,+\infty)$ 上可微.

注 (1) 在证明过程中, 我们利用了积分 $\int_0^{+\infty} \mathrm{e}^{-(x-y)^2}\mathrm{d}y$ 在 $(-\infty,+\infty)$ 上的内闭一致收敛性. 要注意的是 $\int_0^{+\infty} \mathrm{e}^{-(x-y)^2}\mathrm{d}y$ 在 $(-\infty,+\infty)$ 并非一致收敛. 事实上, 对于任一常数 A, 有

$$\int_A^{+\infty} \mathrm{e}^{-(x-y)^2}\mathrm{d}y = \int_{A-x}^{+\infty} \mathrm{e}^{-y^2}\mathrm{d}y \to \sqrt{\pi}, \quad x\to+\infty.$$

因而, $\int_0^{+\infty} \mathrm{e}^{-(x-y)^2}\mathrm{d}y$ 在 $(-\infty,+\infty)$ 上非一致收敛.

(2) 我们还可以利用变上限积分来证明结论. 令 $y-x=t$, 则

$$\begin{aligned} F(x) &= \int_{-x}^{+\infty} \mathrm{e}^{-t^2}\mathrm{d}t = \int_{-x}^{0} \mathrm{e}^{-t^2}\mathrm{d}t + \int_0^{+\infty} \mathrm{e}^{-t^2}\mathrm{d}t \\ &= \frac{\sqrt{\pi}}{2} + \int_0^x \mathrm{e}^{-t^2}\mathrm{d}t. \end{aligned}$$

故 $F(x)$ 的连续性和可微性由 $\int_0^x \mathrm{e}^{-t^2}\mathrm{d}t$ 的相应性质即得.

例 6.31 设对任意 $a>0, f(x)$ 在 $[0,a]$ 上可积, 且 $\lim\limits_{x\to+\infty} f(x)=A$. 证明:

$$\lim_{\alpha\to0^+} \alpha\int_0^{+\infty} \mathrm{e}^{-\alpha x}f(x)\mathrm{d}x = A.$$

证明 由于 $\lim\limits_{x\to+\infty} f(x)=A$, 则对任意的 $\varepsilon>0$, 存在 $M>0$, 当 $x>M$ 时, 有

$$|f(x)-A| < \frac{\varepsilon}{2}.$$

因为 $\alpha\int_0^{+\infty} \mathrm{e}^{-\alpha x}\mathrm{d}x = 1$, 所以

$$\left|\alpha\int_0^{+\infty} \mathrm{e}^{-\alpha x}f(x)\mathrm{d}x - A\right| \leqslant \alpha\int_0^{+\infty} \mathrm{e}^{-\alpha x}|f(x)-A|\mathrm{d}x$$

$$\leqslant \alpha \int_0^M \mathrm{e}^{-\alpha x}|f(x)-A|\mathrm{d}x + \frac{\varepsilon}{2}\alpha\int_M^{+\infty}\mathrm{e}^{-\alpha x}\mathrm{d}x$$
$$< \alpha \int_0^M \mathrm{e}^{-\alpha x}|f(x)-A|\mathrm{d}x + \frac{\varepsilon}{2}.$$

由于 $f(x)$ 在 $[0,M]$ 上可积, 故存在 $C>0$, 使得对任意 $x\in[0,M]$, 都有 $|f(x)|\leqslant C$. 对上述 $\varepsilon>0$, 取 $\delta=\dfrac{\varepsilon}{2M(A+C)}>0$, 则当 $\alpha\in(0,\delta)$ 时, 有

$$\alpha\int_0^M \mathrm{e}^{-\alpha x}|f(x)-A|\mathrm{d}x < M(A+C)\delta = \frac{\varepsilon}{2}.$$

于是

$$\left|\alpha\int_0^{+\infty}\mathrm{e}^{-\alpha x}f(x)\mathrm{d}x - A\right| < \frac{\varepsilon}{2}+\frac{\varepsilon}{2}=\varepsilon.$$

这就证明了

$$\lim_{\alpha\to 0^+}\alpha\int_0^{+\infty}\mathrm{e}^{-\alpha x}f(x)\mathrm{d}x = A.$$

例 6.32　求 $\displaystyle\lim_{n\to\infty}\int_0^1\frac{\mathrm{d}x}{1+\left(1+\frac{x}{n}\right)^n}$.

解　记

$$f_n(x):=\frac{1}{1+\left(1+\frac{x}{n}\right)^n},$$

则 $f_n(x)$ 在 $[0,1]$ 上连续, 关于 n 单调, 且 $\displaystyle\lim_{n\to\infty}f_n(x)=\frac{1}{1+\mathrm{e}^x}\in C[0,1]$. 由 Dini 定理, $\{f_n(x)\}$ 在 $[0,1]$ 上一致收敛于 $\dfrac{1}{1+\mathrm{e}^x}$. 因此

$$\lim_{n\to\infty}\int_0^1\frac{\mathrm{d}x}{1+\left(1+\frac{x}{n}\right)^n}=\int_0^1\frac{\mathrm{d}x}{1+\mathrm{e}^x}=\ln\frac{2\mathrm{e}}{1+\mathrm{e}}.$$

练习 6.2　说明下列函数在指定区间的连续性.

(1) $F(x)=\displaystyle\int_0^{+\infty}\frac{\mathrm{e}^{-xu^2}}{1+u^2}\mathrm{d}u,\ x\in[0,+\infty)$;

(2) $F(\alpha)=\displaystyle\int_1^{+\infty}\frac{\cos x}{x^\alpha}\mathrm{d}x,\ \alpha\in(0,+\infty)$;

(3) $F(\alpha)=\int_0^{\pi}\frac{\sin x}{x^{\alpha}(\pi-\alpha)}dx,\ \alpha\in(0,2)$;

(4) $F(\alpha)=\int_0^{+\infty}\frac{e^{-x}}{|\sin x|^{\alpha}}dx,\ \alpha\in(0,1)$.

6.6 广义积分的计算

例 6.33 计算 $\int_0^1\frac{\ln x}{1-x}dx$.

解 因为 $\lim\limits_{x\to 1-0}\frac{\ln x}{1-x}=-1$, 所以 $x=1$ 不是瑕点. 显然, $x=0$ 为积分的瑕点. 因为被积函数在 $(0,1)$ 符号恒定, 所以适用比较判别法. 注意到

$$\frac{\ln x}{1-x}\sim\ln x,\quad x\to 0^+,$$

而 $\int_0^1\ln x dx$ 收敛, 因此, $\int_0^1\frac{\ln x}{1-x}dx$ 收敛.

令 $1-x=t$, 则

$$\begin{aligned}\int_0^1\frac{\ln x}{1-x}dx&=\int_0^1\frac{\ln(1-t)}{t}dt=-\int_0^1\frac{1}{t}\left(t+\frac{t^2}{2}+\cdots\right)dt\\&=-\int_0^1\left(1+\frac{t}{2}+\frac{t^3}{3}+\cdots\right)dt\\&=-\left(1+\frac{1}{2^2}+\frac{1}{3^2}+\cdots\right)=-\frac{\pi^2}{6}.\end{aligned}$$

例 6.34 计算 $I=\int_0^{+\infty}\frac{dx}{x^3\left(e^{\frac{\pi}{x}}-1\right)}$.

解 令 $y=\frac{\pi}{x}$, 则

$$I=\frac{1}{\pi^2}\int_0^{+\infty}\frac{y}{e^y-1}dy.$$

利用展开式

$$\frac{1}{e^y-1}=\frac{e^{-y}}{1-e^{-y}}=\sum_{k=1}^{\infty}e^{-ky}$$

及级数 $\sum\limits_{k=1}^{\infty} y\mathrm{e}^{-ky}$ 在任意区间 $[a,A]\subset(0,+\infty)$ 上的一致收敛性, 得

$$\begin{aligned}\lim_{a\to0,A\to\infty}\int_a^A \frac{y}{\mathrm{e}^y-1}\mathrm{d}y &= \lim_{a\to0,A\to\infty}\int_a^A\sum_{k=1}^{\infty} y\mathrm{e}^{-ky}\mathrm{d}y\\ &= \lim_{a\to0,A\to\infty}\sum_{k=1}^{\infty}\int_a^A y\mathrm{e}^{-ky}\mathrm{d}y\\ &= \lim_{a\to0,A\to\infty}\sum_{k=1}^{\infty}\left(-\frac{1}{k^2}\mathrm{e}^{-ky}\right)\Bigg|_a^A\\ &= \sum_{k=1}^{\infty}\frac{1}{k^2}=\frac{\pi^2}{6}.\end{aligned}$$

因此,

$$\int_0^{+\infty}\frac{\mathrm{d}x}{x^3\left(\mathrm{e}^{\frac{\pi}{x}}-1\right)}=\frac{1}{\pi^2}\frac{\pi^2}{6}=\frac{1}{6}.$$

例 6.35　计算 $I=\displaystyle\int_0^{\frac{\pi}{2}}\ln\sin x\mathrm{d}x$.

解　易知积分收敛. 作变量替换 $x=2t$, 得

$$\begin{aligned}I=\int_0^{\frac{\pi}{2}}\ln\sin x\mathrm{d}x &= 2\int_0^{\frac{\pi}{4}}\ln\sin 2t\mathrm{d}t\\ &= \frac{\pi}{2}\ln 2+2\int_0^{\frac{\pi}{4}}\ln\sin t\mathrm{d}t+2\int_0^{\frac{\pi}{4}}\ln\cos t\mathrm{d}t.\end{aligned}$$

由于

$$\int_0^{\frac{\pi}{4}}\ln\cos t\mathrm{d}t=\int_{\frac{\pi}{4}}^{\frac{\pi}{2}}\ln\sin t\mathrm{d}t,$$

故

$$I=\frac{\pi}{2}\ln 2+2I,$$

从而

$$I=-\frac{\pi}{2}\ln 2.$$

例 6.36 证明 $I=\int_0^1\frac{(\ln x)^2}{1+x^2}\mathrm{d}x=\frac{1}{2}\int_0^{+\infty}\frac{(\ln x)^2}{1+x^2}\mathrm{d}x.$

证明 令 $t=\frac{1}{x}$, 则有

$$\int_0^1\frac{(\ln x)^2}{1+x^2}\mathrm{d}x=-\int_{-\infty}^1\frac{(\ln t)^2}{1+\frac{1}{t^2}}\frac{1}{t^2}\mathrm{d}t$$

$$=\int_1^{+\infty}\frac{(\ln t)^2}{1+t^2}\mathrm{d}t.$$

于是

$$2\int_0^1\frac{(\ln x)^2}{1+x^2}\mathrm{d}x=\int_0^1\frac{(\ln x)^2}{1+x^2}\mathrm{d}x+\int_1^{+\infty}\frac{(\ln t)^2}{1+t^2}\mathrm{d}t$$

$$=\int_0^{+\infty}\frac{(\ln x)^2}{1+x^2}\mathrm{d}x.$$

例 6.37 计算 $\int_0^1\frac{\ln(1+x)}{1+x^2}\mathrm{d}x.$

解 设 $I(\alpha)=\int_0^1\frac{\ln(1+\alpha x)}{1+x^2}\mathrm{d}x$, 则

$$I'(\alpha)=\int_0^1\frac{x}{(1+\alpha x)(1+x^2)}\mathrm{d}x.$$

因为

$$\frac{x}{(1+\alpha x)(1+x^2)}=\frac{1}{1+\alpha^2}\left(\frac{\alpha+x}{1+x^2}-\frac{\alpha}{1+\alpha x}\right),$$

故

$$I'(\alpha)=\frac{1}{1+\alpha^2}\left[\frac{\pi}{4}\alpha+\frac{1}{2}\ln 2-\ln(1+\alpha)\right].$$

这样

$$I(1)-I(0)=\int_0^1 I'(\alpha)\mathrm{d}\alpha=\frac{\pi}{4}\ln 2-I(1),$$

即

$$I=I(1)=\frac{\pi}{8}\ln 2.$$

例 6.38　计算 $I=\int_0^{+\infty}\frac{\mathrm{d}x}{1+x^4}$.

解　令 $x=\frac{1}{t}$, 则

$$\int_0^{+\infty}\frac{\mathrm{d}x}{1+x^4}=\int_0^{+\infty}\frac{t^2}{1+t^4}\mathrm{d}t.$$

于是

$$\begin{aligned}2I&=\int_0^{+\infty}\frac{1+x^2}{1+x^4}\mathrm{d}x=\int_0^{+\infty}\frac{1+\frac{1}{x^2}}{x^2+\frac{1}{x^2}}\mathrm{d}x\\&=\int_0^{+\infty}\frac{1}{\left(x-\frac{1}{x}\right)^2+2}\mathrm{d}\left(x-\frac{1}{x}\right)\xlongequal{\text{令 } x-\frac{1}{x}=t}\int_{-\infty}^{+\infty}\frac{\mathrm{d}t}{2+t^2}\\&=\frac{1}{\sqrt{2}}\arctan\frac{t}{\sqrt{2}}\bigg|_{-\infty}^{+\infty}=\frac{\pi}{\sqrt{2}}.\end{aligned}$$

因此, $I=\frac{\pi}{2\sqrt{2}}$.

例 6.39　计算下列积分:

(1) $\int_0^1(1-x^2)^n\mathrm{d}x$;　　(2) $\int_0^1\frac{1}{\sqrt[n]{1-x^n}}\mathrm{d}x$.

解　(1) 令 $t=x^2$, 则

$$\begin{aligned}\int_0^1(1-x^2)^n\mathrm{d}x&=\frac{1}{2}\int_0^1(1-t)^nt^{-\frac{1}{2}}\mathrm{d}t=\frac{1}{2}\int_0^1(1-t)^{(n+1)-1}t^{\frac{1}{2}-1}\mathrm{d}t\\&=\frac{1}{2}B\left(\frac{1}{2},n+1\right)=\frac{1}{2}\frac{\Gamma\left(\frac{1}{2}\right)n!}{\Gamma\left(n+\frac{3}{2}\right)}\\&=\frac{2^nn!}{(2n+1)!!}=\frac{(2n)!!}{(2n+1)!!}.\end{aligned}$$

(2) 令 $x^n=t$, 则

$$\int_0^1\frac{1}{\sqrt[n]{1-x^n}}\mathrm{d}x=\frac{1}{n}\int_0^1t^{\frac{1}{n}-1}(1-t)^{\left(1-\frac{1}{n}\right)-1}\mathrm{d}t$$

$$= \frac{1}{n} B\left(\frac{1}{n}, 1-\frac{1}{n}\right) = \frac{1}{n} \frac{\pi}{\sin \dfrac{\pi}{n}}.$$

例 6.40 计算 $\lim\limits_{n\to\infty}\int_0^{+\infty} \mathrm{e}^{-x^n}\mathrm{d}x$.

解 令 $x^n = t$, 则

$$\int_0^{+\infty} \mathrm{e}^{-x^n}\mathrm{d}x = \int_0^{+\infty} \frac{1}{n} t^{\frac{1}{n}-1}\mathrm{e}^{-t}\mathrm{d}t = \frac{1}{n}\Gamma\left(\frac{1}{n}\right)$$

$$= \Gamma\left(\frac{1}{n}+1\right) \to 1, \quad n\to\infty.$$

例 6.41 计算 $\int_0^{+\infty} \frac{\ln x}{1+x^2}\mathrm{d}x$.

解 (**方法一**) 先证 $\int_0^{+\infty} \frac{\ln x}{1+x^2}\mathrm{d}x$ 收敛.

$$\int_0^{+\infty} \frac{\ln x}{1+x^2}\mathrm{d}x = \int_0^1 \frac{\ln x}{1+x^2}\mathrm{d}x + \int_1^{+\infty} \frac{\ln x}{1+x^2}\mathrm{d}x = J_1 + J_2,$$

其中, $J_1 = \int_0^1 \frac{\ln x}{1+x^2}\mathrm{d}x$ 为瑕积分, $x=0$ 是被积函数 $f(x) = \frac{\ln x}{1+x^2}$ 的瑕点, 且当 $x \in (0,1)$ 时, $f(x) < 0$. 由于

$$\lim_{x\to 0^+} \sqrt{x} f(x) = \lim_{x\to 0^+} \frac{\sqrt{x}\ln x}{1+x^2} = 0,$$

故由瑕积分的比较判别法知 J_1 收敛. 又

$$\lim_{x\to+\infty} x^{\frac{3}{2}} f(x) = \lim_{x\to+\infty} \left(x^{\frac{3}{2}} \cdot \frac{\ln x}{1+x^2}\right) = 0,$$

由无穷积分的比较判别法知 $J_2 = \int_1^{+\infty} \frac{\ln x}{1+x^2}\mathrm{d}x$ 收敛. 从而 $\int_0^{+\infty} \frac{\ln x}{1+x^2}\mathrm{d}x$ 收敛.

令 $x = \frac{1}{t}$, 对 $J_2 = \int_1^{+\infty} \frac{\ln x}{1+x^2}\mathrm{d}x$ 作积分变量替换, 得

$$J_2 = \int_1^{+\infty} \frac{\ln x}{1+x^2}\mathrm{d}x = \int_1^0 \frac{\ln \dfrac{1}{t}}{1+\dfrac{1}{t^2}}\left(-\frac{\mathrm{d}t}{t^2}\right) = -\int_0^1 \frac{\ln t}{1+t^2}\mathrm{d}t = -J_1,$$

故原积分 $= 0$.

(方法二) 考虑含参变量的积分

$$I(t)=\int_0^1 \frac{\ln(1+tx)}{1+x^2}\mathrm{d}x.$$

显然, $I(0)=0, I(1)=I$, 且函数 $\dfrac{\ln(1+tx)}{1+x^2}$ 及 $\dfrac{\partial}{\partial t}\left(\dfrac{\ln(1+tx)}{1+x^2}\right)$ 在 $[0,1]$ 上连续, 故有

$$\begin{aligned}
I'(t)&=\int_0^1 \frac{\partial}{\partial t}\left(\frac{\ln(1+tx)}{1+x^2}\right)\mathrm{d}x\\
&=\int_0^1 \frac{x}{(1+x^2)(1+tx)}\mathrm{d}x\\
&=\frac{1}{1+t^2}\int_0^1\left(\frac{t+x}{1+x^2}-\frac{t}{1+tx}\right)\mathrm{d}x\\
&=\frac{1}{1+t^2}\left(\frac{t\pi}{4}+\frac{1}{2}\ln 2-\ln(1+t)\right).
\end{aligned}$$

因此

$$I=I(1)=\int_0^1 \frac{1}{1+t^2}\left(\frac{t\pi}{4}+\frac{1}{2}\ln 2-\ln(1+t)\right)\mathrm{d}t=\frac{\pi}{4}\ln 2-I,$$

即有 $I=\dfrac{\pi}{8}\ln 2$.

例 6.42　计算 $\displaystyle\int_0^1 \frac{\arctan x}{x\sqrt{1-x^2}}\mathrm{d}x$.

解　令

$$f(x,\alpha):=\frac{\arctan \alpha x}{x\sqrt{1-x^2}},\quad F(\alpha):=\int_0^1 f(x,\alpha)\mathrm{d}x,\quad 0\leqslant\alpha\leqslant 1.$$

对任意的 $(x,\alpha)\in(0,1)\times[0,1]$, 有

$$0\leqslant f(x,\alpha)\leqslant\frac{\alpha x}{x\sqrt{1-x^2}}=\frac{1}{\sqrt{1-x^2}},$$

$$0\leqslant f_\alpha(x,\alpha)=\frac{1}{(1+\alpha^2x^2)\sqrt{1-x^2}}\leqslant\frac{1}{\sqrt{1-x^2}}.$$

显然, $\int_0^1 \frac{\mathrm{d}x}{\sqrt{1-x^2}}$ 收敛. 因此, $\int_0^1 f_\alpha(x,\alpha)\mathrm{d}x$ 在 $[0,1]$ 上一致收敛, 从而 $F(\alpha)$ 在 $[0,1]$ 上可导, 且

$$\begin{aligned}
F'(\alpha) &= \int_0^1 f_\alpha(x,\alpha)\mathrm{d}x = \int_0^1 \frac{\mathrm{d}x}{(1+\alpha^2x^2)\sqrt{1-x^2}} \\
&= \int_0^{\frac{\pi}{2}} \frac{\mathrm{d}t}{1+\alpha^2\sin^2 t} = -\int_0^{\frac{\pi}{2}} \frac{\mathrm{d}\cot t}{\csc^2 t+\alpha^2} \\
&= \int_0^{+\infty} \frac{\mathrm{d}u}{u^2+1+\alpha^2} = \frac{1}{\sqrt{1+\alpha^2}} \arctan \frac{u}{\sqrt{1+\alpha^2}}\bigg|_0^{+\infty} \\
&= \frac{\pi}{2\sqrt{1+\alpha^2}}.
\end{aligned}$$

注意到 $F(0)=0$, 于是

$$\int_0^1 \frac{\arctan x}{x\sqrt{1-x^2}}\mathrm{d}x = F(1) = \int_0^1 F'(\alpha)\mathrm{d}\alpha = \frac{\pi}{4}\ln 2.$$

例 6.43 求积分 $I(r)=\int_0^\pi \ln(1-2r\cos x+r^2)\mathrm{d}x$.

解 **情形 1** $|r|<1$. 令

$$f(x,r)=\ln(1-2r\cos x+r^2).$$

则 $f(x,r)$ 及 $f_r(x,r)=\frac{-2\cos x+2r}{1-2r\cos x+r^2}$ 都连续. 因此

$$\begin{aligned}
I'(r) &= \int_0^\pi f_r(x,r)\mathrm{d}x = \int_0^\pi \frac{-2\cos x+2r}{1-2r\cos x+r^2}\mathrm{d}x \\
&= \frac{1}{r}\int_0^\pi \left(1-\frac{r^2-1}{1-2r\cos x+r^2}\mathrm{d}x\right) = 0.
\end{aligned}$$

因此, $I(r)$ 是常数函数. 又 $I(0)=0$, 从而此时 $I(r)=0$.

情形 2 $|r|=1$. 利用熟知的积分

$$\int_0^{\pi/2} \ln\sin t\mathrm{d}t = \int_0^{\pi/2} \ln\cos t\mathrm{d}t = -\frac{\pi}{2}\ln 2,$$

易得 $I=0$.

情形 3 $|r|>1$. 利用 $|r|<1$ 时的结论得

$$I(r)=\int_0^{\pi}\ln r^2\mathrm{d}x+\int_0^{\pi}\ln\left(1-2\frac{1}{r}\cos x+\frac{1}{r^2}\right)\mathrm{d}x=\pi\ln r^2.$$

例 6.44 设 $a>0,b>0$, 计算积分 $\displaystyle\int_0^{+\infty}\frac{\mathrm{e}^{-ax}-\mathrm{e}^{-bx}}{x}\mathrm{d}x$.

解 对每一个 $x\in[0,+\infty)$, 有

$$\int_a^b \mathrm{e}^{-xt}\mathrm{d}t=\begin{cases}\dfrac{\mathrm{e}^{-ax}-\mathrm{e}^{-bx}}{x}, & x\neq 0,\\ b-a, & x=0.\end{cases}$$

故所求积分可写为

$$\int_0^{+\infty}\frac{\mathrm{e}^{-ax}-\mathrm{e}^{-bx}}{x}\mathrm{d}x=\int_0^{+\infty}\left(\int_a^b \mathrm{e}^{-xt}\mathrm{d}t\right)\mathrm{d}x,$$

于是由积分 $\displaystyle\int_0^{+\infty}\mathrm{e}^{-xt}\mathrm{d}x$ 在 $[a,b]$ 上一致收敛可知, 上面的积分可以交换顺序, 即

$$\int_0^{+\infty}\frac{\mathrm{e}^{-ax}-\mathrm{e}^{-bx}}{x}\mathrm{d}x=\int_a^b\left(\int_0^{+\infty}\mathrm{e}^{-xt}\mathrm{d}x\right)\mathrm{d}t=\int_a^b\frac{\mathrm{d}t}{t}=\ln\frac{b}{a}.$$

例 6.45 设 $a>0$, 计算积分 $I(a)=\displaystyle\int_0^{\frac{\pi}{2}}\frac{\arctan(a\tan x)}{\tan x}\mathrm{d}x$.

解 作变换 $\tan x=t$, 则

$$I(a)=\int_0^{+\infty}\frac{\arctan(at)}{t(1+t^2)}\mathrm{d}t,\quad I(0)=0.$$

令 $f(t,a)=\dfrac{\arctan(at)}{t(1+t^2)}$, 则 $f(t,a)$ 在 $[0,+\infty)\times[0,+\infty)$ 上连续, 且

$$f_a'(t,a)=\frac{1}{(1+t^2)(1+a^2t^2)},$$

于是 $f_a'(t,a)$ 在 $[0,+\infty)\times[0,+\infty)$ 上连续. 由

$$\int_0^{+\infty}\frac{\mathrm{d}t}{(1+t^2)(1+a^2t^2)}$$

关于 a 在 $[0,+\infty)$ 上一致收敛可知, 当 $a \neq 1$ 时, 有

$$\begin{aligned} I'(a) &= \int_0^{+\infty} f'_a(t,a)\mathrm{d}t \\ &= \int_0^{+\infty} \frac{1}{(1+t^2)(1+a^2t^2)}\mathrm{d}t \\ &= \frac{1}{1-a^2}\int_0^{+\infty}\left(\frac{1}{1+t^2}-\frac{a^2}{1+a^2t^2}\right)\mathrm{d}t \\ &= \frac{\pi}{2(1+a)}. \end{aligned}$$

当 $a=1$ 时, 有

$$I'(1) = \int_0^{+\infty}\frac{1}{(1+t^2)^2}\mathrm{d}t = \frac{1}{2}\int_0^{+\infty}\frac{\mathrm{d}t}{1+t^2} = \frac{\pi}{4}.$$

综上可知, 对所有 $a \in (0,+\infty)$, 有

$$I'(a) = \frac{\pi}{2(1+a)},$$

从而

$$I(a) = I(0) + \frac{\pi}{2}\int_0^a \frac{\mathrm{d}t}{1+t} = \frac{\pi}{2}\ln(1+a).$$

例 6.46 设 $a>0,\ b>0$, 求 $\displaystyle\int_0^1 \frac{x^b-x^a}{\ln x}\sin\left(\ln\frac{1}{x}\right)\mathrm{d}x$.

解 当 $x\to 1^-$ 或 $x \to 0^+$ 时, 被积函数趋向于 0, 所以积分是正常积分. 注意到

$$\frac{x^b-x^a}{\ln x} = \int_a^b x^y \mathrm{d}y,$$

则原积分可以写成

$$I = \int_0^1 \mathrm{d}x\int_a^b x^y\sin\left(\ln\frac{1}{x}\right)\mathrm{d}y.$$

由于 $f(x,y) = x^y\sin\left(\ln\dfrac{1}{x}\right)$ 在 $[0,1]\times[a,b]$ (设 $a<b$) 上连续, 所以积分次序可交换, 即

$$I = \int_a^b \mathrm{d}y\int_0^1 x^y\sin\left(\ln\frac{1}{x}\right)\mathrm{d}x.$$

记 $I(y)=\int_0^1 x^y\sin\left(\ln\frac{1}{x}\right)\mathrm{d}x$, 连续使用分部积分法可得

$$\begin{aligned}I(y)&=\frac{x^{y+1}}{y+1}\sin\left(\ln\frac{1}{x}\right)\Bigg|_0^1+\frac{1}{y+1}\int_0^1 x^y\cos\left(\ln\frac{1}{x}\right)\mathrm{d}x\\&=\frac{1}{y+1}\int_0^1 x^y\cos\left(\ln\frac{1}{x}\right)\mathrm{d}x\\&=\frac{x^{y+1}}{(y+1)^2}\cos\left(\ln\frac{1}{x}\right)\Bigg|_0^1-\frac{1}{(y+1)^2}\int_0^1 x^y\sin\left(\ln\frac{1}{x}\right)\mathrm{d}x\\&=\frac{1}{(y+1)^2}-\frac{1}{(y+1)^2}I(y),\end{aligned}$$

即

$$I(y)=\frac{1}{1+(y+1)^2}.$$

于是

$$I=\int_a^b\frac{\mathrm{d}y}{1+(y+1)^2}=\arctan(b+1)-\arctan(a+1).$$

例 6.47　设 $a>0,b>0$. 试用含参变量积分的性质, 证明:

$$\int_0^{+\infty}\mathrm{e}^{-ax^2-\frac{b}{x^2}}\mathrm{d}x=\frac{1}{2}\sqrt{\frac{\pi}{a}}\mathrm{e}^{-2\sqrt{ab}}.$$

证明　设 $I(b)=\int_0^{+\infty}\mathrm{e}^{-ax^2-\frac{b}{x^2}}\mathrm{d}x$, 即视 b 为参变量. 由

$$|\mathrm{e}^{-ax^2-\frac{b}{x^2}}|\leqslant\mathrm{e}^{-ax^2},\quad b>0$$

及 $\int_0^{+\infty}\mathrm{e}^{-ax^2}\mathrm{d}x$ 的收敛性知, $I(b)$ 在 $(0,+\infty)$ 上关于 b 一致收敛. 显然

$$\mathrm{e}^{-ax^2-\frac{b}{x^2}},\quad\frac{\partial}{\partial b}(\mathrm{e}^{-ax^2-\frac{b}{x^2}})=-\frac{1}{x^2}\mathrm{e}^{-ax^2-\frac{b}{x^2}}$$

都在 $(0,+\infty)\times(0,+\infty)$ 上连续, 且对任意 $b_0>0$, 当 $b\geqslant b_0$ 时, 有

$$\left|-\frac{1}{x^2}\mathrm{e}^{-ax^2-\frac{b}{x^2}}\right|\leqslant\frac{1}{x^2}\mathrm{e}^{-\frac{b_0}{x^2}}.$$

而

$$\int_0^{+\infty} \frac{1}{x^2} \mathrm{e}^{-\frac{b_0}{x^2}} \mathrm{d}x = \int_0^{+\infty} \mathrm{e}^{-b_0 t^2} \mathrm{d}t$$

收敛, 由 Weierstrass 判别法知

$$\int_0^{+\infty} \frac{\partial}{\partial b} (\mathrm{e}^{-ax^2 - \frac{b}{x^2}}) \mathrm{d}x$$

关于 b 在 $[b_0, +\infty)$ 上一致收敛. 故 $I(b)$ 在 $(0, +\infty)$ 上可在积分号下求导, 且

$$\begin{aligned} I'(b) &= \int_0^{+\infty} \left(-\frac{1}{x^2}\right) \mathrm{e}^{-ax^2 - \frac{b}{x^2}} \mathrm{d}x \\ &= -\sqrt{\frac{a}{b}} \int_0^{+\infty} \mathrm{e}^{-at^2 - \frac{b}{t^2}} \mathrm{d}t \quad \left(\text{令 } x = \sqrt{\frac{b}{a}} \frac{1}{t}\right) \\ &= -\sqrt{\frac{a}{b}} I(b). \end{aligned}$$

解此微分方程可得

$$I(b) = C\mathrm{e}^{-2\sqrt{ab}}, \quad b > 0.$$

利用 $I(b)$ 在 $[0, +\infty)$ 上的连续性可得

$$\lim_{b \to 0^+} I(b) = I(0) = C = \int_0^{+\infty} \mathrm{e}^{-ax^2} \mathrm{d}x = \frac{1}{2} \sqrt{\frac{\pi}{a}}.$$

故

$$I(b) = \frac{1}{2} \sqrt{\frac{\pi}{a}} \mathrm{e}^{-2\sqrt{ab}}.$$

例 6.48 求积分 $B = \int_0^{+\infty} \frac{1 - \mathrm{e}^{-t}}{t} \cos t \mathrm{d}t$.

解 考虑含参变量积分

$$B(\alpha) := \int_0^{+\infty} \frac{1 - \mathrm{e}^{-\alpha t}}{t} \cos t \mathrm{d}t, \quad \alpha > 0.$$

容易证明, 当 $\alpha > 0$ 时, 有

$$\frac{\mathrm{d}B}{\mathrm{d}\alpha} = \int_0^{+\infty} \mathrm{e}^{-\alpha t} \cos t \mathrm{d}t = \frac{\alpha}{1 + \alpha^2}.$$

于是

$$B(\alpha)=\frac{1}{2}\ln(1+\alpha^2)+C.$$

下证 $B(\alpha)$ 在 $\alpha=0$ 连续. 对积分 $B(\alpha)$ 在 $0\leqslant\alpha\leqslant\alpha_1$ 上用 Dirichlet 判别法: 由于对任何 $A>0$, 有

$$\left|\int_0^A\cos t\mathrm{d}t\right|\leqslant 2,$$

并且用微分法, 可证 $\dfrac{1-\mathrm{e}^{-\alpha t}}{t}$ 对充分大的 t 单调减小, 当 $t\to+\infty$ 时,

$$\frac{1-\mathrm{e}^{-\alpha t}}{t}\leqslant\frac{1-\mathrm{e}^{-\alpha_1 t}}{t}\to 0.$$

故积分 $B(\alpha)$ 在 $\alpha\geqslant 0$ 上一致连续. 因而在 $\alpha\geqslant 0$ 连续. 现在利用 $B(0)=0$ 和 $B(\alpha)$ 的连续性即知 $C=0$, 于是 $B(\alpha)=\dfrac{1}{2}\ln(1+\alpha^2)$. 特别地,

$$B=\int_0^{+\infty}\frac{1-\mathrm{e}^{-t}}{t}\cos t\mathrm{d}t=\frac{1}{2}\ln 2.$$

例 6.49　求积分 $\displaystyle\int_0^{+\infty}\frac{\sin^2 x}{x^2}\mathrm{d}x$.

解　(方法一) 用分部积分法.

$$\begin{aligned}\int_0^{+\infty}\frac{\sin^2 x}{x^2}\mathrm{d}x&=\int_0^{+\infty}\sin^2 x\mathrm{d}\left(-\frac{1}{x}\right)\\&=\int_0^{+\infty}\frac{\sin 2x}{x}\mathrm{d}x=\frac{\pi}{2}.\end{aligned}$$

(方法二) 用积分号下微分法.

注意到

$$\int_0^{+\infty}\frac{\sin^2 x}{x^2}\mathrm{d}x=\int_0^{+\infty}\frac{1-\cos 2x}{2x^2}\mathrm{d}x,$$

我们考虑含参变量 a 的积分

$$\int_0^{+\infty}\frac{1-\cos ax}{2x^2}\mathrm{d}x,\ \ 0\leqslant a\leqslant 2.$$

显然被积函数 $f(x,a)=\dfrac{1-\cos ax}{2x^2}$ 在 $(0\leqslant x<+\infty;0\leqslant a\leqslant 2)$ 上连续, 积分在 $0\leqslant a\leqslant 2$ 时一致收敛. 由 Dirichlet 判别法, 积分

$$\int_0^{+\infty}\frac{\partial}{\partial a}\left(\frac{1-\cos ax}{2x^2}\right)\mathrm{d}x=\int_0^{+\infty}\frac{\sin ax}{2x}\mathrm{d}x$$

在 $0<a_0\leqslant a\leqslant a_1$ 时一致收敛, 故可在积分号下微分得

$$I'(a)=\int_0^{+\infty}\frac{\sin ax}{2x}\mathrm{d}x=\frac{\pi}{4},\quad a>0.$$

因此

$$I(a)=\frac{\pi}{4}a+c,\ \ a>0.$$

又由于原积分

$$I(a)=\int_0^{+\infty}\frac{1-\cos ax}{2x^2}\mathrm{d}x$$

在 $-\infty<a<+\infty$ 上一致收敛, 故连续, 并且

$$\lim_{a\to 0^+}I(a)=I(0)=0.$$

因而 $c=0$. 这样就有 $I(a)=\dfrac{\pi}{4}a$. 特别地, $I(2)=\dfrac{\pi}{2}$.

(方法三) 利用积分号下积分法.

由于积分

$$\int_0^{+\infty}\frac{\cos ax-\cos 2x}{x^2}\mathrm{d}x$$

在 $a\geqslant 0$ 时一致收敛, 故有

$$\lim_{a\to 0^+}\int_0^{+\infty}\frac{\cos ax-\cos 2x}{x^2}\mathrm{d}x=\int_0^{+\infty}\lim_{a\to 0^+}\frac{\cos ax-\cos 2x}{x^2}\mathrm{d}x.$$

因为积分

$$\int_0^{+\infty}\frac{\sin xy}{x}\mathrm{d}x$$

在 $y>0$ 上内闭一致收敛, 故对任何 $a>0$, 有

$$\int_0^{+\infty}\mathrm{d}x\int_a^2\frac{\sin xy}{x}\mathrm{d}y=\int_a^2\mathrm{d}y\int_0^{+\infty}\frac{\sin xy}{x}\mathrm{d}x=\frac{\pi}{2}(2-a).$$

这样, 对所有 $a>0$, 有

$$\begin{aligned}
I &= \int_0^{+\infty} \frac{\sin^2 x}{x^2}\mathrm{d}x = \int_0^{+\infty} \frac{1-\cos 2x}{2x^2}\mathrm{d}x \\
&= \int_0^{+\infty} \lim_{a\to 0^+} \frac{\cos ax - \cos 2x}{x^2}\mathrm{d}x \\
&= \lim_{a\to 0^+} \int_0^{+\infty} \frac{\cos ax - \cos 2x}{x^2}\mathrm{d}x \\
&= \lim_{a\to 0^+} \frac{1}{2}\int_0^{+\infty} \mathrm{d}x \int_a^2 \frac{\sin xy}{x}\mathrm{d}y \\
&= \lim_{a\to 0^+} \frac{1}{2}\int_a^2 \mathrm{d}y \int_0^{+\infty} \frac{\sin xy}{x}\mathrm{d}x \\
&= \lim_{a\to 0^+} \frac{\pi}{4}(2-a) = \frac{\pi}{2}.
\end{aligned}$$

参 考 文 献

陈守信. 2014. 考研数学分析总复习——精选名校真题. 4 版. 北京: 机械工业出版社.

李克典, 马云苓. 2006. 数学分析选讲. 厦门: 厦门大学出版社.

刘德祥, 刘绍武, 冯立新. 2014. 数学分析方法选讲. 北京: 北京大学出版社; 哈尔滨: 黑龙江大学出版社.

裴礼文. 2006. 数学分析中的典型问题与方法. 2 版. 北京: 高等教育出版社.

谢惠民, 恽自求, 易法槐, 等. 2018. 数学分析习题课讲义 (上册). 2 版. 北京: 高等教育出版社.

谢惠民, 恽自求, 易法槐, 等. 2019. 数学分析习题课讲义 (下册). 2 版. 北京: 高等教育出版社.

徐利治, 王兴华. 1983. 数学分析的方法及例题选讲. 北京: 高等教育出版社.

徐新亚. 2014. 数学分析解题精讲. 上海: 同济大学出版社.

周颂平. 2012. 三角级数研究中的单调性条件: 发展和应用. 北京: 科学出版社.

朱尧辰. 2013. 数学分析例选: 通过范例学技巧. 哈尔滨: 哈尔滨工业大学出版社.